Multidirektionaler Aufbau in der additiven Fertigung von Kunststoffen

Multidirectional Structure in Additive Manufacturing of Polymers

Von der Fakultät für Maschinenwesen
der Rheinisch-Westfälischen Technischen Hochschule Aachen
zur Erlangung des akademischen Grades eines
Doktors der Ingenieurwissenschaften
genehmigte Dissertation

vorgelegt von

Steffen Niklas Hohenstein

Berichter/in:

Univ.-Prof. Dr.-Ing. Dipl.-Wirt. Ing. Günther Schuh
Univ.-Prof. Dr.-Ing. Peter Burggräf, MBA

Tag der mündlichen Prüfung: 17. Oktober 2023

ERGEBNISSE AUS DER PRODUKTIONSTECHNIK

Steffen Hohenstein

Multidirektionaler Aufbau in der additiven Fertigung von Kunststoffen

Herausgeber:
Prof. Dr.-Ing. T. Bergs
Prof. Dr.-Ing. Dipl.-Wirt. Ing. G. Schuh
Prof. Dr.-Ing. C. Brecher
Prof. Dr.-Ing. R. H. Schmitt

Band 7/2024

Bibliografische Information der Deutschen Nationalbibliothek
Die Deutsche Nationalbibliothek verzeichnet diese Publikation in der Deutschen Nationalbibliografie; detaillierte bibliografische Daten sind im Internet über https://portal.dnb.de abrufbar.

Steffen Hohenstein:

Multidirektionaler Aufbau in der additiven Fertigung von Kunststoffen

1. Auflage, 2024

Gedruckt auf holz- und säurefreiem Papier, 100% chlorfrei gebleicht.

Wissenschaftsverlag des Instituts für Industriekommunikation und Fachmedien
an der RWTH Aachen
Steinbachstr. 25, 52074 Aachen
Internet: www.apprimus-verlag.de, E-Mail: info@apprimus-verlag.de

Druck: CPI Druckdienstleistungen GmbH, Ferdinand-Jühlke-Straße 7 I 99095 Erfurt

ISBN 978-3-98555-203-0

D 82 (Diss. RWTH Aachen University, 2023)

Vorwort

Die vorliegende Dissertation entstand während meiner Tätigkeit als wissenschaftlicher Mitarbeiter an der RWTH Aachen University. Während dieser Zeit war ich am Lehrstuhl für Elektromobilproduktion (PEM) und am Lehrstuhl für Produktionssystematik des Werkzeugmaschinenlabors (WZL) tätig.

Das ambitionierte Umfeld am WZL und die engagierten Kolleginnen und Kollegen, die sich durch das Streben nach Innovation und Tüchtigkeit auszeichnen, haben mich geprägt und mich in meinem Alltag motiviert. Den Tatendrang und den Willen nach Veränderung habe ich stets versucht, an mein Umfeld weiterzugeben.

Mein besonderer Dank gilt Herrn Professor Schuh für die Möglichkeit der Promotion. Die Grundlage und der Anspruch zur Bewerkstelligung dieser Arbeit sind seinem Vertrauen und dem praxisnahen Umfeld zu verdanken. Außerdem danke ich Herrn Professor Burggräf und Dr.-Ing. Georg Bergweiler für die wissenschaftliche Betreuung und die Unterstützung. Ich möchte den Verantwortlichen des Lehrstuhls für Elekromobilproduktion danken, die den wesentlichen Grundstein für diese Arbeit gelegt haben und mich während meiner Anfangszeit als wissenschaftlicher Mitarbeiter durch ihre Ambitionen geprägt haben.

In Erinnerung behalte ich die unvergessliche Zeit mit meiner Gruppe Additive Fertigungssysteme. Die ehemaligen und heutigen Kolleginnen und Kollegen haben eine einzigartige Stellung durch ihre Einstellung und ihr Handeln eingenommen. Ich bedanke mich für den stets freundschaftlich-kollegialen Umgang und die Möglichkeit, die strategische Ausrichtung maßgeblich mitgeprägt zu haben.

Hervorheben möchte ich mein persönliches Umfeld. Insbesondere danke ich meiner Familie und meinen Freunden, die mich bei all meinen Entscheidungen unterstützt haben. Meiner Frau möchte ich für den anhaltenden Zuspruch, den Rückhalt und die Geduld während dieser Zeit ausdrücklich danken.

Aachen, im Oktober 2023

Steffen Hohenstein

Inhaltsübersicht

Inhaltsverzeichnis

Abbildungs- und Tabellenverzeichnis

Abbildungsverzeichnis

Tabellenverzeichnis

Abkürzungsverzeichnis

3D	dreidimensional
ABS	Acrylnitril-Butadien-Styrol
AM	Additive Manufacturing
AS	Adaptive Slicing
BJ	Binder Jetting
bzw.	beziehungsweise
CAD	Computer Aided-Design
CAM	Computer-Aided manufacturing
CCD	Central-Composite-Design
CNC	Computerized Numeric Control
CO_2	Kohlenstoffdioxid
CS	Cold Spray
CT	Computertomographische Untersuchung
CV	Cross-Validation
DBU	Deutsche Bundesstiftung Umwelt
DDK	Dynamische Differenz-Kalorimetrie
DED	Direct Energy Deposition
DfAM	Design for Additive Manufacturing
DfM	Design for Manufacturing
DIN	Deutsches Institut für Normung
DRL	Deep Reinforcement Learning
DS	Drucksegment
EBF	Electron-Beam Freeform Fabraction
EBM	Electron Beam Melting
FCCCD	Face-Centered Central Composite Design
FCLS	Flat and Curved Layer Slicing
FDM	Fused Deposition Modeling
FESG	Finance, Environment, Society & Governance
UFF	Unterforschungsfragen
ff	folgend

FFF	Fused Filament Fabrication
FLM	Fused Layer Modeling
GMDH	Group Method of Data Handling
Jr.	Junior
KNN	Künstlichen Neuronale Netze
L-PBF	Laser-Powder Bed Fusion
LASSO	Least Absolute Shrinkage and Selection Operator
LCPP	Load Capable Path Planning
LLM	Layer Laminated Manufacturing
LS	Laser Sintering
MAS	Multi-Axial Slicing
MEX	Materialextrusion
MJT	Material Jetting
MLP	Multi-Layer Perceptron
NURBS	Non Uniform Rational Basic Splines
PA	Polyamid
Paper 3D	Paper 3d-printing
PC	Polycarbonat
PEEK	Polyetheretherketon
PEM	Production Engineering of E-Mobility Components
PLA	Polyactid Acid
PJM	Polymaterial Jetting
PRESS	Predicted Residual Error Sum of Squares
PVA	Polyvinylalkohol
PVDF	Polyvinylidenfluorid
REM	Rasterelektronenmikroskop
RMSE	Root mean squared error
RWTH	Rheinisch-Westfälische Technische Hochschule
RSM	Response Surface Methodology
SHL	Sheet lamination
SLA	Stereolithographie
SLS	Selective Laser Sintering
STL	Standard Triangle Language
VDI	Verein Deutscher Ingenieure
VDMA	Verband deutscher Maschinen- und Anlagenbauer
vgl.	vergleiche
VPG	Vanilla Policy Gradient

VPP	Vat photopolymerization
WZK	Werkzeug
WZL	Werkzeugmaschinenlabor
z. B.	zum Beispiel

Formelzeichenverzeichnis

a	-	Aktivierungsfunktion
A_G	mm^2	Flächeninhalt
A_P	mm^2	Porenvolument
B	mm	Bauteilbreite
b	mm	Porenbreite
d	mm	Düsenabstand
d_W	mm	Wärmeeindringtiefe
E	%	Extrusionsrate
F(x)	N	Kraft
g	-	Aktivierungsfunktion
G	-	Kristallisationsrate
H	mm	Bauteilhöhe
h	mm	Porenhöhe
h_S	mm	Schichthöhe
k	-	Faltungen
L	mm	Bauteillänge
L_K	mm	Kontaktlänge
$\Delta l_{ü}$	mm	Horizontaler Versatz zwischen den Schichten
M	-	Zulässiger Wertebereich
n	-	Anzahl der Beobachtungen
R_a	µm	arithmetisches Rauheitsmaß
R_m	N/mm^2	Streckgrenze
R^2	-	Vorhersageindikator
r_g	-	Belohnungsfunktion hat Ziel erreicht
r_c	-	Kollisionsstrafe
r_m	-	Nachahmung
s	-	Standardabweichung des Datensatzes
Δs	rad	Bogenmaß
S_a	µm	Mittlere arithmetische Höhe

S_q	µm	Mittlere quadratische Höhe
S_z	µm	Maximale Höhe
T_E	°C	Extrusionstemperatur
T_G	°C	Glasübergangstemperatur
T_{GF}	°C	Grenzflächentemperatur
T_O	°C	Oberflächentemperatur
T_U	°C	Umgebungstemperatur
t_H	sec	Haltezeit
t_K	sec	Kühlzeit
v_E	mm/s	Extrusionsgeschwindigkeit
w	-	Kantengewicht
x	-	Abhängige Variable
y	-	Unabhängige Variable
y_i	-	Beobachtungwert
$\hat{y}_i$	-	Vorhersagewert
z	-	Datenpunkt
$\bar{z}$	-	Mittelwert

Griechische Schriftzeichen

α	°	Schrägenwinkel
β	-	Regressionskoeffizient
ε	-	Fehlerterm
λ	-	Regularisierungsstärke
σ	N/mm^2	Normalspannung
τ	N/mm^2	Schub- oder Scherspannungen
ϕ	°	Ablageorientierung
φ	°	Krümmungsradius
$\Delta\varphi/\Delta s$	-	Krümmungsmaß

Zusammenfassung

Die additive Fertigung gilt als flexible Technologie und verspricht einen bedeutenden Beitrag zur Ressourcenschonung. Allerdings zeichnet sich vermehrt ein wirtschaftliches Defizit ab, insbesondere hinsichtlich der Prozesszeiten und Bauteilfestigkeiten. Die traditionelle Herstellung durch Materialextrusion zeigt Ineffizienzen bei der Umsetzung komplexer Bauteilstrukturen. Die Delamination, das Abgleiten der Schichten bei Querkräften, führt zu eingeschränkten mechanischen Eigenschaften. Wirtschaftliche Defizite offenbaren sich in höheren Nachbearbeitungskosten aufgrund der Stützstrukturen und des Arbeitsaufwands für die Entfernung bei geometrisch komplexen Anwendungen.

Durch den Einsatz einer 5-achsigen Maschine sollen die Potenziale der multidirektionalen additiven Fertigung von Kunststoffen erschlossen werden. Die Erhöhung der Freiheitsgrade in der Materialextrusion soll eine kostengünstigere Produktion von additiv hergestellten Bauteilen durch die Integration von Prozessschritten in Aussicht stellen. In der 3+2 Achsbearbeitung erhöht sich die Anzahl der einstellbaren Prozessparameter, sodass geeignete Strategien und Lösungsansätze entwickelt werden können.

Das Ziel dieser Arbeit besteht darin, ein Verhaltensmodell der multidirektionalen additiven Fertigung zu entwickeln, um die Festigkeitseigenschaften von Kunststoffbauteilen zu maximieren. Die Prozessparametrisierung der multidirektionalen Fertigung stellt die wesentliche Herausforderung dieser Arbeit dar. Der Aufbau orientiert sich zur systematischen Beweisführung an den Phasen Theoriebildung, experimentelle Untersuchung, Modellbildung und Überprüfung. Die Diskussion zu problemrelevanten Methoden und Ansätzen aus der Theorie bildet die Grundlage für die Konzeption des Modells. Die Detaillierung des Lösungsansatzes wird durch eine experimentelle Analyse repräsentiert, und die darauf basierenden Daten sollen für die Modellbildung genutzt werden, um Festigkeiten an Segmentübergängen beim multidirektionalen Aufbau zu ermitteln.

Summary

Additive manufacturing is considered a flexible technology and holds great promise in resource conservation. However, an increasing economic deficit is evident, particularly in terms of process times and component strengths. Traditional manufacturing through material extrusion reveals inefficiencies in realizing complex component structures. Delamination, the sliding of layers under lateral forces, leads to restricted mechanical properties. Economic deficits manifest in higher post-processing costs due to support structures and the labor-intensive removal process for geometrically complex applications.

The use of a 5-axis machine aims to unlock the potentials of multidirectional additive manufacturing of polymers. Increasing the degrees of freedom in material extrusion is expected to enable a more cost-effective production of additively manufactured components through the integration of process steps. In 3+2 axis machining, the number of adjustable process parameters increases, allowing for the development of suitable strategies and solutions.

The objective of this work is to develop a behavioral model of multidirectional additive manufacturing to maximize the strength properties of polymer components. The process parameterization of multidirectional manufacturing represents the main challenge of this work. The structure follows a systematic approach, encompassing phases such as theory formation, experimental investigation, model formation, and verification. The discussion of theory-based methods and approaches forms the basis for the model's conception. The detailing of the solution approach is represented by an experimental analysis, and the data collected will be used for model formation to determine strengths at segment transitions in multidirectional construction.

1 Einleitung

Zu Beginn werden in dieser Dissertationsschrift die Ausgangssituation und die Motivation dargestellt (vgl. Kapitel 1.1). Aufbauend werden die Zielsetzung der Untersuchung und die Haupt- und Unterforschungsfragen formuliert (vgl. Kapitel 1.2). Abschließend erfolgt die wissenschaftstheoretische Einordnung (vgl. Kapitel 1.3) zur Strukturierung des Vorgehens.

1.1 Ausgangssituation und Motivation

Joseph R. Biden Jr. (46ster Präsident der Vereinigten Staaten von Amerika):

> *„Investments in die additive Fertigung werden dazu beitragen, die Kosten […] zu senken, indem sie die Wettbewerbsfähigkeit kleinerer und mittelgroßer […] Hersteller verbessern, hochbezahlte Arbeitsplätze in der Fertigung schaffen und erhalten und die Widerstandsfähigkeit der Lieferkette verbessern."* [1]

Globalisierung, intensiver Wettbewerb und die Nachfrage nach umfassender Individualisierung stellen einige der zentralen Herausforderungen dar, denen sich die moderne Fertigungsindustrie gegenübersieht. Unternehmen in der Produktion sind bestrebt, Sachleistungen zu erbringen, die den Erwartungen ihrer Kunden gerecht werden. Der wirtschaftliche Erfolg eines Unternehmens wird gewährleistet, indem das Endprodukt, hervorgegangen aus dem Ergebnis eines vielschichtigen Produktionsprozesses, effizient hergestellt wird. Die effektive Nutzung von Unternehmensressourcen und die Erzielung eines wirtschaftlichen Ertrags sind entscheidend für den geschäftlichen Erfolg. Die Leistungsfähigkeit von Prozessen wird in der Regel anhand von Zeit-, Kosten- und Qualitätszielen gemessen. In diesem Spannungsfeld müssen sich neuartige Fertigungstechnologien gegenüber etablierten behaupten. Effizienz und ihre flexible Anwendung sind entscheidend für die Schaffung einer Grundlage für ein erfolgreiches Tagesgeschäft.

---

[1] Vgl. Das weiße Haus von Amerika (2022) *Biden Administration Celebrates Launch of AM Forward*, S.1

In vielen Branchen wie der Automobilindustrie, Medizin und Haushaltsgeräteindustrie haben Kunststoffbauteile bereits breite Anwendung gefunden. Das Interesse an der Verwendung von Kunststoffbauteilen gründet sich vor allem auf dem Streben nach Kosten- und Gewichtseinsparungen. Die Fertigungstechnik muss dem Bedarf nach erhöhter Gestaltungsfreiheit in der Auslegung von Kunststoffbauteilen bei gleichzeitig optimalen Bauteileigenschaften gerecht werden. Dabei sollen wettbewerbsfähige Kosten auch bei geringen Stückzahlen erzielt werden.

Die additive Fertigung zeichnet sich durch die generative Herstellung von Bauteilen aus und weckt die Erwartung, insbesondere hinsichtlich des Materialeinsatzes ressourcenschonender zu sein als zerspanende Verfahren. Darüber hinaus kann diese Technologie einen positiven Einfluss auf die Verkürzung der Produktentwicklungszyklen und Lieferzeiten haben, was den Bestrebungen einer nachhaltig ausgerichteten Produktion entspricht. Die Prozessgestaltung steht jedoch vor einigen Herausforderungen, um eine flächendeckende und branchenübergreifende Anwendung dieser Technologien zu ermöglichen. Zum einen mangelt es an verfahrensübergreifendem Prozesswissen für eine generische Anwendbarkeit, und zum anderen führen Prozesslimitationen zu einer eingeschränkten Nutzbarkeit im Vergleich zu konventionellen Fertigungsverfahren. Die technischen Potenziale und die damit verbundenen Chancen, politische Ziele zur Ressourcenschonung, Wettbewerbsvorteile und dezentrale Wertschöpfung zu erreichen, sind vielfältig (vgl. Abbildung 1-1).[2]

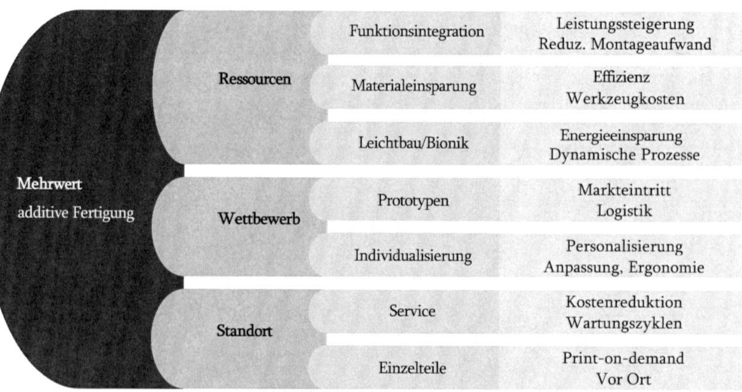

Abbildung 1-1: Darstellung des Mehrwerts durch additive Fertigung in Anlehnung an das Positionspapier des VDMA

[2] Vgl. Verein Deutscher Maschinen- und Anlagenbau (2021) *VDMA AM Roadmap zur Smart Factory*, S. 1

Die additive Fertigung gewinnt durch den Ausbau ihres Lösungsportfolios in Form von Produktivitätssteigerung und Automatisierung kontinuierlich an Bedeutung. Neben dem Einsatz im Prototypenbau qualifizieren sich additive Produktionssysteme zunehmend für Anwendungen in der Serienproduktion. Eine bedeutende Herausforderung bei der Integration additiver Fertigungstechnologien in industrielle Herstellprozesse besteht in hohem Maß an notwendiger Nachbearbeitung und dem erforderlichen Prozesswissen, um die gewünschten Bauteilqualitäten zu erreichen. Der zusätzliche Druck, wirtschaftlich und ressourcenschonend zu agieren, zwingt Unternehmen dazu, ihre Forschungs- und Entwicklungsaktivitäten im Bereich innovativer Produktionstechnik auszubauen.

Diese Studie fokussiert sich auf die additive Fertigung mit multidirektionalem Aufbau und analysiert das Leistungsspektrum der Materialextrusion für die ressourceneffiziente Produktion von Kunststoffbauteilen. Dabei spielen die Wirkmechanismen eines segmentorientierten Aufbaus im Rahmen des Strangablageprozesses eine zentrale Rolle. Die wissenschaftliche Untersuchung beabsichtigt, Anwendern und Maschinenentwicklern durch die Analyse von Prozessparametern Einblicke in die Prozessgestaltung zur Herstellung geometrisch komplexer Bauteile mit einem zuverlässigen mechanischen Eigenschaftsprofil zu gewähren. Besonders bei geringen Stückzahlen von Bauteilen stehen flexible Produktionsprozesse im Fokus produzierender Unternehmen. Die steigende Kundennachfrage nach innovativen und qualitativ hochwertigen Produkten geht mit einer erhöhten Bereitschaft einher, für diese Qualität höhere Preise zu akzeptieren. Eine Verkürzung der wirtschaftlichen Produktlebensdauer ist erkennbar, was die Notwendigkeit beschleunigter Markteinführungszeiten durch verkürzte Entwicklungszyklen bedingt. Zudem nimmt die Kundenanforderung nach Individualisierung weiter zu und führt zu einer wachsenden Variantenvielfalt.[3] Der Trend zur individualisierten Massenproduktion verfolgt das Ziel, Produkte und Dienstleistungen anzubieten, die den unterschiedlichen Erwartungen einzelner Kunden gerecht werden und dabei hocheffizient hergestellt werden können.[4] Unternehmen stehen daher zunehmend vor der Entscheidung, wie sie konventionelle Fertigungsverfahren in der Zukunft durch innovative Verfahren erweitern können.

Additive Fertigungsverfahren haben sich in der Vergangenheit als wesentlicher Befähiger der steigenden Individualisierung ausgezeichnet, um gegenüber

[3] Vgl. Kampker, A. et al. (2013) *Life cycle oriented evaluation of flexibility in investment decisions for automated assembly systems*, S. 276.

[4] Vgl. Piller, F./Tseng, M. (2009) *Introduction: Mass Customization Thinking: Moving from Pilot Stage to an Established Business Strategy*, S. 3.

werkzeuggebundenen Verfahren gezielt Variantenvielfalt anzubieten.[5] Immer häufiger fordern Unternehmen, den Schwerpunkt bei der additiven Fertigung von komplexen Bauteilen in der Ersatzteilfertigung, Kleinserienproduktion oder im Prototypenbau auf die Gestaltungsfreiheit zu legen. Dies dient dazu, andere wichtige Bauteilmerkmale, wie beispielsweise die Festigkeitseigenschaften, nicht zu vernachlässigen.[6] Andere Vertreter aus der Industrie erkennen das bedeutende Potenzial der additiven Fertigung und verzeichnen bereits kontinuierliche Erfolge bei Produktinnovationen, beispielsweise in der Greifertechnik durch Topologieoptimierungen und der Umsetzung von bionischen Strukturen.[7] Mit dieser Entwicklung gehen erhebliche Herausforderungen bei der Integration und Implementierung von additiven Fertigungsprozessen in Unternehmen einher. Dies ist darauf zurückzuführen, dass die Philosophie verfolgt wird, bestehende Bauteile aus Produktdatenbanken mittels additiver Fertigung zu produzieren. Enttäuschung tritt auf, wenn additiv hergestellte Bauteile die geforderten Anforderungen nicht erfüllen. Die Ursachen hierfür liegen in einem mangelnden Erfahrungswissen über die optimale Konfiguration des Produktionsprozesses, was oft zu einer kritischen Haltung bis hin zur Frustration gegenüber additiven Fertigungsverfahren führt.[8] Neben Bestrebungen, Bauteilgeometrien mittels fertigungsgerechter Konstruktion für die additive Fertigung (*engl. Design for Additive Manufacturing, kurz DfAM*) zu optimieren, wird die Anpassung, Erweiterung oder Neuentwicklung der Fertigungsprozesse als zentraler Forschungsgegenstand charakterisiert.[9] Die Forschung und Entwicklung konzentrieren sich auf unterstützende Maßnahmen in der Bauteilkonstruktion, um eine auf das Produkt ausgerichtete Herstellung nahtlos in die Fertigungsvorbereitung zu integrieren. Ziel ist es, das Erfahrungswissen effektiv in die Maschine zu übertragen und dadurch bedeutende Fortschritte in Bezug auf die Bauteilqualität zu erzielen.[10]

Bei genauerer Analyse des aktuellen Zustands der Materialextrusion ist festzustellen, dass bei der Herstellung komplexer Strukturen und Hinterschneidungen vermehrt Ineffizienzen auftreten. Insbesondere zusätzliche Aufwände in Bezug auf Prozesszeit

[5] Vgl. Eversheim, W./Schuh, G. (2005) *Integrierte Produkt- und Produktionsprozessgestaltung Prüfmitteleinsatzplanung*, S. 191.

[6] Vgl. Kunovjanek, M. et al. (2022) *Additive manufacturing and supply chains – a systematic review*, S. 1246.

[7] Vgl. Schuh, G. et al. (2022) *Assessment for CO2-reduced Production by using Additively Manufactured Lightweight Robot Grippers*, S. 1411–14.

[8] Vgl. Kampker, A. et al. (2019) *Activity-based Cost Model for Material Extrusion Processes Along the Additive Manufacturing Process Chain*, S. 491.

[9] Vgl. Schuh, G. et al. (2020) *Feature-based Print Method for Multi-Axis Material Extrusion in Additive Manufacturing*, S. 87.

[10] Vgl. Hohenstein, S. et al. (2021) *Decision basis for multi-directional path planning for post-processing reduction in material extrusion*, S. 466.

und Materialkosten für Stützstrukturen mindern die angestrebte Vision eines wirtschaftlichen und nachhaltigen Einsatzes der additiven Fertigung.[11] Darüber hinaus führt der schichtweise Aufbau zu einer Beeinträchtigung der mechanischen Eigenschaften von Bauteilen durch das Abgleiten der Schichten bei Querkräften, bekannt als Delamination. Dies resultiert in schwachen Bereichen zwischen benachbarten Schichten mit maximalen Eigenspannungen, was die mechanische Integrität beeinträchtigt.[12]

Zusammenfassend lässt sich feststellen, dass die additive Fertigung ihr Potenzial als flexible Produktionstechnologie für Endbauteile noch nicht ausreichend ausschöpft. Es besteht ein Bedarf an innovativen ökonomischen und ökologischen Prozessgestaltungen. Die technische Konzeption und die detaillierte Ausgestaltung von additiven Fertigungssystemen stellen eine herausfordernde Aufgabe dar, um eine nachhaltige Produktivität von Unternehmen zu gewährleisten.

1.2 Zielsetzung und Konzeptionierung der Forschungsfragen

Die Darstellungen der Ausgangssituation und der Motivation des Forschungsvorhabens führen zur übergeordneten Zielsetzung dieser Arbeit. Die mangelhafte Ausgangssituation bei der Anwendung der additiven Fertigung zur Herstellung von Kunststoffbauteilen zeigt sich häufig durch unzureichende Produktqualitäten, trotz eines hohen Ressourceneinsatzes für die Nachbearbeitung des gedruckten Produkts.

Daher zielt die vorliegende Untersuchung darauf ab, einen multidirektionalen Aufbau in der additiven Fertigung von Bauteilen einzuführen, um die Wettbewerbsfähigkeit im Vergleich zu konventionellen Herstellungsmethoden zu verbessern. Die Zielsetzung des Forschungsvorhabens lautet daher wie folgt:

Das übergeordnete Ziel der wissenschaftlichen Untersuchung:
Analyse und Bewertung des multidirektionalen Aufbaus in der additiven Fertigung zur Qualifizierung mehrachsiger Fertigungssysteme.

Um dieses Ziel zu erreichen, wird im Rahmen dieser Arbeit ein wissensbasierter Ansatz verfolgt. Dieser Ansatz beinhaltet die Verwendung eines mathematischen Modells, um das Systemverhalten eines additiven Fertigungssystems zu beschreiben. Ziel

[11] Vgl. Caviezel, C. et al. (2017) *Additive Fertigungsverfahren. Innovationsanalyse*, S. 187–88.
[12] Vgl. Lee, C. S. et al. (2007) *Measurement of anisotropic compressive strength of rapid prototyping parts*, S. 630.

ist es, durch die Optimierung der Prozessparameter inverse Probleme vorherzusagen und zu lösen.

Der zentrale Forschungsschwerpunkt innerhalb des technischen Systems liegt auf der Erhöhung der Materialeffizienz in der Materialextrusion durch die Implementierung des multidirektionalen Bauteilaufbaus. Dieser soll eine Fertigung nahezu ohne Stützstrukturen ermöglichen. Die Untersuchung befasst sich insbesondere mit den Vorteilen einer Erweiterung von drei Freiheitsgraden um zwei zusätzliche Freiheitsgrade, um die Aufbaurichtung während des laufenden Druckprozesses zu verändern. Die Abbildung 1-2 zeigt die eigene Interpretation der fehlenden technologischen, prozess- und werkstoffseitigen Erkenntnisse, deren Anwendung eine produktorientierte Produktion mit maximaler Materialeffizienz ermöglichen würde.

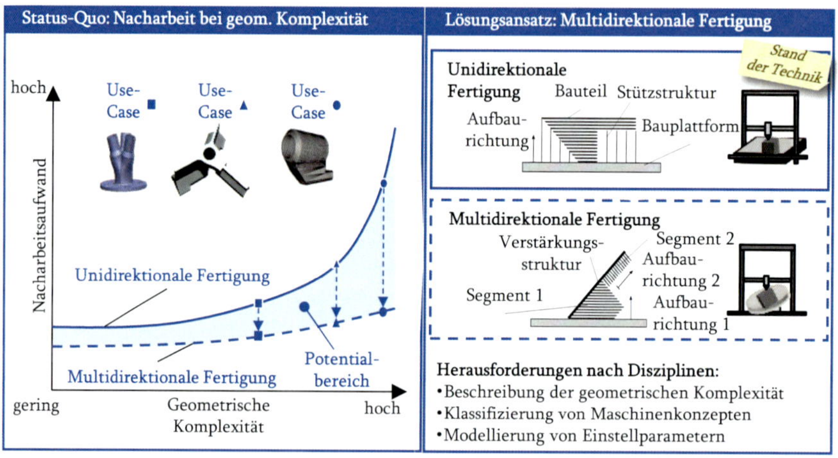

Abbildung 1-2: Darstellung von Status-Quo und Lösungsansatz multidirektionaler Fertigung bei der Materialextrusion[13]

Die wirtschaftlichen Defizite manifestieren sich darin, dass die Kosten für die Nachbearbeitung bei geometrisch komplexen Anwendungen steigen. Dies resultiert sowohl aus längeren Prozesszeiten durch die Notwendigkeit von Stützstrukturen als auch aus umfangreicheren Arbeiten für die Nachbearbeitung. In der Prozessvorbereitung wird das geometrische Modell des Bauteils für die optimale Aufbaurichtung ausgewählt.

[13] Vgl. Eigene Darstellung, in Anlehnung an Wiartalla, J. et al. (2023), Multidirektionale Additive Fertigung: Herausforderungen bei der Umsetzung eines restriktionsfreien Prozesses, S. 2

Anschließend erfolgt der Aufbau ohne Berücksichtigung der volumetrischen Ausprägungen nach einem Schichtmodell in eine Richtung.

Ein vielversprechender Ansatz zur Überwindung der bisherigen Einschränkungen ist die Anwendung der 3+2-achsigen Verfahrensweise, die besonders bei zerspanenden Fertigungsoperationen eingesetzt wird. Dieses Verfahren erfordert die Zerlegung eines Bauteils in Subvolumina, um jedes Segment mit einer individuellen Aufbaurichtung zu erstellen.[14] Die Änderung der Aufbaurichtung während des Prozesses erfordert eine Weiterentwicklung der Fertigungsvorbereitung. Zwischen den Drucksegmenten entstehen Grenzflächen, die aufgrund des Treppenstufeneffekts eine unebene Oberfläche aufweisen. Dadurch entsteht eine eingeschränkte Haftung für die ersten Schichten des angrenzenden Subvolumens. Bisherige Erkenntnisse deuten darauf hin, dass dies zu einer labilen Verbindung durch Porenbildung an der Materialverbindung führt, was zu einem instabilen Bauteil führen kann.[15]

Ein besonderer Forschungsbedarf besteht daher im multidirektionalen Aufbau infolge einer Segmentierung und Sequenzierung. Das Ziel ist, den Nachbearbeitungsaufwand von additiv hergestellten Bauteilen zu reduzieren und eine ressourcenschonendere Produktion zu ermöglichen. Dabei ergeben sich die folgenden zwei wissenschaftlichen Herausforderungen:

Zunächst sind bei der multidirektionalen Fertigungsplanung im Vergleich zu einer unidirektionalen Methode Volumenelemente, auch als Drucksegmente bezeichnet, zu berücksichtigen. Dies dient dazu, die geometrische Komplexität von Bauteilen fertigungstechnisch abzubilden und den Reifegrad additiver Fertigungsverfahren für industrielle Anwendungen zu erhöhen. Eine Erweiterung der Achsanzahl auf mehr als drei Achsen unterstützt den segmentorientierten Aufbau.

Des Weiteren weisen Übergänge zwischen den Drucksegmenten unterschiedliche Oberflächengegebenheiten auf, was zu Herabsetzungen der Bauteilfestigkeiten an den Grenzflächen führen kann. In diesem Zusammenhang können Anpassungen von Prozessparametern zur Festigkeitsoptimierung genutzt werden.

Um diese Herausforderungen zu bewältigen, lautet das wissenschaftliche Ziel dieser Arbeit:

---

[14] Vgl. Islam, M. S./Prabhakar, P. (2017) *Interlaminar strengthening of multidirectional laminates using polymer additive manufacturing*, S. 337.

[15] Vgl. Das, A. et al. (2021) *Advances in modeling transport phenomena in material-extrusion additive manufacturing: Coupling momentum, heat, and mass transfer*, S. 15.

Wissensbasiertes Design von Prozessparametern bei Segmentübergängen zur Erhöhung der mechanischen Leistungsfähigkeit multidirektional additiv gefertigter Bauteile.

Zur Erfüllung der formulierten Zielsetzung sollen theoretische und experimentelle Untersuchungen unternommen werden, welche sich an der folgenden **Hauptforschungsfrage** orientieren:

Wie können Prozessparameter in der Materialextrusion dazu verwendet werden, eine Erhöhung der Festigkeit von multidirektional gedruckten Bauteilen hervorzurufen?

Zur Ordnung des forschungsmethodischen Vorgehens wird die Hauptforschungsfrage in weitere Unterforschungsfragen (UFF) gegliedert:

- *UFF1: Welche bestehenden Ansätze bieten einen erhöhten Nutzen, um die multidirektionale additive Fertigung umzusetzen?*
- *UFF2: Welche Auswirkungen haben Änderungen von Prozessparametern auf die Festigkeit an Grenzflächen?*
- *UFF3: Welche Genauigkeit lässt sich bei der Vorhersage der Zugfestigkeit in Abhängigkeit der Prozessparameter mithilfe eines empirischen Modells erzielen und können maximale Festigkeiten durch eine Optimierung des Modells erreicht werden?*

Die aus der Forschung gewonnenen Erkenntnisse richten sich in erster Linie an Unternehmen der Kunststoffverarbeitung, die eine Kleinserienproduktion durch additive Fertigung beabsichtigen. Ebenso sind Anlagenentwickler und -hersteller sowie Softwareunternehmen, die Systemlösungen herstellen und Anwendungen von funktionalen Bauteilen forcieren, angesprochen. Die vorliegende Arbeit trägt wissenschaftlich zum Forschungsprojekt BioME bei, das von der DEUTSCHE BUNDESSTIFTUNG UMWELT (DBU) unterstützt wird. Innerhalb des Projekts wird an der RWTH Aachen University und durch wesentliche Beiträge der Konsortialpartner, PEISELER GMBH & CO. KG und 3BOTS 3D ENGINEERING GMBH, eine Prototypenanlage einer 5-achsigen Anlage aufgebaut.

Das Projekt BioME zielt darauf ab, durch einen kinematischen Aufbau von drei translatorischen Achsen und zwei rotatorischen Achsen materialeffizient Bauteile aus dem automobilen Betriebsmittelbau herzustellen. Ein Extruder wird entwickelt, um Biopolymere in Granulatform aufzuschmelzen und kontinuierlich mit erhöhten Austragsraten auszutragen. Das Forschungsprojekt wird im Rahmen eines weiteren Projekts namens ORAM fortgeführt, das sich auf die Zertifizierung von recycelten Hochleistungspolymeren durch additive Fertigung in der Luftfahrt konzentriert (Förderkennzeichen: 20K2104A), finanziell gefördert vom Bundesministerium für Wirtschaft und Klima.

Die vorliegende Arbeit erklärt den dargestellten Lösungsansatz, um den multidirektionalen Aufbau in der Forschungslandschaft zu verorten. Die Untersuchung der Festigkeit an kritischen Übergängen soll den Weg zu einem industrialisierten 3+2-achsigen Fertigungsprozess ebnen. Der Fokus liegt auf der Untersuchung und Modellierung des Einflusses von Prozessparametern auf die Festigkeit an mechanischen Schwachstellen des Bauteils. Geplant ist die Entwicklung eines empirischen Modells, das die Vorhersage der Zugfestigkeit in Abhängigkeit der Prozessparameter ermöglicht, um eine Optimierung zu erreichen.

1.3 Wissenschaftliche Einordnung und Aufbau der Arbeit

Die vorliegende Dissertation verfolgt das Ziel, ein praktikables Modell zur Etablierung multidirektionaler Fertigung zu entwickeln. Dieses Vorgehen soll eine solide Grundlage schaffen, um die Wettbewerbsfähigkeit additiver Fertigungsverfahren zu bewerten und zu steigern. Zur Erreichung dieses Ziels werden Konstruktionsstrategien aus der empirischen Forschung herangezogen. Dabei orientiert sich das Vorgehen an der Auffassung von KUBICEK, der die Forschung als einen kontinuierlichen Lernprozess beschreibt. Hierbei wird neues Erfahrungswissen durch die Beantwortung von Theoriefragen an die Realität gewonnen.[16]

Die zentralen Anforderungen an den Lernprozess durch Forschung umfassen die Motivation, Zielsetzung und das Vorverständnis des Autors bezüglich des vorliegenden Praxisproblems. Im Zentrum des Forschungsprozesses steht ein heuristischer Bezugsrahmen, der das Vorwissen des Forschers erfasst und den Forschungsprozess steuert. Dieser heuristische Bezugsrahmen dient der geleiteten Gewinnung von Erfahrungswissen, basierend auf dem Vorwissen des Autors, durch die Ausarbeitung differenzierter Perspektiven (vgl. Abbildung 1-3).

Bedeutende Bestandteile des heuristischen Bezugsrahmens bilden die additive Fertigung, Nachhaltigkeit und Modellierungen von Produktionsprozessen. Der Erarbeitungsprozess zur Erlangung von Erfahrungswissen erfolgt durch die kontinuierliche

[16] Vgl. Kubicek, H. (1976) *Heuristische Bezugsrahmen und heuristisch angelegte Forschungsdesign als Elemente einer Konstruktionsstrategie empirischer Forschung*, S. 25.

Auseinandersetzung zwischen Fragen an die Realität, der Sammlung von Daten über die Realität und deren kritischer Reflexion.

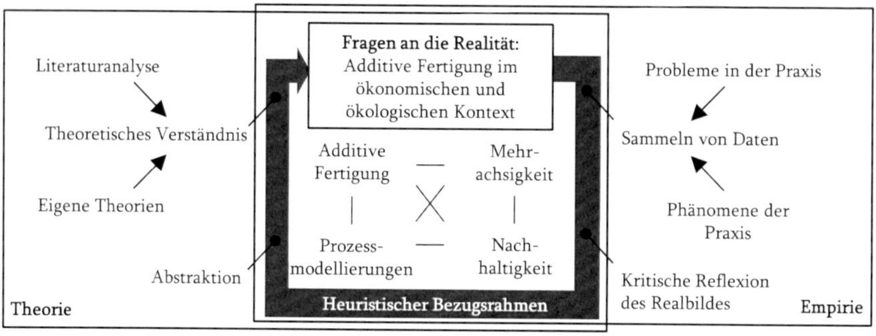

Abbildung 1-3: Heuristischer Bezugsrahmen[17]

Das Vorwissen zur dargestellten Forschungsfrage basiert auf den gesammelten Erfahrungen als wissenschaftlicher Mitarbeiter am Werkzeugmaschinenlabor (WZL) der RWTH Aachen University in der Gruppe „Additive Fertigungssysteme". Zudem beruht es auf der Anwendung dieser Fertigungstechnologie im Kontext der Elektromobilität während der Tätigkeit als wissenschaftlicher Mitarbeiter am Lehrstuhl für Elektromobilproduktion am (PEM) der RWTH Aachen University.

Durch Ergebnisse fundierter Literaturanalysen, Expertengespräche sowie Industrie- und Forschungsprojekte mit namhaften Partnern konnte der Verfasser umfassende Erkenntnisse aus verschiedenen Perspektiven im Themenbereich der additiven Fertigung gewinnen. Als Teil von anwendungsorientierten Forschungsprojekten, in denen Experten der Materialwissenschaft, Anlagentechnik und Digitalisierung zusammenarbeiteten, sowie bei Industrieprojekten für Marktanalysen zur Bedarfsermittlung und für die Konzeptionierung und Implementierung von Lösungen, konnte der Verfasser als Projektmitarbeiter und -leiter fundiertes Wissen erlangen. Die relevanten Erkenntnisse aus der Literatur wurden durch die erlebten Probleme und Lösungen aus der Praxis kritisch reflektiert und eingeordnet. Dieses Wissen bildet einen wesentlichen Beitrag zur inhaltlichen Ausrichtung eines praktikablen Lösungskonzepts.

Zur Strukturierung des Vorgehens und zur Beantwortung der aufgestellten Forschungsfragen werden wissenschaftstheoretische Grundlagen herangezogen. Die

[17] Vgl. Kubicek, H. (1976) *Heuristische Bezugsrahmen und heuristisch angelegte Forschungsdesign als Elemente einer Konstruktionsstrategie empirischer Forschung*, S. 25.

Wissenschaft kann als ein Prozess interpretiert werden, der das Ziel verfolgt, Wissen systematisch zu erweitern, indem Erkenntnisse gewonnen werden.[18] Ein Forschungsprozess zeichnet sich durch die Anwendung quantitativer Methoden der empirischen Forschung aus und befasst sich oft mit der Prüfung von Hypothesen und Theorien. Ein systematisches Vorgehen zur Trennung der Einzelerkenntnisse ist unerlässlich, um den Forschungsprozess von der wissenschaftlichen Fragestellung über die Hypothesenbildung und Operationalisierung bis hin zu den Ergebnissen und deren Bewertung darzustellen.[19] Nach ULRICH UND HILL unterscheidet sich die Wissenschaft nach den Kategorien Formal- und Realwissenschaften. In den Realwissenschaften werden sinnlich-wahrnehmbare Ausschnitte der Wirklichkeit gedeutet und aufbauend dazu gestaltet. Ferner lassen sich zwei weitere Unterkategorien definieren, die Grundlagenwissenschaften und die angewandte Handlungswissenschaft. Das Forschungsgebiet der Ingenieurswissenschaften lässt sich der Handlungswissenschaft zuordnen, da die Analyse der menschlichen Handlungsalternativen zur Gestaltung sozialer und technischer Systeme im Mittelpunkt stehen.[20]

Nach der Einordnung des wissenschaftlichen Vorhabens in die entsprechende Wissenschaftssystematik erfolgt die Darstellung des zugrundeliegenden Forschungsrahmens. Es wird eine Forschungsmethode herangezogen, um den identifizierten Handlungsbedarf einer wissensbasierten Modellierung von Prozessparametern im multidirektionalen Prozess im Rahmen der Dissertation zu adressieren. Der explorative Forschungszyklus nach TOMCZAK charakterisiert den Ausgangspunkt des Forschungskonzepts und wird in ein Forschungsmodell zur Erstellung und Auswertung von Modellen nach ULRICH überführt. Angelehnt an den heuristischen Bezugsrahmen interpretiert TOMCZAK die Forschung als iterativen Lernprozess und kennzeichnet Forschung als eine ständige Interaktion zwischen Fragen an die Realität, der Sammlung von Daten und der theoretischen Verarbeitung. Auf der Grundlage des theoretischen Vorverständnisses des Wissenschaftlers wird durch das forscherische Vorgehen die Interpretation kontinuierlich präzisiert und ausgebaut. Ausreichendes Verständnis und die Beherrschung des definierten Problems eröffnen dem Wisseschafter Einblicke auf mögliche Lösungskonzepte.[21]

Zur Modellbildung und Initiierung einer Prozessgestaltung in der additiven Fertigung beginnt und endet der Forschungsprozess nach ULRICH in der Praxis. Dieser For-

[18] Vgl. Kornmeier, M. (2007) *Wissenschaftstheorie und wissenschaftliches Arbeiten*, S. 57.

[19] Vgl. Schütz, M./Röbken, H. (2016) *Dissertationen (wissenschaftliche Arbeiten) verfassen*, S. 27.

[20] Vgl. Ulrich, P./Hill, W. (1976) *Wissenschaftstheoretische Grundlagen der Betriebswirtschaftslehre*, S. 305.

[21] Vgl. Tomczak, T./Dyllick, T. (2007) *Erkenntnistheoretische Basis der Marketingwissenschaft*, S. 69.

schungsprozess untersucht einen Anwendungszusammenhang. Die anwendungsorientierte Wissenschaft durchläuft sieben Phasen und strebt danach, einen hohen Praxisbezug in den Handlungswissenschaften durch erhellende Aspekte aus der Theorie sicherzustellen. Die gewählte Vorgehensweise zielt auf ein handlungsorientiertes Ergebnis ab, insbesondere auf die Vorhersage von Festigkeitswerten. Durch erkenntnisorientierte Konzepte sollen Gestaltungs- und Handlungsempfehlungen abgeleitet werden. Die Absicht besteht darin, ein Vorhersage- und Optimierungsmodell zu entwickeln, das in der digitalen Fertigungsvorbereitung für die ressourceneffiziente Fertigung von Kunststoffkomponenten in Unternehmen Anwendung finden soll.

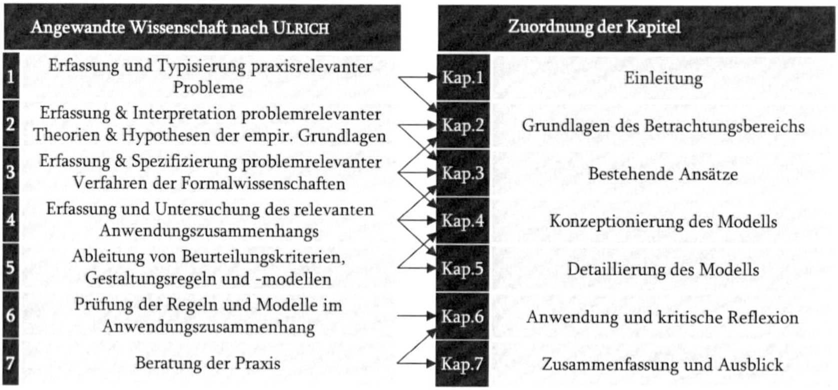

Abbildung 1-4: Phasen der angewandten Forschung und Aufbau der Arbeit[22]

Abbildung 1-4 bringt den Forschungsprozess nach ULRICH mit dem Aufbau der Arbeit in einen Zusammenhang. Kapitel 1 widmet sich der Einleitung in das Themenfeld und beinhaltet die Erfassung und Typisierung der praxisrelevanten Probleme. Die Motivation und Zielsetzung einer multidirektionalen additiven Fertigung werden in Kapitel 1 erläutert, um die zugrundeliegenden Forschungsfragen und den forschungsmethodischen Rahmen der Dissertationsarbeit abzuleiten.

Im anschließenden Kapitel 2 werden die praxisrelevanten Herausforderungen und problemrelevanten Theorien und Verfahren dargestellt. Die Grundlagen umfassen das theoretische Vorverständnis und greifen praxisrelevante Probleme auf, um das Wissen über elementare Grundlagen zur Themenstellung zur Bildung von Hypothesen anzureichern. Hierzu wird in Kapitel 2.1 eine Nachhaltigkeitsbetrachtung additiver Fertigung vorgenommen. Die Kapitel 2.2 und 2.3 vermitteln das Basiswissen zu den tech-

[22] Vgl. Ulrich, P./Hill, W. (1976) *Wissenschaftstheoretische Grundlagen der Betriebswirtschaftslehre*, S. 305.

nischen Eigenschaften von additiven Fertigungsverfahren sowie zu der Prozesskette. In Kapitel 2.4 werden grundlegende Theorien und Verfahren zu Modellierungen von Produktionsprozessen beschrieben, die für die Lösungskonzeption der Arbeit relevant sind. Abschließend werden in Kapitel 2.5 die resultierende Problemstellung spezifiziert und der Handlungsbedarf aus der Praxis zusammengefasst.

Auf Grundlage der in der Praxis identifizierten Herausforderungen werden in Kapitel 3 die Haupteinflussfaktoren und Rahmenbedingungen des Untersuchungsgegenstandes aufgezeigt. Dabei werden theorie- und anwendungsorientierte Ansätze für den Bereich der additiven Fertigung in Kapitel 3.1 genannt und erläutert. Zur Steigerung flexibler Produktionsprozesse werden Ansätze relevanter Autoren diskutiert, die die Effizienzsteigerung, die Nutzung erhöhter Funktionalität und die Verbesserung der Nachhaltigkeit adressieren. Kapitel 3.2 untersucht weiterführende Ansätze zur prozessverbessernden Fertigungsstrategie, um wesentliche Produktanforderungen zur Steuerung der Entwicklung der Fertigungstechnologie umzusetzen. Relevante Ansätze fließen in Kapitel 3.3 in die Darstellung der bauteilbezogenen Strukturanalyse ein. In Kapitel 3.4 erfolgt die Charakterisierung kinematischer Gestellbauweisen additiver Produktionssysteme. Abschließend bietet Kapitel 3.5 ein Zwischenfazit zum Forschungsdefizit aus dem Theorie- und Praxiszusammenhang.

In Kapitel 4 werden die kontextuellen Bausteine des Untersuchungsgegenstandes identifiziert und analysiert, basierend auf dem zuvor festgestellten Forschungsdefizit. Hierbei wird der Modellbegriff von STACHOWIAK interpretiert und nach KLAUS UND BUHR in die Kategorien Struktur, Funktion und Verhalten unterteilt. Die Modellierung der Festigkeit erfolgt mithilfe von Regressionsanalyseverfahren auf der Grundlage einer experimentellen Datenbasis. Hierfür ist eine vollfaktorielle Versuchsplanung und -durchführung erforderlich. Die Einflussgrößen auf die Festigkeit von Grenzflächen werden in Kapitel 4.1 ermittelt, während in Kapitel 4.2 Hypothesen zur Wirkung der Prozessänderungen formuliert werden, um diese in den weiteren Kapiteln anhand der Versuchsreihe zu prüfen.

Kapitel 4.3 beschäftigt sich mit den verwendeten Materialien und Methoden, während das Versuchskonzept in Kapitel 4.4 die Gültigkeit und Zuverlässigkeit der Konzeptionierung sicherstellen soll. Um das empirische Modell zu erstellen, wird in Betracht gezogen, physische Probenkörper herzustellen und eine Datengrundlage zu Festigkeitswerten anhand der Variation von Prozessparametern zu schaffen.

Die Analysen zur Oberfläche (vgl. Kapitel 4.5), Grenzfläche (vgl. Kapitel 4.6), Bruchstelle (vgl. Kapitel 4.7) und zum thermischen Einfluss an Grenzflächen (vgl. Kapitel 4.8) sind entscheidend für die Bestimmung des Wirkungsgrads und der Bedeutung von Parametern. Die detaillierte Ausarbeitung des Modells zur Vorhersage und Optimierung von erwartbaren Festigkeiten erfolgt in Kapitel 5. Hier wird die Zielfunktion in Kapitel 5.1 ausgehend von der experimentellen Datengrundlage aufgestellt und spezifiziert. Die Modelloptimierung wird in Kapitel 5.2 beschrieben, wobei ein datengetriebener Modellansatz erläutert wird.

Kapitel 6.1 sieht eine Überprüfung der Regeln vor, um das Modell in einen Anwendungszusammenhang zu bringen und die Modellgüte zu ermitteln. Eine wissenschaftliche Einordnung des Systems gegenüber anderen flexiblen Produktionssystemen wird erörtert, und das Potenzial des Zielsystems wird abschließend beurteilt. Eine Anwendbarkeitsprüfung unter Zuhilfenahme eines Beispielbauteils wird durchgeführt und kritisch reflektiert. In Kapitel 7 erfolgt eine Zusammenfassung und ein Ausblick auf weiteren Forschungsbedarf.

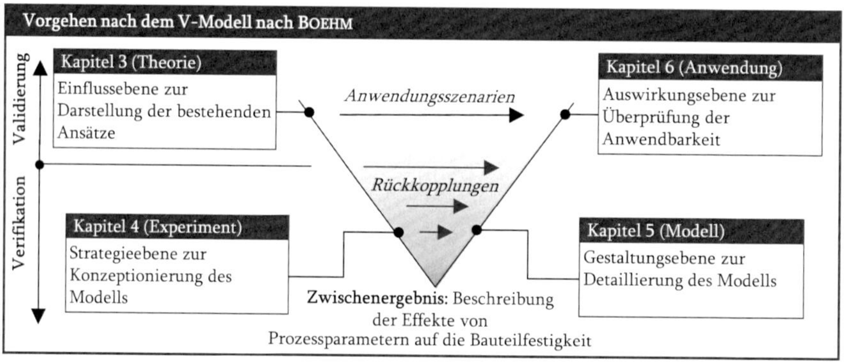

Abbildung 1-5: Vorgehen des V-Modells über Zeit und Detaillierung[23]

Die Struktur dieses Forschungsvorhabens orientiert sich an der Notwendigkeit, die zentralen Forschungsfragen umfassend zu beantworten. Hierbei wird jedes Kapitel darauf ausgerichtet, eine spezifische Unterforschungsfrage zu behandeln. Diese geordnete Abfolge und das Zusammenspiel der verschiedenen Themenfelder folgen dem V-Modell nach BOEHM. Dieses Modell ist im Wesentlichen als ein Wasserfallmodell mit Rückkopplung zu verstehen und integriert explizite Qualitätssicherungsmaßnahmen.[24] Aktivitäten zur Verifikation und Validierung sind feste Bestandteile des V-Modells und erweitern das wissenschaftstheoretische Vorgehen nach TÖPFER durch die

[23] Vgl. Eigene Darstellung, in Anlehnung an Boehm, B. W., (1979), *Software Engineering Economics*, S. 3.
[24] Vgl. Balzert, H. (1996) *Lehrbuch der Software Technik*, S. 98.

gezielte Rückkopplung der Phasen nach ULRICH aus Abbildung 1-2.[25] Durch das sog. Tailoring wird das V-Modell auf den hiesigen Projektfall angepasst, wobei das Grundgerüst vom herkömmlichen Ansatz aus der Softwareentwicklung entlang der Phasen Theorie, Experiment, Modell und Anwendung bestehen bleibt.[26] Der Ansatz des V-Modells erstreckt sich von theoretischen und experimentellen Analysen über Modellierungen der mechanischen Eigenschaften bis hin zur Anwendungsprüfung eines Prädiktionsmodells (vgl. Abbildung 1-5).

Im folgenden Kapitel wird der theoriebildende Gestaltungsbereich anhand der Darstellungen der Grundlagen erläutert, um das Potenzial des multidirektionalen Aufbaus zu beschreiben und die notwendigen Handlungsoptionen aufzuzeigen.

[25] Vgl. Töpfer, A. (2012) *Erfolgreich Forschen*, S. 158.

[26] Vgl. Alpar, P. et al. (2019) *Phasenmodelle in der Softwareentwicklung*, S. 366.

2 Grundlagen des Betrachtungsbereichs

Im folgenden Kapitel werden die Grundlagen der additiven Fertigung und der Modellierung von Produktionsprozessen vorgestellt. Es werden die relevanten theoretischen Zusammenhänge für eine multidirektionale Anwendung der Materialextrusion im Kontext der Nachhaltigkeit, der Verfahrensprinzipien sowie der Prozesskette erläutert, um abschließend den Handlungsbedarf aus der Praxis darzustellen.

Zunächst erfolgt eine Nachhaltigkeitsbetrachtung fortschrittlicher Produktionstechnik (vgl. Kapitel 2.1). Nachfolgend werden relevante Begriffsdefinitionen der technologischen Grundlagen der additiven Fertigung vorgestellt und der Betrachtungsrahmen der Arbeit eingegrenzt (vgl. Kapitel 2.2). Im Anschluss werden die technischen Prozessschritte der additiven Fertigung beschrieben, um die Änderungen beim multidirektionalen Aufbau abzuleiten (vgl. Kapitel 2.3). Die mathematischen Modellierungsansätze zur Prozessauslegung materialextrudierender Verfahren werden in Kapitel 2.4 zusammengefasst, um diese später für eine ressourcenschonende Prozessgestaltung additiver Fertigung zu bewerten und einzusetzen.

2.1 Nachhaltigkeitsbetrachtung additiver Fertigung

Die steigende Nachfrage nach umweltfreundlichen Geschäftspraktiken, bedingt durch politische Vorgaben und die Erwartungen der Verbraucher, stellt produzierende Unternehmen vor die Herausforderung, ressourceneffizient und emissionsarm zu wirtschaften. Im Zuge dieser Entwicklung sind Unternehmen aufgefordert, fortlaufend die Potenziale für neue Herstellungskonzepte ihrer Produkte zu erforschen. Die wachsende Relevanz der additiven Produktion lässt sich auf verschiedenen Ebenen identifizieren und kategorisieren, um aus Sicht der Unternehmen eine nachhaltige Produktion zu ermöglichen. (vgl. Abbildung 2-1). Faktoren aus der Wirtschaft, der Umwelt und der Gesellschaft sowie Aufsichtsstrukturen beeinflussen das Marktverhalten, die Entwicklung und die Prozessstruktur der Technologien maßgeblich. Daher werden Unternehmen zukünftig ihr Geschäft nach den vier Gesichtspunkten FESG (*engl. Finance, Environment, Society & Governance*) auslegen müssen. Der zentrale

Gegenstand dieser Untersuchung ist die Auswirkung dieser Spannungsfelder auf das Produktdesign, die Lieferkettensysteme und den Produktlebenszyklus. In den folgenden Abschnitten werden die Ausprägungen der Ebenen der additiven Fertigung dargestellt und erläutert.

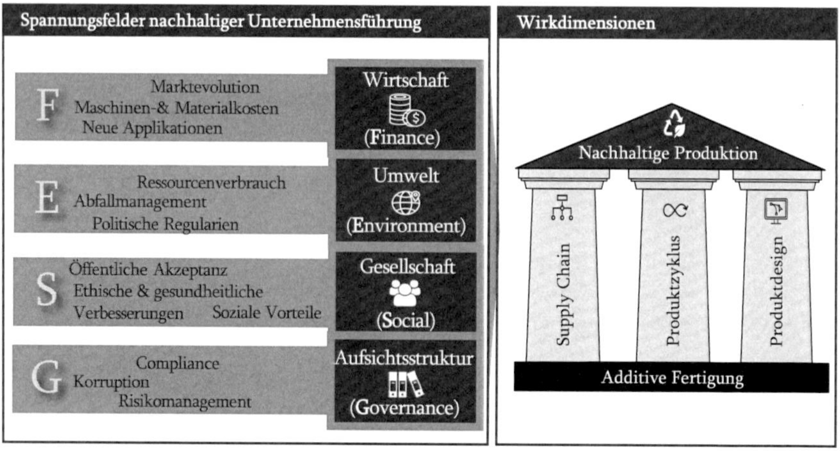

Abbildung 2-1: Spannungsfelder und Dimensionen der nachhaltigen Produktion in Anlehnung an SCHUH[27]

2.1.1 Supply-Chain-Ebene

Ein wesentlicher Vorteil der additiven Fertigung besteht in der effizienten Gestaltung der Supply Chain. Der herkömmliche Wertschöpfungsprozess eines Bauteils beruht stark auf logistischen Prozessen, wie beispielsweise der Lieferung und Lagerung von Halbzeugen sowie Zwischenprodukten. Auch der Fertigungsprozess, der mehrere Fertigungsschritte umfassen kann, und nachfolgende Montageschritte haben einen erheblichen Einfluss. Im Gegensatz dazu basiert die additive Fertigung auf einem einzigen Prozessschritt. Es werden lediglich die Fertigungsmaschine, Material und eine CAD-Datei des zu produzierenden Bauteils benötigt. Materialvorbereitungen, wie zum Beispiel Vortrocknung und qualitätsverbessernde Nacharbeitsschritte erfordern zwar zusätzliche Maschinen und Equipment, jedoch kann die Lieferkette insgesamt reduziert oder vielmehr kondensiert werden.[28] Die Forscher CAMPBELL ET AL. beschreiben den

[27] Vgl. Schuh, G. (2021) *Internet of Production – Turning Data into Sustainability*, S. 204.

[28] Vgl. Campbell, T. et al. (2011) *Could 3D Printing Change the World? Technologies, Potential, and Implications of Additive Manufacturing*, S. 1.

Produktionsprozess als „Single Tool Process", der ohne die Nutzung von elementaren Werkzeugen, wie z. B. beim Spritzguss, auskommt.[29] Schematisch ist die kondensierte Supply-Chain in Abbildung 2-2 dargestellt. Die blauen Symbole und Pfeile stellen die Wertschöpfungsschritte bei der additiven Fertigung dar, wohingegen die grauen Symbole und Pfeile die zusätzlichen Schritte, wie die Lagerungen, zusätzliche Produktions- und Montageprozesse, repräsentieren, die bei der traditionellen Fertigung ergänzend durchgeführt werden müssen. Weiterhin erleichtern additive Fertigungsverfahren *(engl. Additive Manufacturing* – AM*)* eine Produktion auf Nachfrage.

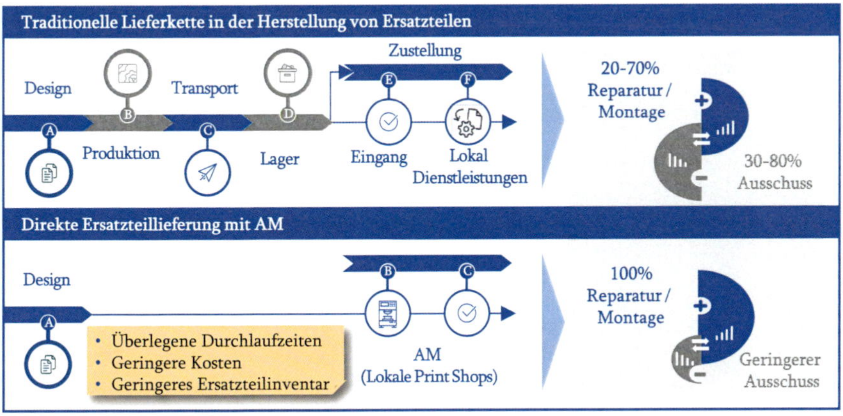

Abbildung 2-2: Gegenüberstellung der Supply-Chain am Beispiel Ersatzteilherstellung mittels AM[30]

Der Transport von Gütern soll kein Risiko für die Lieferzeit mehr darstellen, da durch das digitale Versenden der Bauteildaten laufende Kosten für gefüllte Lager reduziert werden sollen.[31] Das Inventarrisiko wird minimiert, da der Produktionsprozess erst angestoßen wird, wenn ein Auftrag eingegangen und bezahlt ist. Als Folge gibt es weniger unverkaufte produzierte Ware. Das „Working Capital Management" würde so verbessert werden.[32] Somit bietet die additive Fertigung auch eine Möglichkeit, Produkte am Markt anzubieten, bei denen der Erfolg unsicher ist. Mit geringen

[29] Vgl. Campbell, T. et al. (2011) *Could 3D Printing Change the World? Technologies, Potential, and Implications of Additive Manufacturing*, S. 5.

[30] Vgl. Khajavi, S. H. et al. (2014) *Additive manufacturing in the spare parts supply chain*, S. S.6

[31] Vgl. Attaran, M. (2017) *The rise of 3-D printing: The advantages of additive manufacturing over traditional manufacturing*, S. 681.

[32] Vgl. Berman, B. (2012) *3-D printing: The new industrial revolution*, S. 19.

Anfangsinvestitionen und kurzen Markteinführungszeiten kann die Nachfrage evaluiert werden. Nach erfolgreichem Markteintritt kann dann auf massentaugliche Fertigungsverfahren umgestellt werden.[33] Ein charakteristischer Prozess ist die Ersatzteilfertigung auf konventionellem Weg gegenüber der Nutzung von dezentral einsetzbaren additiven Fertigungssystemen. Dabei stellt sich heraus, dass durch lokale Herstellbetriebe sowie die digitale Zustellung des Bauteildesigns u. a. überlegene Durchlauf- bzw. Zustellzeiten und geringere Kosten generiert werden können. Aus den Merkmalen der Technologie lässt sich ableiten, welche nachhaltigen Produktionskonzepte durch die additive Fertigung potenziell zu realisieren sind. Durch die reduzierten logistischen Prozesse zur Erstellung eines Produkts ist das Verfahren prädestiniert für eine dezentrale Fertigungsstrategie. Schnelllebige Absatzmärkte, neue Wettbewerber und individualisierte Produkte erfordern flexiblere Produktionssysteme. Durch die nachfrageorientierte Produktion kann weiterhin Überproduktion vorgebeugt werden. Der Aufwand für Transport und Logistik wird vermindert.[34] Beispielsweise entwickeln Großkonzerne, wie z. B. General Electric, dezentrale „Microfactories", um die Möglichkeiten dezentraler Produktionskonzepte und hochgradiger Nutzerintegration auszuloten.[35]

Produktionsprozesse sind in der Regel hierarchisch organisiert, was dazu führt, dass die Planung auf der obersten Ebene der Organisationshierarchie erfolgt. Die Initiative für die dezentrale Produktion geht jedoch nicht mehr von der Produktionsleitung aus, sondern lokal von dem Werkstück, das mit einem eingebetteten System ausgestattet wird. Die Vorteile der dezentralen Produktion liegen somit in einer ortsunabhängigen und eigenständigen Fertigung.[36] Produkte können näher am Zielort produziert werden, was logistische Kosten und negative Umwelteinflüsse reduziert. Zusätzlich kann hierdurch die Zeit von der Produktion bis zum Vertrieb verkürzt werden.[37] Der Aufwand für Transport und Logistik wird durch die digitale Verteilung der CAD-Dateien vereinfacht, sodass eine dezentrale Fertigung ein charakteristisches Merkmal von additiver Fertigung sein kann.[38]

---

[33] Vgl. Pour, M. Ashour et al. (2016) *Additive Manufacturing Impacts on Productions and Logistics Systems*, S. 1681.

[34] Vgl. Waschbusch, L. Marie (2019) *Was bedeutet dezentrale Produktion? - Definition und Bedeutung*, S. 5.

[35] Vgl. Petschow, U./Peuckert, J. (2016) *Kollaborative Ökonomie – Potenziale für nachhaltiges Wirtschaften*, S. 15.

[36] Vgl. Waschbusch, L. Marie (2019) *Was bedeutet dezentrale Produktion? - Definition und Bedeutung*, S.3.

[37] Vgl. Attaran, M. (2017) *The rise of 3-D printing: The advantages of additive manufacturing over traditional manufacturing*, S. 681.

[38] Vgl. Campbell, T. et al. (2011) *Could 3D Printing Change the World? Technologies, Potential, and Implications of Additive Manufacturing*, S. 5.

Die Ebene der Supply Chain stellt die Makroebene dar, auf der Prozesse aus einer ganzheitlichen Perspektive betrachtet werden. Ein Ansatz auf dieser Ebene ist die dezentrale Produktion. Hier lassen sich zwei Typen dezentraler Wertschöpfung unterscheiden. Einerseits lösen die Tendenzen zur Dezentralisierung die Weiterentwicklung bestehender Wertschöpfungsmuster in Richtung digital vernetzter und flexibler Produktionssysteme aus, die im Gegensatz zu den starren, auf Skaleneffekte ausgerichteten Systemen stehen. Andererseits ergeben sich alternative Wertschöpfungskonstellationen, die durch Muster wie die kollaborative Ökonomie zum Ausdruck kommen.[39]

Diese ist eine Unterform der dezentralen Produktion. Sie beschreibt einen Vorgang, bei dem der Produzent und der Kunde an der Leistungserstellung zusammenwirken. Die Treiber für den Prozess sind die Digitalisierung und der Zugang zu Produktionstechnologien. Die Digitalisierung ermöglicht zunehmend eine Zerlegung von Arbeitsschritten, womit Auslagerungsprozesse aus den Unternehmen verbunden sind.[40] Durch einen niedrigschwelligen Zugang zu Produktionstechnologien ist es Konsumenten möglich, selber produktiv und somit zum Produzenten zu werden.[41] Der Entfaltungsraum dezentraler Handlungsmöglichkeiten umfasst Video-Tutorials als Reparaturanleitungen für Reparatur-Cafés bis hin zur kollaborativen Entwicklung und Bereitstellung von digitalen Modellen für den 3D-Druck von Produkten.[42]

Zusammenfassend eröffnet die dezentrale Produktion Potenziale für nachhaltigere Prozesse, indem Materialeffizienz durch vermiedene Überproduktion sowie Emissionsreduktion durch verringertes Transportvolumen gewährleistet wird. Trotz der genannten Vorteile sehen PETSCHOW UND PEUCKERT das Potenzial der dezentralen Produktion als begrenzt an. Sie schlussfolgern, dass dezentrale Techniken weitgehende Veränderungsprozesse in der Produktion bewirken, jedoch erfordere Nachhaltigkeit mehr als die Entwicklung und Nutzung von dezentralen Technologien. Sie bedarf der gesellschaftlichen Einbettung der Technologien, sozialer Innovationen und neuer Nutzungsformen.[43]

Ein weiteres Konzept zur nachhaltigen Produktion ist die Gründung von Allianzen. Um nachhaltig und profitabel zur gleichen Zeit zu werden, ist Zusammenarbeit zwischen Unternehmen erforderlich. Die Voraussetzung für eine Zusammenarbeit ist, dass

---

[39] Vgl. Petschow, U. (2014) *Dezentrale Produktion, 3D-Druck und Nachhaltigkeit*, S. 9.

[40] Vgl. Petschow, U. (2014) *Dezentrale Produktion, 3D-Druck und Nachhaltigkeit*, S. 10.

[41] Vgl. Petschow, U. (2014) *Dezentrale Produktion, 3D-Druck und Nachhaltigkeit*, S. 20.

[42] Vgl. Petschow, U./Peuckert, J. (2016) *Kollaborative Ökonomie – Potenziale für nachhaltiges Wirtschaften*, S. 14.

[43] Vgl. Petschow, U. (2014) *Dezentrale Produktion, 3D-Druck und Nachhaltigkeit*, S. 16.

die beteiligten Unternehmen ihre Geschäftsmodelle den anderen Beteiligten zugänglich machen. Renault hat beispielsweise Joint Ventures mit Entsorgungsmanagementfirmen gegründet, um Zugang zu Ressourcen, Wissen und Kompetenzen in den verschiedenen Bereichen der Supply-Chain aufzubauen.[44] Kollaborationen können bis zu industriellen Symbiosen perfektioniert werden. Ein Beispiel hierfür ist der Kalundborg Eco-Industrial Park in Dänemark. Das Konzept dahinter ist, dass Abfallprodukte und überschüssige Ressourcen einer Firma potenzielle Inputfaktoren für andere Firmen in dem Industriepark darstellen können (vgl. Abbildung 2-3).

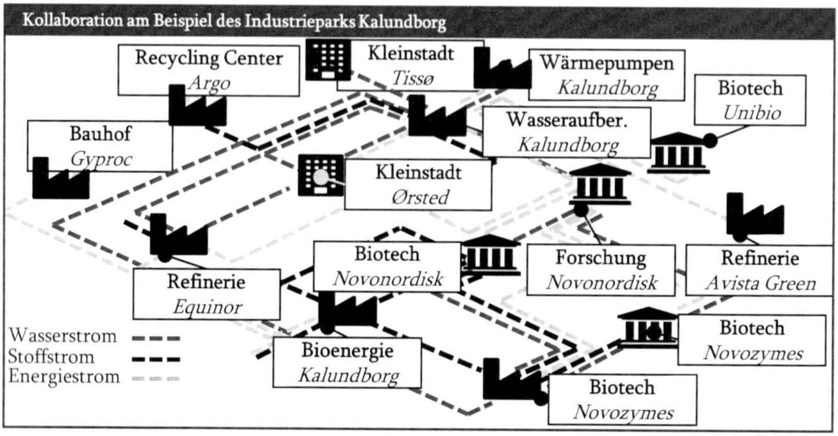

Abbildung 2-3: Energie-, Wasser- und Stoffströme im Industriepark Kalundborg[45]

Die dort ansässige Firma Gyproc nutzt die Emissionen der Firma Dong Energy als Input, um Gipskarton herzustellen. Landwirtschaftliche Anwender nutzen Biomüll der Firma Novozyme als Düngemittel. Asnæs Power Station nutzt überschüssiges Wasser von Tätigkeiten von Equinor. Sogar überschüssige Energie, die in dem Industriepark generiert wird, wird in Haushalten in der Nähe in Hitze oder Licht umgewandelt.[46] Der Zusammenschluss von Unternehmen zu Allianzen ermöglicht also nachhaltigeres Wirtschaften. Unternehmen arbeiten nicht mehr wie üblich als Wettbewerber, sondern vernetzen die eigene Lieferkette mit denen anderer Firmen zu einem Ökosystem, sodass alle Teilnehmer einen Nutzen davon haben.

[44] Vgl. Jørgensen, S./Pedersen, L. Jacob Tynes (2018) *RESTART Sustainable Business Model Innovation*, S. 121–22.

[45] Vgl. Jørgensen, S./Pedersen, L. Jacob Tynes (2018) *RESTART Sustainable Business Model Innovation*, S. 128.

[46] Vgl. Jørgensen, S./Pedersen, L. Jacob Tynes (2018) *RESTART Sustainable Business Model Innovation*, S. 128.

Abschließend wird festgehalten, dass die Supply-Chain-Effizienz in der additiven Fertigung durch die Portabilität der Technologie enorme Vorteile bietet und insbesondere in eine kondensierte Lieferkette führt. Eine Produktion auf Nachfrage wird ermöglicht und befähigt Unternehmen dazu, die Produktion schneller zu lokalen Märkten und Kunden zu bringen (vgl. Abbildung 2-4). Anstatt die Massenproduktion in anderen Ländern zu bevorzugen, können die Hersteller mehr lokale Montagezentren etablieren. Weitere Vorteile sind eine größere Produktanpassung, eine geringere Komplexität und eine verkürzte Markteinführungszeit.

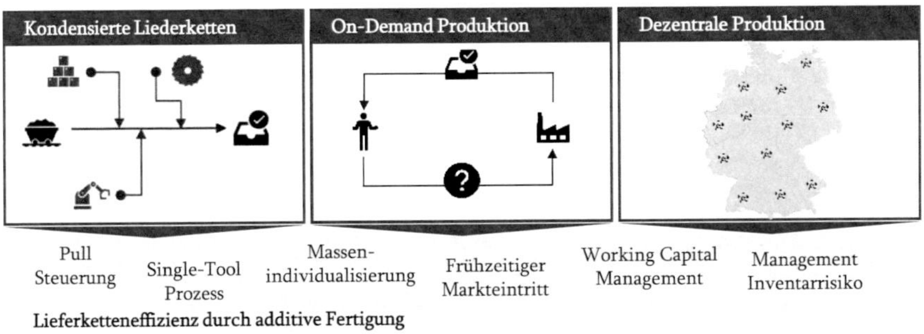

Abbildung 2-4: Supply-Chain Effizienz in der additiven Fertigung[47]

2.1.2 Produktzyklus-Ebene

Auf der Mesoebene, der Ebene des Produktzyklus, existiert das Werkzeug der Kreislaufwirtschaft zur Erreichung von nachhaltiger Produktion. Der Ansatz der Kreislaufwirtschaft steht sowohl dem traditionellen Vorgehen „nehmen-produzieren-wegwerfen“, als auch dem industriellen System, das auf fossilen Rohstoffen basiert, gegenüber. Der Ansatz der Kreislaufwirtschaft besteht darin, Ressourcen und Produkte auf den verschiedenen Stufen des Produktlebenszyklus wiederzuverwenden und erneuerbare Ressourcen zu nutzen.[48]

Die Forscher LÜDEKE-FREUND ET AL. führen eine systematische Analyse von Modellen der Kreislaufwirtschaft durch und identifizieren sechs wesentliche Kreisläufe. Vier davon sind technische und zwei biologische Kreisläufe. Im Hinblick auf diese

[47] Vgl. Sonar, H. et al. (2022) *Additive Manufacturing Enabled Supply Chain Management: A Review and Research Directions,* S. 3

[48] Vgl. Bocken, N. M. P. et al. (2016) *Product design and business model strategies for a circular economy*, S. 308.

wissenschaftliche Arbeit sind lediglich die technischen Kreisläufe relevant, die im Folgenden erläutert werden (vgl. Abbildung 2-5).

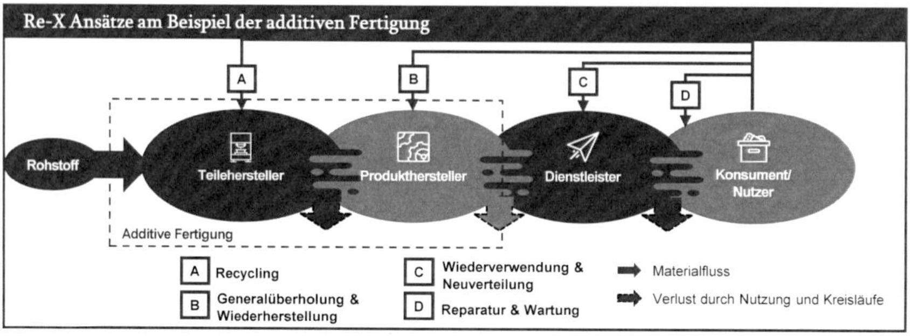

Abbildung 2-5: Wesentliche Kreisläufe in der Kreislaufwirtschaft nach LÜDEKE-FREUND[49]

Der erste Kreislauf, in dem Produkte erhalten werden können, ist die Reparatur und Wartung (Schleife D). Beide Ansätze verlängern die Lebensdauer des Produktes durch einen Service, der die Funktionalität des Bauteils bewahrt oder wiederherstellt. Ein weiterer Kreislauf ist die Wiederverwendung oder Neuverteilung (Schleife C). Das Produkt wird dabei für den Zweck wiederverwendet, für den es initial produziert worden ist. Für gewöhnlich wechselt dabei der Besitzer des Gegenstandes. Der nächste Zyklus ist die Generalüberholung und Wiederherstellung (Schleife B). Dabei werden Produktteile ersetzt, die versagt haben oder voraussichtlich versagen werden. Die Qualität der überholten Produkte erreicht dabei meist nicht jene der wiederhergestellten Produkte. Sofern Produkte nicht mehr generalüberholt oder wiederhergestellt werden können, ist Recycling eine mögliche Option (Schleife A). Materialien werden separiert, gesammelt, verarbeitet und in neuen Produktionsprozessen verwendet. Die Qualität des Materials kann dabei verbessert werden (Upcycling) oder verschlechtert werden (Downcycling).[50] Die vier beschriebenen Kreisläufe sind schematisch in Abbildung 2-5 dargestellt.

Das Konzept der Kreislaufwirtschaft kann ein geeignetes Werkzeug für nachhaltige Produktionskonzepte darstellen. Problematisch ist jedoch die Rückführung von Erzeugnissen zur produzierenden Firma. Die in Abbildung 2-5 dargestellte Schleife D

[49] Vgl. Lüdeke-Freund, F. et al. (2019) *A Review and Typology of Circular Economy Business Model Patterns*, S. 40.

[50] Vgl. Lüdeke-Freund, F. et al. (2019) *A Review and Typology of Circular Economy Business Model Patterns*, S. 39–40.

(Reparatur und Wartung) wird häufig ausgeführt, da die Eigentümer der Produkte während der eigenen Nutzungsphase interessiert daran sind, dass die Produkte ihre Aufgabe erfüllen und somit gewartet oder repariert werden. Die Schleifen C bis A werden seltener durchlaufen, da diese nach der Nutzungsphase des Besitzers erfolgen würden. Produktbesitzer entsorgen Produkte aber eigenständig, teilweise nicht fachgerecht, oder lagern diese häuslich ohne jeglichen Nutzen ein. Aus der Sicht des Produzenten wird mit dem Verkauf der Ware jegliche Verantwortung an den Käufer übergeben. Die Kreislaufwirtschaft kann also mit einer Servicelogik weiterentwickelt werden. Der Grundgedanke der Servicelogik besteht darin, dass der Käufer nicht für den physischen Besitzübergang zahlt, sondern für den Zugang zum Produkt.[51] Die Fähigkeiten des Produkts werden als Dienstleistung angesehen und werden lediglich für eine begrenzte Zeit gegen Entgelt zur Verfügung gestellt. Rückführungen der Produkte an die Firmen durch Schleifen II bis IV könnten somit realisiert werden, wenn die Buchungsdauer des Kunden endet. Die Ergebnisse sind sogenannte Produkt-Service-Systeme. Bei den Produkt-Service-Systemen zahlt der Kunde nicht einmalig für das Produkt, sondern für eine Zeitspanne, in der die Firma das Produkt zur Verfügung stellt. Für den einwandfreien Zustand übernimmt die Firma dabei jegliche Verantwortung, das heißt in Form von Wartungen und Reparaturen. Endet die Nutzungsdauer des Kunden, kann die Firma das Produkt neuverteilen, generalüberholen, wiederherstellen oder brauchbare Komponenten sowie wertvolle Materialien separieren. Die Ausgestaltung der Produkt-Service-Systeme ist nahezu grenzenlos.

Die Rolle der Materialextrusion verspricht im Kontext des Recyclings aufgrund der Nutzung von Rezyklat nach Sortierung und mechanischer Zerkleinerung vielversprechende Möglichkeiten. Die Benutzung von Granulat in additiven Fertigungssystemen ermöglicht bereits nach einer ersten Zerkleinerung von Ausschussmaterial und Bauteilen nach dem Lebenszyklusende eine unmittelbare Rückführung in den Prozess. Neben der direkten Verwendung von Granulat in den Produktionsprozess kann eine Herstellung von Filament für den Fused-Filament-Fabrication Prozess (FFF) genutzt werden oder eine weitere Abstufung der Korngröße zu Pulver für den SLS-Prozess erfolgen. Derzeitige Forschungsaktivitäten beschäftigen sich mit den Mischverhältnissen (*engl. Blends*) von Primär- und Sekundärmaterial im additiven Fertigungsprozess.

2.1.3 Produktdesign-Ebene

Auf der Mikroebene des Produktdesigns beginnt der initiale Schritt, nachhaltige Produktionskonzepte implementieren zu können. Durch geeignete Gestaltgebung und

[51] Vgl. Jørgensen, S./Pedersen, L. Jacob Tynes (2018) *RESTART Sustainable Business Model Innovation*, S. 89.

Produktarchitekturen können Kreisläufe wie Reparaturen, Wartungen, Generalüberholungen, Wiederherstellungen und Recycling überhaupt ermöglicht werden. Ansätze hierfür sind beispielsweise Design for Recycling, Design for Disassembly und modulare Produktarchitekturen. Diese Ansätze erlauben es, wertvolle Komponenten zu demontieren und wiederzuverwenden. Wertvolle Materialien können leicht extrahiert und recycelt werden.

Die Forscher BOCKEN ET AL. fokussieren sich in ihrer wissenschaftlichen Veröffentlichung auf ein Produktdesign für eine Kreislaufwirtschaft und arbeiten dabei drei grundsätzliche Handlungsempfehlungen heraus:

- *Materialflüsse verlangsamen:*
    - *Designmaßnahmen für langlebige Produkte oder Produktlebensverlängerung*
- *Materialflüsse schließen:*
    - *Designmaßnahmen, die Recycling ermöglichen*
- *Materialflüsse verschlanken:*
    - *Designmaßnahmen, die darauf abzielen, weniger Ressourcen pro Produkt zu verwenden*

Die bereits erfolgreich bei linearen Produktionsansätzen angewendete Strategie, „Materialflüsse zu verschlanken", bildet einen zentralen Lösungsbaustein. Diese Methode kann erfolgreich mit den beiden anderen Ansätzen kombiniert werden. Die wissenschaftliche Arbeit detailliert die Herangehensweisen, um Materialflüsse zu verlangsamen und zu schließen.

BOCKEN ET AL. stellen als Optionen der Materialflussverlangsamung gestaltgebende Maßnahmen für langlebige Resultate oder Produktlebensverlängerungen vor (vgl. Abbildung 2-6). Langlebiges Produktdesign beinhaltet die Entwicklung von Designformen, die den Kunden binden und sein Vertrauen gewinnen können. Dabei wird besonders die emotionale Ebene des Kunden angesprochen. Weitere Designformen konzentrieren sich darauf, zuverlässig und widerstandsfähig zu sein, wobei der Fokus auf den physischen Eigenschaften des Produkts liegt.

Die zweite Kategorie der Produktlebensverlängerung umfasst Ansätze wie Design für Wartung und Reparatur. Das Ziel besteht darin, einen stabilen Zustand des Produkts auf einfache Weise erhalten zu können. Design für Aufwertung und Anpassung ermöglicht Produktqualität unter sich verändernden Umständen.

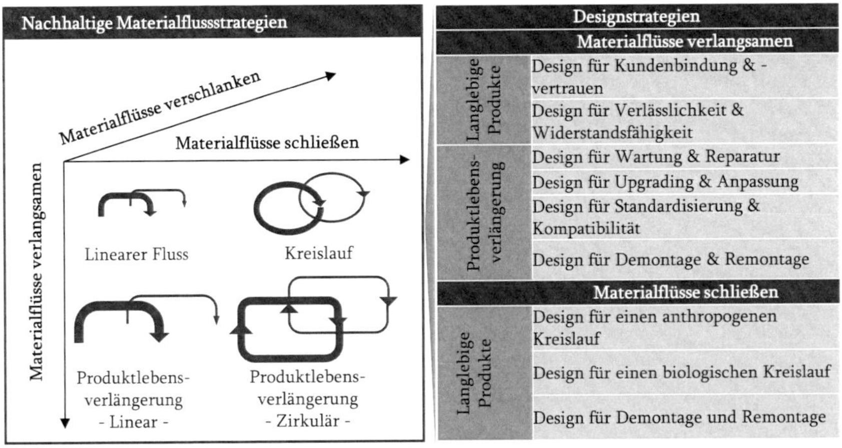

Abbildung 2-6: Nachhaltige Materialflussstrategien in Anlehnung an BOCKEN ET AL.[52]

Der dritte Ansatz bezieht sich auf Designmaßnahmen zur Standardisierung und Kompatibilität, wobei Produkte Komponenten aufweisen, die produktübergreifend verwendet werden können. Der vierte Ansatz beschreibt Designmaßnahmen für Demontage und Remontage, um sicherzustellen, dass Produkte oder Teile einfach separiert und wieder montiert werden können. Unter dem Ansatz zur Schließung von Materialflüssen werden das Design für einen anthropogenen Kreislauf, einen biologischen Kreislauf und das Design für Demontage und Remontage verstanden. Das Ziel ist es, Materialien zu verwenden, die kontinuierlich und sicher in neue Materialien und Produkte recycelt werden können. Ansätze für den biologischen Kreislauf finden Anwendung bei Produkten, die verbraucht werden. Hier sollen biologische Materialien verwendet werden, die als Nahrung für natürliche Systeme dienen. Dies umfasst Kunststoffe aus nachwachsenden Materialien, die nach dem Ende ihres Lebenszyklus biologisch abbaubar sind. Das Design für Demontage und Remontage ist identisch mit der Kategorie der Materialflussverlangsamung und dient auch dazu, Materialflüsse zu schließen. Der Fokus liegt hier darauf, wertvolle Materialien extrahieren und diese über Kreisläufe wiederverwenden zu können.[53]

---

[52] Vgl. Bocken, N. M. P. et al. (2016) *Product design and business model strategies for a circular economy*, S. 309.

[53] Vgl. Bocken, N. M. P. et al. (2016) *Product design and business model strategies for a circular economy*, S. 308–11.

2.2 Technologische Grundlagen der additiven Fertigung

Die additive Fertigung, auch als 3D-Druck bekannt, ist eine Teildisziplin der Fertigungstechnologien, die aufgrund ihrer besonderen Eigenschaften eine treibende Kraft in nachhaltigen Produktionskonzepten darstellt. In diesem Kapitel erfolgt eine kurze Darstellung der Grundlagen, und die grundlegenden Begriffe im Zusammenhang mit additiver Fertigung werden näher erläutert.

2.2.1 Einführung in additive Fertigungssysteme

Additive Fertigungsverfahren gewinnen zunehmend an industrieller Relevanz. Die durchschnittliche jährliche Wachstumsrate der Umsätze aller Produkte und Dienstleistungen über die letzten 31 Jahre beträgt 26,7 %.[54] Der Markt für metallbasierte additive Fertigung wird im Jahr 2020 mit 2,03 Milliarden und einer erwarteten jährlichen Wachstumsrate von 29,2 % über die nächsten fünf Jahre bewertet.[55] Der polymerbasierte Markt wird mit 5,14 Milliarden Euro und einer jährlichen Wachstumsrate von 15,4 % über die nächsten fünf Jahre bewertet.[56]

Nach der Norm DIN 8580 werden additive Fertigungsverfahren der Hauptgruppe der Urformverfahren zugeordnet.[57] Abbildung 2-7 zeigt eine Klassifizierung der additiven Fertigungsverfahren, wobei diese nach dem Aggregatzustand des Ausgangsmaterials sowie nach dem Wirkprinzip zur Schichterzeugung differenziert werden. In der vorliegenden Arbeit steht das Verfahren der Materialextrusion (MEX) im Mittelpunkt und wird der Verfahrensfamilie der Extrusionsverfahren zugeordnet.

Additive Fertigungsverfahren zeichnen sich durch das sukzessive Auftragen von Materialschichten hin zu Bauteilen aus. Ausgehend von einem Volumenmodell, hergestellt mittels Computer-aided Design (CAD), wird das zu fertigende Bauteil virtuell in Schichten meist gleicher Dicke geteilt (*engl. Slicing*). In einer Softwareumgebung wird das dreidimensionale (3D)-Modell meist aus einem Oberflächenmodell im Standard Triangle Language (STL)-Dateiformat für den Druckprozess in Schichten umgewandelt und anhand von einstellbaren Prozessparametern, u. a. in die Schichthöhe (h_S) umgerechnet. Auf der Basis der Schichtinformationen werden Fertigungsanweisungen für

[54] Vgl. Wohlers, T. et al. (2021) *Wohlers report 2021*, S. 91.
[55] Vgl. Ampower (2021) *Report - Metal Additive Manufacturing*, S. 65.
[56] Vgl. Ampower (2021) *Report - Polymer Additive Manufacturing*, S. 36.
[57] Vgl. Deutsches Institut für Normung (2020) *DIN 8580, Fertigungsverfahren - Begriffe, Einteilung*, S. 1.

das additive Fertigungssystem generiert, welches die verschiedenen Einzelschichten herstellt und zu einem zusammenhängenden Bauteil verbindet.[58]

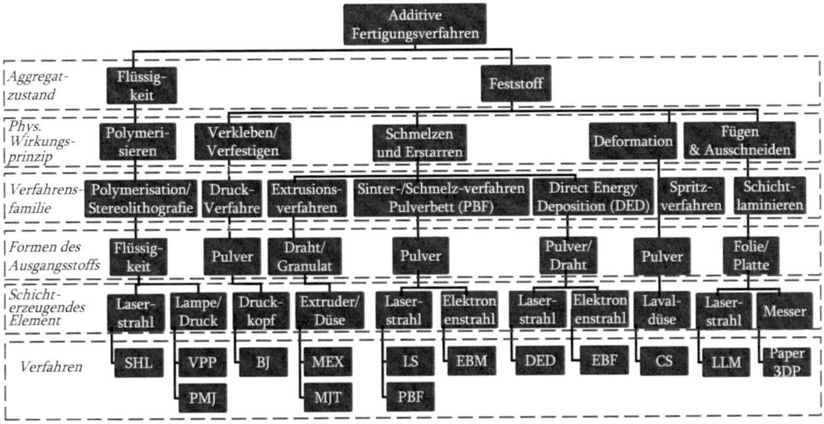

SHL: Sheet Lamination; VPP: Vat Photopolymerization; PMJ: Poly Material Jetting; BJ: Binder Jetting; MEX: material extrusion; MJT: Material Jetting; LS: laser Sintering; EBM: Electron Beam Melting; PBF: Powder Bed Fusion; DED: Direct Energy Deposition; EBF: Electron-Beam Freeform Fabrication; CS: Cold Spray; LLM: Layer Laminated Manufacturing; Paper 3DP: Paper 3d-printing

Abbildung 2-7: Klassifizierung der additiven Fertigungsverfahren

Bei additiven Fertigungsverfahren wird im Gegensatz zu subtraktiven Herstellmethoden Material sukzessiv zu Bauteilgeometrien hergestellt. In der Entwicklung der additiven Fertigung haben sich aufgrund diverser Ausgangsmaterialien verschiedene Verfahren durchgesetzt. Im Rahmen dieser Arbeit wird die Prozesskategorie Materialextrusion (MEX) erläutert. In diesem Verfahren wird Kunststoff in Form von Filament oder Granulat als Ausgangsmaterial verwendet.

2.2.2 Verfahrensprinzip Materialextrusion (MEX)

Nach der Norm ISO/ASTM 52900 handelt es sich bei der Materialextrusion (MEX) um einen additiven Fertigungsprozess, bei welchem überwiegend ein Polymerwerkstoff mithilfe einer Düse gezielt aufgetragen wird.[59] Das MEX-Verfahren wurde 1989 durch Scott Crump erfunden und als Fused Deposition Modeling (FDM©) patentiert. Nach Ablauf des Patents ist die Verbreitung der Technologie durch die Entwicklung von vielen kostengünstigen FDM-Systemen ausgeweitet worden. Als synonyme Bezeichnung des Verfahrens wird der Ausdruck Fused Filament Fabrication (FFF) oder Fused

[58] Vgl. Gebhardt, A. (2016) *Additive Fertigungsverfahren*, S. 25.

[59] Vgl. Verein Deutscher Ingenieure (2019) *VDI 3405 Blatt 4.1, Additive Fertigungsverfahren*, S. 7.

Layer Modeling (FLM) verwendet. Das Verfahren ist weiterhin weitläufig unter dem Begriff Fused Deposition Modeling (FDM) bekannt, welcher durch das Unternehmen STRATASYS geschützt ist.[60]

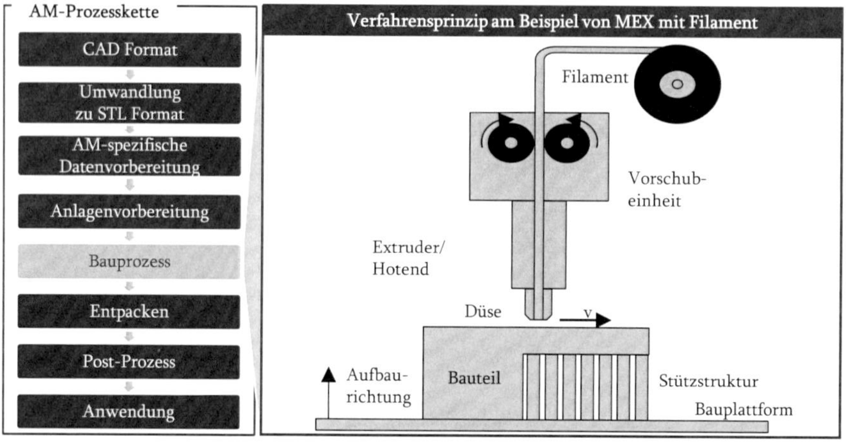

Abbildung 2-8: AM Prozesskette mit Verfahrensprinzip am Beispiel von MEX mit Filament[61]

In Abbildung 2-8 wird die detaillierte AM-Prozesskette mit der Darstellung des Verfahrensprinzips MEX gezeigt. Die Prozesskategorie MEX zeichnet sich durch das feste Ausgangsmaterial, häufig in Form eines Drahts, aus, welcher als Filament bezeichnet wird. Mithilfe eines Vorschubsystems wird das Filament zur Extrusionseinheit bzw. zum Verflüssiger bewegt. Dort findet durch Zufuhr von Wärme der Verflüssigungsprozess statt, sodass eine zähflüssige Schmelze entsteht. Durch kontinuierliches Nachfördern des Materials in die Kammer wird der für die Extrusion erforderliche Druck erzeugt. Das Material tritt in Form eines Strangs aus der Düse aus, wobei Form und Größe des Strangs die Geometrie der Düse abbilden.[62] Als Alternative zum Filament kann auch Granulat als Ausgangsmaterial genutzt werden, welches mittels eines Extruders aufgeschmolzen und gefördert wird.[63] Die Düse, der Extruder und die

[60] Vgl. Verein Deutscher Ingenieure (2021) *VDI 3405 Blatt 4.1, Additive Fertigungsverfahren - Ergänzungen zu ISO/ASTM 52903-1: Materialextrusion von Kunststoffbauteilen - Charakterisierung des Filaments*, S. 2.

[61] Vgl. Gibson, I. et al. (2021) *Additive manufacturing technologies*, S. 16.

[62] Vgl. Gibson, I. et al. (2021) *Additive manufacturing technologies*, S. 16.

[63] Vgl. Deutsches Institut für Normung (2021) *DIN EN ISO/ASTM 52903-1:2021-06, Additive Fertigung - Materialextrusion von Kunststoffen*, S. 2.

Heizelemente repräsentieren die Extrusionseinheit, die mithilfe eines Achssystems über der horizontalen Baufläche bewegt wird. Durch das strangförmige Ablegen des Materials wird die Bauteilkontur erzeugt. Beim Kontakt des extrudierten Materials mit dem zuvor abgelegten Material wird letzteres erwärmt. Durch Wärmeleitung kühlt das extrudierte Material ab und verfestigt sich. Nach der Fertigstellung einer Schicht wird die Bauplattform um eine Schichthöhe abgesenkt, worauf die Erzeugung der nächsten Schicht folgt. Der Prozess wird bis zur Fertigstellung des Bauteils wiederholt.[64]

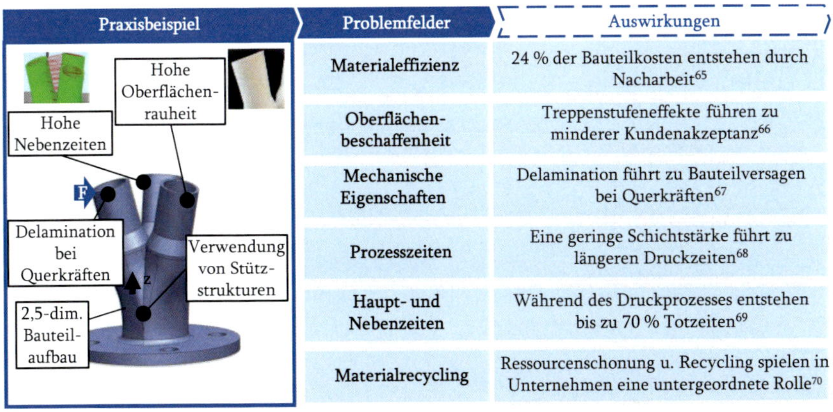

Abbildung 2-9: Problemfeldern beim Einsatz der Materialextrusion[65,66,67,68,69,70]

Trotz der zahlreichen Potenziale besitzt vor allem die kunststoffbasierte Materialextrusion den Ruf, Produkte mit geringer Qualität aufgrund von erhöhter Oberflächenrauheit, geringer Maßhaltigkeit und Festigkeit – ausreichend für den Prototypenbau – herzustellen. Anhand eines Produkts aus der Praxis, dem Dreifachverteiler, der in der Rauchgasreinigung zur Verteilung von abrasiven Fluiden eingesetzt wird, können die Problemfelder exemplarisch dargestellt werden. Abbildung 2-9 verdeutlicht, dass innenliegende Stützstrukturen eine erschwerte Nacharbeit des Werkers generieren,

[64] Vgl. Zeyn et al. (2027) *Industrialisierung der additiven Fertigung: Digitalisierte Prozesskette*, S. 14.

[65] Vgl. Interne Quelle: *ACAM (2020) Benchmark of Post-Processing Methods*, S. 2.

[66] Vgl. Zindani, D., Kumar, K. (2020) *Integrated Manufacturing System for Complex Geometries: Towards Zero Waste in Additive Manufacturing*, S. 1.

[67] Vgl. Gibson, I. et al. (2015) *Additive Manufacturing Technologies*, S. 17.

[68] Vgl. Jin et al. (2014) *Optimization of tool-path generation for material extrusion-based additive manufacturing technology*, S. 1.

[69] Vgl. Jin et al. (2014) *Optimization of tool-path generation for material extrusion-based additive manufacturing technology*, S. 3.

[70] Vgl. Interne Quelle: *KEX-AG (2019) Benchmark Sustainability AM*, S. 1.

erhöhte Rauheit bei schrägen Oberflächen eine Behandlung der Oberfläche erfordern und Querkräfte eine Delamination zwischen den Schichten hervorrufen können, was zum Bauteilversagen führen kann. Als Beispiel dient die erforderliche Nacharbeit, welche die Kosten für die Fertigstellung eines Bauteils durch zeitintensive manuelle Bearbeitung je nach Struktur des Bauteils auf einen Anteil von bis zu 24 % der Gesamtkosten erhöhen kann.[71]

Zusammenfassend lässt sich feststellen, dass gegenwärtige, marktreife Systeme in der Prozesskategorie der Materialextrusion dem 2,5-dimensionalen Aufbau folgen. Hierbei erfolgt die Generierung des zu fertigenden Bauteils in der Prozessvorbereitung durch horizontale Schichten, die aufeinanderfolgend in eine Richtung angelegt werden. Dadurch wird ein dreidimensionaler Aufbau ohne Zusatzmaßnahmen wie beispielsweise dem Einsatz von Stützstrukturen für die Bauteilformen nicht erreicht. Die eingeschränkte Möglichkeit eines dreidimensionalen Aufbaus führt zu geringerer Bauteilqualität und höheren Kosten für die Nacharbeit, was die Wettbewerbsfähigkeit im Vergleich zu etablierten Produktionstechnologien beeinträchtigt.

2.3 Prozessketten additiver Fertigungssysteme

Die Herstellung eines additiv gefertigten Bauteils folgt einer Prozesskette, die aus der Vorbereitung des Druckvorgangs (*engl. Pre-Processing*), der Durchführung des Druckvorgangs (*engl. In-Processing*) und anfallenden Nachbearbeitungsschritten nach Vollendung des Drucks (*engl. Post-Processing*) besteht.[72]

Der additive Fertigungsprozess wird nach der Norm VDI 3405 somit in die drei Schritte Pre-, In- und Post-Processing unterteilt. Die additive Fertigung durchläuft diese drei Schlüsselphasen: Das Pre-Processing umfasst die Schichtdatengenerierung und Anlagenvorbereitung, das In-Processing konzentriert sich auf den eigentlichen Druckvorgang mit der präzisen Steuerung von Materialdeposition und Schichtbildung, während das Post-Processing Schritte nach dem Druck für die Verfeinerung von Struktur, Oberfläche und Materialeigenschaften umfasst.

In Anlehnung an das Systembild der AM-Roadmap des Verbands der Deutschen Maschinen- und Anlagenbauer (VDMA) sind die einzelnen Prozessschritte, beginnend von fertigungsvorbereitenden Maßnahmen, wie der Generierung der Schichtdaten sowie der Vorbereitung der Anlage, über die unmittelbaren Schritte zur Herstellung des

[71] Vgl. Zeyn, H. (2017) *Industrialisierung der Additiven Fertigung*, S. 28 ff.

[72] Vgl. Gibson, I. et al. (2016) *Additive Manufacturing Technologies*, S. 380 ff.

Bauteils bis zu dessen Entnahme aus der Anlage und Nacharbeit, beschrieben (vgl. Abbildung 2-10).

Um die Qualität und Effizienz des additiven Fertigungsprozesses weiter zu steigern, werden fortgeschrittene Technologien und innovative Ansätze in der gesamten Prozesskette erforscht. Im Rahmen des Pre-Processing können Optimierungen in der Schichtdatengenerierung und Anlagenvorbereitung einen entscheidenden Einfluss auf die spätere Bauteilqualität haben. Die Entwicklung fortschrittlicher Algorithmen zur automatisierten Generierung von Schichtdaten sowie die Integration von Echtzeitüberwachungssystemen in die Vorbereitungsphase sind hierbei vielversprechende Forschungsansätze.

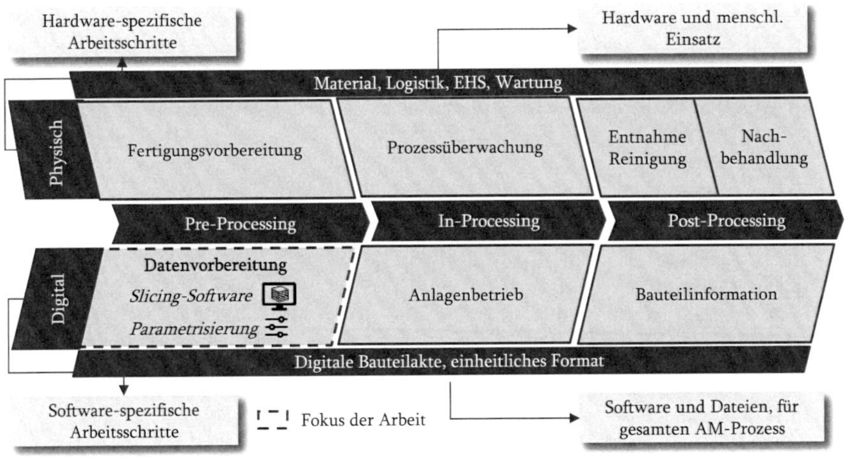

Abbildung 2-10: Prozesskette der additiven Fertigung in Anlehnung an VDMA AM Roadmap[73]

2.3.1 Pre-Process

Innerhalb der Prozessvorbereitung erfolgt zunächst die Erstellung eines Oberflächenmodells des Bauteils, ausgehend von einem CAD-Modell. Basierend auf dem gewählten Verfahren und der Geometrie des Bauteils werden Stützstrukturen generiert, die stabilisierende und wärmeableitende Funktionen übernehmen. Das Bauteil wird in Schichten geschnitten, wobei für jede Schicht die Füllstruktur ausgewählt und die

[73] Vgl. Verein Deutscher Maschinen- und Anlagenbau (2021) *VDMA AM Roadmap zur Smart Factory*, S. 1.

Daten für den Fertigungsvorgang erstellt werden. Diese Daten werden anschließend an die additive Fertigungsanlage übermittelt. Die physische Vorbereitung der additiven Fertigungsanlage umfasst das Aufbereiten und Bereitstellen der Werkstoffe sowie gegebenenfalls notwendige Reinigungsvorgänge.

Da die Konturierung der Bauteile in einer Ebene erfolgt und die dritte Dimension durch Aufeinanderschichten der Einzelschichten entsteht, werden additive Fertigungsverfahren wie die MEX auch als 2,5-dimensionale Verfahren bezeichnet (vgl. Abbildung 2-11).

Der sogenannte Treppenstufeneffekt, der in Aufbaurichtung ausgeprägt ist, resultiert aus dem schichtweisen Aufbau von schrägen Oberflächen. Dieser Effekt tritt an Wänden auf, insbesondere wenn der Winkel zwischen Wand und Bauplattform ungleich 90° ist. Die Ausprägung der Stufen hängt von der Schichthöhe (h_S) und dem Schrägenwinkel (α) ab.[74] Der Aufbau einer Schicht erfolgt durch das Ablegen eines extrudierten Strangs und kann in Kontur und Füllung unterteilt werden. Die Kontur (*engl. Shell*) bezeichnet die Außenkontur des Bauteils, die üblicherweise aus einer oder mehreren Strangbreiten besteht. Die Füllung (*engl. Infill*) der Schicht erfolgt dann nach einem einstellbaren Muster und kann eine gewünschte Dichte des Bauteils erzeugen. Dadurch können Gewichtseinsparungen und eine gezielte Formierung erreicht werden, was zu einer höheren Stabilität gegenüber einem mehrachsigen Spannungslastfall führt.

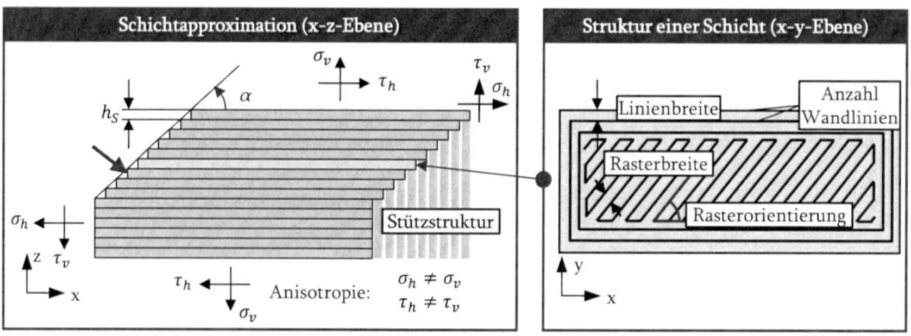

Abbildung 2-11: Bauteilaufbau und Struktur einer Schicht

Im MEX-Prozess sind für überhängende Drucksegmente Stützstrukturen notwendig, da ein zu bedruckender Grund erforderlich ist, auf dem der extrudierte Strang abgelegt werden kann. Die Verwendung von Stützstrukturen führt einerseits zu einem

[74] Vgl. Klahn, C./Meboldt, M. (2021) *Entwicklung und Konstruktion für die Additive Fertigung*, S. 110 f.

erhöhten Materialbedarf und andererseits zu einer längeren Fertigungszeit. Nach Abschluss des Druckvorgangs müssen die Stützstrukturen entfernt werden, was an der Schnittstelle zwischen Stützstruktur und Bauteil zu einer möglichen Beeinträchtigung der Oberflächenqualität führen kann. Der Anteil der Kosten für das Nachbearbeiten beläuft sich durchschnittlich auf etwa ein Viertel der Gesamtkosten der Fertigung.[75] In industriellen Systemen wird oft ein zweiter Extruder oder eine zweite Düse eingesetzt, um die Verarbeitung spezieller Supportmaterialien zu ermöglichen. Diese Materialien können beispielsweise in Flüssigkeiten löslich sein und reduzieren somit den manuellen Nachbearbeitungsaufwand.[76] Die Herstellung des Werkstoffzusammenhalts bei additiven Fertigungsprozessen erfolgt schichtweise. Im Falle der Materialextrusion entsteht durch die Ablage von einzelnen Strängen in einer Ebene ein anisotropes Materialverhalten. Dabei ist der Zusammenhalt des Werkstoffs in Richtung des Strangs stärker ausgeprägt als die Bindung zu angrenzenden Strängen, sowohl innerhalb als auch zwischen den Schichten.[77]

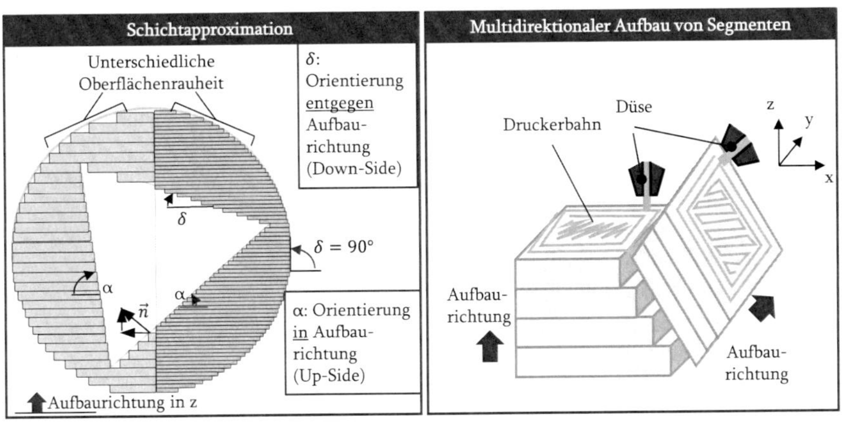

Abbildung 2-12: Schichtapproximation bei unterschiedlicher Schichtstärke verschiedener Oberflächen[78]

Der gegenwärtige Zustand in der Prozessvorbereitung wird durch das Schneiden eines dreidimensionalen Segments in Scheiben repräsentiert, auch als unidirektionaler

[75] Vgl. Wohlers, T. et al. (2021) *Wohlers report 2021*, S. 118.

[76] Vgl. Klahn, C./Meboldt, M. (2021) *Entwicklung und Konstruktion für die Additive Fertigung*, S. 115.

[77] Vgl. Klahn, C./Meboldt, M. (2021) *Entwicklung und Konstruktion für die Additive Fertigung*, S. 115.

[78] Vgl. Eigene Darstellung, in Anlehnung an Klahn, C./Meboldt, M. (2021) *Entwicklung und Konstruktion für die Additive Fertigung*, S. 115.

Prozess mit fester Aufbaurichtung bekannt. Daher spielen Orientierungen in Aufbau- und Gegenrichtung in Bezug auf die verwendete Schichthöhe eine entscheidende Rolle für die Oberflächenqualität, die Güte und Funktionalisierung von Oberflächen, wie in Abbildung 2-12 dargestellt. Fortschrittliche Methoden der Prozessvorbereitung werden im weiteren Verlauf der Arbeit ausführlich erläutert und auf ihre Anwendbarkeit im multidirektionalen Prozess hin bewertet.

In herkömmlichen fertigungsvorbereitenden Prozessen wird auf computerunterstützte Fertigung (CAM) zurückgegriffen, um Werkzeugbahnen und anschließend Befehlsoperationen in der meistgenutzten Maschinensprache Computer Numerical Control (CNC) für die Maschine zu erstellen. Die Software zur digitalen Fertigungsvorbereitung bei additiven Fertigungssystemen bereitet ebenfalls Operationen in Form von G-Codes vor, deren Struktur der Abbildung 2-13 zu entnehmen ist.

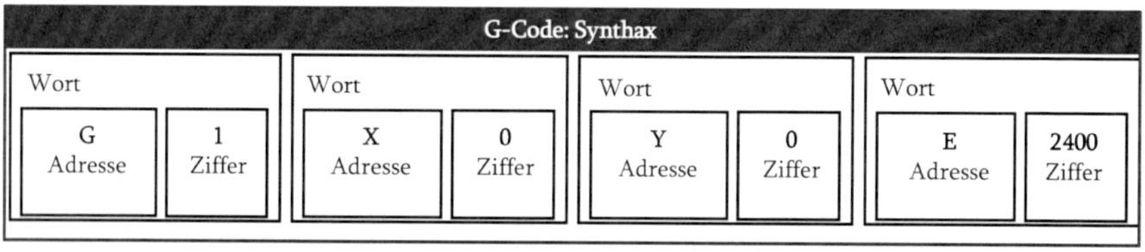

Abbildung 2-13: Aufbau eines G-Code-Befehls am Beispiel eines filamentbasierten MEX-Prozesses[79]

Ein G- oder M-Befehl wird zu Beginn erstellt, wobei G Wegbedingungen und Zusatzfunktionen mit M kennzeichnet. Eine lineare interpolierte Wegoperation wird beispielsweise von Raumpositionen (x- und y-Koordinaten) mit einem abschließenden E-Befehl für die berechnete Austragslänge des Filaments begleitet. Die Länge des extrudierten Filaments entspricht dabei der Ziffer hinter dem Adressbuchstaben E abzüglich der Ziffer hinter dem Adressbuchstaben E des vorangegangenen Satzes. Zu beachten ist, dass dies nicht die tatsächlich extrudierte Länge ist, da der Filamentdurchmesser üblicherweise größer als der Düsendurchmesser ist, und somit die tatsächlich extrudierte Länge größer ist als die Länge des extrudierten Filaments.[80] Der Vorschub der Bewegung wird über den Adressbuchstaben F mit der Ziffer in Millimeter pro Minute festgelegt. Dieses Wort ist im dargestellten Satz nicht vorhanden, da der Vorschub in einem vorhergehenden Satz definiert ist und Wörter, deren Wirkung sich über

[79] Vgl. Deutsches Institut für Normung (1983) *DIN 66025-1:1983-01, Programmaufbau für numerisch gesteuerte Arbeitsmaschinen; Allgemeines*, S. 4.

[80] Vgl. Bryła, J./Martowicz, A. (2021) *Study on the Importance of a Slicer Selection for the 3D Printing Process Parameters via the Investigation of G-Code Readings*, S. 163.

mehrere Sätze hinweg nicht ändert, weggelassen werden. Dennoch kommt es, insbesondere bei 3D-Druckern, vor, dass bestimmte Befehle an verschiedenen Werkzeugmaschinen unterschiedliche Funktionen repräsentieren.[81]

Die G-Code Befehle sind grundsätzlich maschinenspezifisch, allerdings sind sie nach DIN 66026/ ISO 6983 genormt.

2.3.2 In-Process

Der Verarbeitungsschritt umfasst die physische Bauteilfertigung, die bei allen additiven Fertigungsverfahren mit der Konturierung der Schicht in der x-y-Ebene beginnt. Anschließend wird jede Schicht in z-Richtung mit der vorherigen Schicht verbunden, wodurch die dritte Dimension des Bauteils durch das sukzessive Hinzufügen von Einzelschichten entsteht. Zur Verarbeitung gehört auch die Prozess- und Anlagenüberwachung. Neben der tatsächlichen Maschinenbewegung ist das Aufheizen der Druckplattform vor dem Auftrag der ersten Schicht ein weiterer wichtiger Schritt. Ohne dieses Aufheizen könnte es durch die schnelle Abkühlung des Materials zu extremen Verformungen der ersten Schicht und geringer Adhäsion zwischen erster und zweiter Schicht kommen.

Einige materialextrudierende Drucker verfügen über einen umschlossenen Bauraum, dessen Temperatur sich über Heizelemente und Lüfter regulieren lässt. Dies ist wichtig, da Polymere auch bei kleinen Temperaturschwankungen starke Veränderungen bei ihren Materialeigenschaften aufweisen und sich somit durch unregelmäßiges Abkühlen verziehen können.[82] Eine aktive Belüftung kann weiterhin zur gezielten schnellen Abkühlung des extrudierten Materials verwendet werden, um Maßabweichungen durch kriechende Verformungen, z. B. bei Bauteilüberhängen oder Brücken, zu verhindern. Dabei ist jedoch auch die geringere Adhäsion der nächsten Bauteilschicht durch die niedrigere Temperatur zu beachten.[83]

Desktop-3D-Drucker auf Basis des MEX-Prinzips gibt es bereits ab weniger als 1.000 € für den Hobbybereich, während industrielle Systeme über 500.000 € kosten können. Für die additive Fertigung von Kunststoffen stehen verschiedene Werkstoffe zur Verfügung, deren Auswahl von den gewünschten Eigenschaften und der Anwendung des

[81] Vgl. Bonnard, R. et al. (2019) *Data model for additive manufacturing digital thread: state of the art and perspectives*, S. 1170.

[82] Vgl. Singh, K. (2018) *Experimental study to prevent the warping of 3D models in fused deposition modeling*, S. 178.

[83] Vgl. Ojogba Spencer, O. (2018) *Additive Manufacturing Technology Development: A Trajectory Towards Industrial Revolution*, S. 90.

Bauteils abhängt. Acrylnitril-Butadien-Styrol (ABS) ist ein Thermoplast mit guten adhäsiven Eigenschaften, neigt jedoch zum Verzug, was durch eine beheizte Plattform reduziert werden kann. Polyactid Acid (PLA) ist ebenfalls ein thermoplastischer Werkstoff, der überwiegend aus einer erneuerbaren Ressource, der Milchsäure, hergestellt wird. PLA ist jedoch empfindlich gegenüber Hitze oder Feuchtigkeit und daher nicht ideal für Outdoor-Anwendungen oder bei Einsätzen unter hohen Temperaturen, da er bei einer Glasübergangstemperatur von ca. 50 °C erweicht. Weitere beliebte Werkstoffe sind Polycarbonate (PC), Polyamid (PA) sowie die neuen Werkstoffentwicklungen Polyvinylidenfluorid (PVDF) und Polyetheretherketon (PEEK).[84]

Werkstoffbezogenes Verhalten bei der Schichtadhäsion von Kunststoffen

Das Festigkeitsverhalten eines additiv hergestellten Bauteils hängt maßgeblich vom Herstellungsprozess des Werkstoffgefüges ab. Daher bestimmen Kenntnisse über den chemischen Aufbau des Materials sowie sein Verhalten maßgeblich die Prozessgestaltung. Im Folgenden wird ein Einblick in das werkstoffspezifische Verhalten von Kunststoffen bei der Materialextrusion gegeben und tiefgehend für die Prozesssystematisierung erörtert.

Kunststoffe sind im Allgemeinen Werkstoffe, deren Bestandteile aus makromolekularen organischen Verbindungen, den sogenannten Makromolekülen, bestehen. Diese Makromoleküle werden aus einzelnen Molekülen, den sogenannten Monomeren, chemisch zusammengesetzt. Die Makromoleküle, in der Industrie als Polymere bezeichnet, bilden die Grundlage für die Herstellung von Kunststoffen. Kunststoffe werden erst nach der Zugabe von Zuschlagstoffen wie Farbmitteln oder Funktionsadditiven als solche bezeichnet.[85]

Synthetische Polymere werden je nach ihren Verarbeitungsbedingungen in vier Kategorien unterteilt: Thermoplaste, Elastomere, Duromere und thermoplastische Elastomere. Der strukturelle Aufbau von Polymeren ist kettenförmig, wobei Polymerketten durch die Aneinanderreihung von Monomeren entstehen. Bei der Herstellung von Polymeren werden die chemischen Prozesse grundlegend in Polyaddition, Polykondensation und Polymerisation unterteilt. Aufgrund der vielfältigen Reaktionsmöglichkeiten ergeben sich beim strukturellen Aufbau von Polymeren neben der linearen Kettenstruktur auch verzweigte oder vernetzte Kettenstrukturen. Thermoplaste bestehen

[84] Vgl. Roland Berger (2020) *Polymer additive manufacturing – Market today and in the future*, S. 2.
[85] Vgl. Hopmann, C./Michaeli, W. (2017) *Einführung in die Kunststoffverarbeitung*, S. 12.

aus linearen oder verzweigten Polymerketten, Elastomere aus schwach vernetzten Polymerketten und Duroplaste aus stark vernetzten Polymerketten.[86]

Thermoplaste sind lineare Polymere, die oft kristallisierbar sind. Sie können in einem bestimmten Temperaturbereich reversibel verformt werden, sodass sie mehrmals abgekühlt und wieder in den schmelzflüssigen Zustand erwärmt werden können. Dies setzt voraus, dass das Material sich nicht durch Überhitzung thermisch zersetzt und die grundlegende Struktur der Polymerketten nicht beeinträchtigt wird. Im Gegensatz dazu sind Elastomere dadurch gekennzeichnet, dass die Polymerketten nur leicht vernetzt sind. Sie sind bei Raumtemperatur unterhalb des Glasübergangspunkts elastisch verformbar. Elastomere können also durch Zug- und Druckbelastung bei Raumtemperatur verformt werden und kehren danach wieder in ihre ursprüngliche Gestalt zurück. Durch die chemische Vernetzung der Makromoleküle sind sie nicht schmelzbar. Duroplaste hingegen sind hoch vernetzte Kunststoffe. Die Formgebung erfolgt durch Monomere, die durch chemische, physikalische oder thermische Behandlung vernetzt werden. Nach der Aushärtung sind sie nicht mehr verformbar. Die Glasübergangstemperatur liegt häufig über der Zersetzungstemperatur, weshalb es nicht möglich ist, Duroplaste zu erweichen oder wiederzuverwenden. Thermoplastische Elastomere verhalten sich bei Raumtemperatur ähnlich wie klassische Elastomere, können jedoch unter Wärmezufuhr plastisch verformt werden und zeigen somit thermoplastisches Verhalten.[87]

Einzelkette & Bindungstypen

Die Polymerkette wird über den chemischen Aufbau (Konfiguration) sowie die räumlich geometrische Anordnung (Konformation) charakterisiert. Je nach Konformation ergeben sich unterschiedliche übermolekulare Strukturen, aus denen sich das Gefüge zusammensetzt (vgl. Abbildung 2-14).[88]

Die Bausteine der Einzelkette sind die sogenannten Monomere. Die Monomere sind reaktionsfreudige Moleküle, die mittels Polykondensation, Polyaddition oder Polymerisation zu Makromolekülen reagieren. Die Auswahl der Monomere, also der chemischen Grundbausteine, wird durch die Konstitution beschrieben, wodurch eine Vielzahl der Eigenschaften, wie die Glasübergangstemperatur (T_g) oder Schmelztemperatur (T_m) des Kunststoffs, determiniert werden. Die Glasübergangstemperatur beschreibt die Temperatur, unterhalb derer ein zäher Kunststoff glasartig spröde wird.

[86] Vgl. Ehrenstein G. et al. (2011) *REM von Kunststoffschäden*, S. 1.

[87] Vgl. Bonnet, M. (2009) *Kunststoffe in der Ingenieuranwendung*, S. 54f.

[88] Vgl. Bonnet, M. (2009) *Kunststoffe in der Ingenieuranwendung*, S. 8.

Neben der Konstitution wird der chemische Aufbau über die Anordnung von Seitengruppen (Taktizität) sowie Verknüpfungen (Kopf- Schwanz/Kopf-Kopf), Verzweigungen und Vernetzungen definiert.[89]

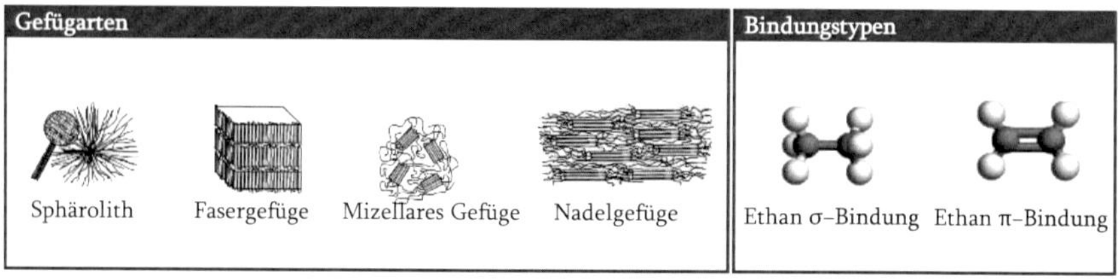

Abbildung 2-14: Gefügearten und Bindungstypen von Kunststoffen nach BONNET[90]

Die räumliche Anordnung, auch als Kettenkonformation bezeichnet, kann regelmäßig erfolgen, indem räumliche Formen, wie Helices oder Zick-Zack-Ketten, angenommen werden. Bei unregelmäßig chemischem Aufbau entstehen Knäuel als Kettenkonformation. Zu einer Kristallisation kann es nur bei den geordneten Anordnungen kommen.[91]

Die Eigenschaften der Kunststoffe hängen auch maßgeblich von den Bindungstypen in der Hauptkette sowie in den Seitengruppen ab. Bei den Bindungstypen wird zwischen Bindungen entlang der Kette (intramolekulare Bindung) und Bindungen zwischen den Ketten unterschieden (intermolekulare Bindung). Bei Bindungen entlang der Kette liegen kovalente Bindungen mit hoher Bindungsenergie vor. Zwischen den Ketten wirken Van-der-Waals-Kräfte, Dipolbindungen und Wasserstoffbrückenbindungen. Die intermolekularen Bindungen weisen eine um den Faktor 100 geringere Bindungsenergie auf. Die intramolekulare Bindung beeinflusst die thermische Stabilität, während die intermolekulare Bindung für die Wärmeformbeständigkeit und die elektrische Leitfähigkeit verantwortlich ist. Weiterhin hat die Art der kovalenten Bindungen einen Einfluss auf die Eigenschaften des Kunststoffs. Bei der σ-Bindung teilen sich zwei Atome ein Elektron. Diese Einfachbindung erlaubt eine Rotationsfreiheit um die Bindung, wodurch flexible Makromoleküle mit niedriger Glasübergangstemperatur entstehen. Bei der π-Bindung teilen sich die Atome zwei oder drei Elektronen. Die Mehrfachbindung ermöglicht keine Rotation und resultiert in einer hohen Glasübergangstemperatur.[92]

[89] Vgl. Bonnet, M. (2009) *Kunststoffe in der Ingenieuranwendung*, S. 2ff.
[90] Vgl. Bonnet, M. (2009) *Kunststoffe in der Ingenieuranwendung*, S. 2ff.
[91] Vgl. Bonnet, M. (2009) *Kunststoffe in der Ingenieuranwendung*, S. 8.
[92] Vgl. Bonnet, M. (2009) *Kunststoffe in der Ingenieuranwendung*, S. 14–15.

2.3.3 Post-Processing

Das Post-Processing beginnt nach der Fertigstellung des Druckvorganges. Hierzu zählen die Entnahme und bei Bedarf die Reinigung der Bauteile, die Nachbearbeitung sowie qualitätssichernde Maßnahmen. Bei der Materialextrusion umfasst dieser Bearbeitungsschritt hauptsächlich die Entfernung von Stützstrukturen und die Nachbearbeitung rauer Oberflächen. Diese Nachbearbeitung ist aufwendig, sodass ein großer Forschungsschwerpunkt auf einer nacharbeitsarmen Prozessauslegung durch optimierte Prozessvorbereitungen innerhalb des Pre-Processings liegt.[93]

Bei der Materialextrusion sind im Gegensatz zu pulverbettbasierten Prozessen, insbesondere dem Selective Laser Sintering (SLS), wo durch das Pulver natürlicher Support gegeben ist, synthetische Stützstrukturen notwendig, die ausschließlich zur Unterstützung der Bauteilstruktur gedruckt werden. Die Stützstruktur lässt sich in zwei Typen einteilen: Support aus dem Baumaterial und Stützstruktur aus sekundären Materialien. Bei einer Stützstruktur aus dem Baumaterial wird die Stützstruktur aus dem gleichen Material wie das Bauteil gedruckt und anschließend an den Druckprozess manuell mit Handwerkzeugen entfernt. Dieses Stützmaterial wird aus dem Englischen *„Breakaway Support“* genannt. Weiterhin hinterlässt das zusätzliche Material nach der Entfernung Rückstände an den Verbindungsstellen. Einige Möglichkeiten zur Entfernung dieser Rückstände werden im nächsten Absatz erläutert. Das Entfernen von Stützstrukturen ist arbeits- bzw. zeitaufwendig und sollte, soweit möglich, vermieden werden. Wenn das verwendete materialextrudierende System über eine zweite Druckeinheit verfügt, kann die Stützstruktur aus einem sekundären Material gefertigt werden.[94] Hierbei können wasserlösliche Materialien, wie z. B. Polyvinylalkohol (PVA), verwendet werden, welche die Entfernung von Stützstrukturen vereinfachen, insbesondere von Stützstrukturen, die sich innerhalb von Hohlräumen befinden. Dieser Vorgang ist zwar weiterhin zeitintensiv, minimiert allerdings den Personaleinsatz und die zu entfernenden Rückstände. Zusätzlich wird das Risiko einer versehentlichen Beschädigung des Bauteils während der Nachbearbeitung verringert.[95]

Ein bedeutender Schritt in der Nachbearbeitung materialextrudierter Polymerbauteile ist die Bearbeitung rauer Oberflächen aus ästhetischen, haptischen oder funktionalen Gründen. Ein Grund für hohe Rauheiten der Oberfläche ist die Ablage des plastifizierten Kunststoffes als Strang. So entstehen auf Oberflächen oft Riefen, die parallel zur

[93] Vgl. Wohlers, T. et al. (2021) *Wohlers report 2021*, S. 270.

[94] Vgl. Gibson, I. et al. (2021) *Additive manufacturing technologies*, S. 460.

[95] Vgl. Duran, C. et al. (2015) *Experimental desktop 3D printing using dual extrusion and water-soluble polyvinyl alcohol*, S. 530.

Bauplattform orientiert sind. [96] Ein weiterer Grund für die Entstehung von Rauheiten sind Rückstände von Breakaway Stützstrukturen.[97] Der Aufbau in Schichten ruft bei Down- bzw. Upskin-Winkeln (vgl. Abbildung 2-12) ungleich 0° oder 90° eine treppenstufenartige Oberflächengeometrie hervor. [98]

Einen Technologievergleich zur Bearbeitung von Oberflächen aufgrund von Formabweichung, Rauheit, Strukturierung, geringer Härte oder Ästhetik zeigt Abbildung 2-15.

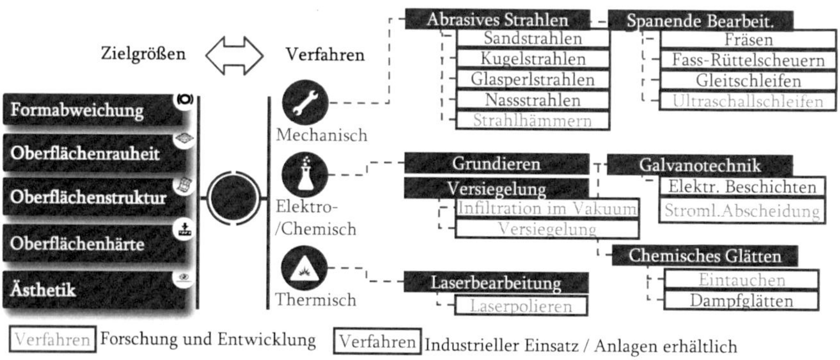

Abbildung 2-15: Post-Processing Technologien für die Oberflächenbehandlung additiv gefertigter Kunststoffbauteile

Die Verfahren lassen sich in mechanische, (elektro-)chemische und thermische Verfahren klassifizieren und besitzen nach derzeitigem Stand verschiedene Reifgrade, sodass zwischen zwei Stadien unterschieden werden kann. Zum einen sind Verfahren bereits im industriellen Einsatz und es sind Anlagen auf dem Markt erhältlich, und zum anderen befinden sich Verfahren noch in der Entwicklung und werden erforscht und entwickelt. Alternativ zu einer rein manuellen Nachbearbeitung werden auch automatisierte Lösungen für eine höhere Produktivität entwickelt und angewendet.[99] Es lässt sich zusammenfassen, dass die Qualität heutiger additiv gefertigter Bauteile

[96] Vgl. Pandey, P. M. et al. (2003) *Improvement of surface finish by staircase machining in fused deposition modeling*, S. 327.

[97] Vgl. Ahn, D. Keon et al. (2005) *Determination of fabrication direction to minimize post-machining in FDM by prediction of non-linear roughness characteristics*, S. 150.

[98] Vgl. Pandey, P. M. et al. (2003) *Improvement of surface finish by staircase machining in fused deposition modeling*, S. 330.

[99] Vgl. Chohan, J. Singh/Singh, R. (2017) *Pre and post processing techniques to improve surface characteristics of FDM parts: a state of art review and future applications*, S. 508.

größtenteils nicht den Ansprüchen der Industrie genügt und die Wettbewerbsfähigkeit additiver Fertigung gegenüber konventionellen Verfahren eingeschränkt ist. So sind Nacharbeitsverfahren für eine Verbesserung der Qualität und Produktivität in der additiven Fertigung nach wie vor essentiell.

2.4 Modellierungen von Produktionsprozessen

Nach der Erläuterung der technischen Grundlagen von additiven Fertigungssystemen soll nun im Kontext der Prozessparametrisierung eine Übersicht über Ansätze zur Modellierung von Produktionsverfahren gegeben werden. Dabei werden auch die grundlegenden Voraussetzungen für die Umsetzung dieser Ansätze vorgestellt.

2.4.1 Modellierungsansätze bei der Materialextrusion

Während in der vorliegenden Arbeit der Fokus auf der Optimierung der Prozessparameter im Hinblick auf die mechanischen Eigenschaften liegt, finden sich in der Literatur eine Vielzahl von Arbeiten zur Optimierung weiterer Zielgrößen, wie der Rauheit der Oberfläche, der Maßhaltigkeit oder der Bauzeit. Teilweise werden im Rahmen einer sogenannten Multi-Response-Optimization mehrere Zielgrößen gleichzeitig optimiert.[100] MOHAMED ET AL. geben eine Übersicht über Ansätze zur Modellierung bzw. Optimierung des MEX-Prozesses. Diese umfassen die Taguchi-Methode, die genetischen Algorithmen, die Fuzzylogik, die Grey Relational Analysis, die Künstlichen Neuronale Netze (KNN), die Group Method of Data Handling (GMDH), die statistische bzw. faktorielle Versuchsmethodik sowie die Response Surface Methodology (RSM).

MOHAMED ET AL. nennen die RSM sowie die KNN als Ansätze mit der höchsten Vorhersagegenauigkeit. Beide Ansätze sind im Kontext der Materialextrusion verbreitet und in der Lage, nicht-lineares Verhalten zu beschreiben. Die Optimierung der Prozessparameter kann jeweils auf Basis des entwickelten mathematischen Modells durchgeführt werden.[101] Die Ansätze werden im Folgenden vorgestellt.

Response Surface Methodology

Die Response Surface Methodology (RSM) ist eine weit verbreitete Methode zur Beschreibung einer Zielgröße in Abhängigkeit von kontrollierbaren Eingangsgrößen. Die

[100] Vgl. Dey, A./Yodo, N. (2019) *A Systematic Survey of FDM Process Parameter Optimization and Their Influence on Part Characteristics*, S. 64.

[101] Vgl. Mohamed, O. A. et al. (2015) *Optimization of fused deposition modeling process parameters: a review of current research and future prospects*, S. 50.

RSM wird zur Ermittlung optimaler Prozessparameter, zur Behebung von Fehlern und Schwachstellen im Prozess sowie zur robusteren Gestaltung von Prozessen angewendet. Mithilfe der RSM wird eine Zielgröße, meist eine abhängige Variable, durch eine quadratische Regressionsfunktion beschrieben. Dabei wird die Zielgröße als Linearkombination der betrachteten Faktoren (unabhängige Variablen), den Wechselwirkungen zwischen diesen sowie den quadratischen Effekten der einzelnen Faktoren beschrieben[102]:

$$y = \beta_0 + \sum_{i=1}^{n} \beta_i x_i + \sum_{j=1}^{n} \beta_j x_j^2 + \sum_{k,l=1,k<l}^{n} \beta_{kl} x_k x_l \tag{1}$$

x = abhängige Variable

y = unabhängige Variable

β = Regressionskoeffizient

Zur Ermittlung der Regressionskoeffizienten kann eine multiple lineare Regression angewendet werden. Dazu bedarf es zunächst einer Substituierung der quadratischen Terme und der Interaktionsterme durch eine einfache Variable. Ferner erfordert die RSM eine strukturierte Datengrundlage, wobei zur Beschreibung quadratischer Effekte mindestens drei Stufen je Faktor erforderlich sind. Zur effizienten Erhebung der Daten bietet sich der Einsatz der statistischen Versuchsplanung (*engl.: Design of Experiments*, kurz DOE) an.[103]

Die Optimierung der Prozessparameter mithilfe der RSM kann auf verschiedenen Wegen erfolgen. Einen Ansatz stellt die Auswertung der sogenannten Response Surface Plots dar, bei welcher die Zielgröße in Abhängigkeit von jeweils zwei Variablen geplottet wird, wobei die weiteren Variablen konstant gehalten werden. Das Optimum in Bezug auf die betrachteten Parameter kann anhand des Plots ermittelt werden. Anhand dieser Methode untersuchen LANZOTTI ET AL. den Einfluss der Schichthöhe, der Rasterorientierung und der Anzahl an Konturlinien auf die Zugfestigkeit sowie die nominale Bruchdehnung bei der Materialextrusion. Die experimentellen Ergebnisse werden anhand eines statistischen Versuchsplans mit einem Central-Composite-Design (CCD) gewonnen. [104]-

[102] Vgl. Montgomery, D. C. et al. (2012) *Introduction to linear regression analysis*, S. 553.

[103] Vgl. Kleppmann, W. (2016) *Versuchsplanung*, S. 304.

[104] Vgl. Lanzotti, A. et al. (2015) *The impact of process parameters on mechanical properties of parts fabricated in PLA with an open-source 3-D printer*, S. 610.

Eine weitere Möglichkeit zur Optimierung der Prozessparameter stellt die numerische Optimierung der ermittelten Zielfunktion dar. Dieser Ansatz wird im Rahmen der folgenden Veröffentlichungen angewendet. TONTOWI ET AL. führen eine Optimierung der Prozessparameter bei der Materialextrusion durch, um die Zugfestigkeit zu steigern und die Maßhaltigkeit zu verbessern. Dazu werden die Prozessparameter Drucktemperatur, Schichthöhe und Rasterwinkel mithilfe eines CCD-Versuchsplans untersucht. Anhand der RSM werden Zielfunktionen für die Zugfestigkeit sowie die verschiedenen Dimensionen der Maßhaltigkeit aufgestellt. Diese dienen als Basis für die numerische Optimierung der Prozessparameter.[105]

SOOD ET AL. untersuchen die Auswirkungen der Parameter Schichthöhe, Bauteilausrichtung, Rasterwinkel, Rasterbreite und Luftspalt auf die Druckfestigkeit von Prüfkörpern. Zur Beschreibung des mechanischen Verhaltens wird auf Basis der RSM eine quadratische Vorhersagegleichung entwickelt, wobei die dazu verwendeten Daten anhand eines FCCCD-Versuchsplans (*engl. Face centered central composite design*, kurz FCCCD) erhoben werden. Basierend auf der Vorhersagegleichung wird mithilfe eines evolutionären Algorithmus in Form einer Partikelschwarmoptimierung die optimale Parameterkombination zur Erzielung einer hohen Druckfestigkeit ermittelt. Ergänzend dazu wird die Vorhersage der Druckfestigkeit mithilfe eines KNN durchgeführt und mit der Vorhersagegleichung verglichen. Dabei liefert das KNN eine genauere Vorhersage des nicht-linearen Systemverhaltens.[106]

DESWAL ET AL. untersuchen den Einfluss der Parameter Schichthöhe, Aufbauorientierung, Fülldichte und Anzahl Konturlinien auf die Maßhaltigkeit von MEX-Bauteilen. Basierend auf Daten, die durch einen CCD-Versuchsplan erhoben werden, werden sowohl die RSM als auch ein KNN zur mathematischen Beschreibung der Beziehung zwischen den Prozessparametern und der Maßhaltigkeit genutzt. Die Prozessparameter werden durch einen genetischen Algorithmus optimiert.[107]

PANDA ET AL. untersuchen die Auswirkung der Prozessparameter Schichthöhe, Bauteilorientierung, Rasterwinkel, Rasterbreite sowie Luftspalt auf die Zug-, Biege- und Schälfestigkeit. Die Experimente werden mithilfe eines CCD-Versuchsplans durchgeführt und darauf basierend werden anhand der RSM empirische Modelle entwickelt.

---

[105] Vgl. Tontowi, A. E. et al. (2017) *Optimization of 3D-Printer Process Parameters for Improving Quality of Polylactic Acid Printed Part*, S. 599.

[106] Vgl. Sood, A. K. et al. (2012) *Experimental investigation and empirical modelling of FDM process for compressive strength improvement*, S. 88.

[107] Vgl. Deswal, S. et al. (2019) *Modeling and parametric optimization of FDM 3D printing process using hybrid techniques for enhancing dimensional preciseness*, S. 1212.

Im Rahmen einer Multi-Response-Optimierung, welche auf einem Bacterial-Foraging-Optimization-Algorithmus basiert, werden Prozessparameter ermittelt, die gleichzeitig zur Maximierung aller drei Zielgrößen führen.[108]

Künstliche Neuronale Netze (KNN)

Für die Modellbildung mittels KNN kann im Gegensatz zur RSM auch eine unstrukturierte Datengrundlage genutzt werden. Allerdings bietet ein KNN anders als die RSM nicht die Möglichkeit, Interkationen zwischen Effekten zu untersuchen. Die Optimierung kann beim Ansatz der KNN wie bei der RSM durch numerische Verfahren durchgeführt werden.[109]

SHIRMOHAMMADI ET AL. nutzen ein KNN, um die Oberflächenrauheit von MEX-Bauteilen zu reduzieren. Dazu wird anhand von Versuchsergebnissen, die auf einem CCD-Versuchsplan basieren, ein Vorhersagemodell für die Oberflächenrauheit entwickelt. Dieses beschreibt die Oberflächenrauheit abhängig von den Parametern Düsentemperatur, Schichthöhe, Druckgeschwindigkeit und Düsendurchmesser sowie der Materialdichte. Das Vorhersagemodell stellt die Grundlage für die Optimierung der Prozessparameter dar, welche mithilfe des evolutionären Algorithmus der Partikelschwarmoptimierung durchgeführt wird.[110]

2.4.2 Anwendungsbezogene Grundlagen

Für die spätere Anwendung der zuvor beschriebenen Ansätze sollen nachfolgend die dazu erforderlichen Grundlagen erläutert werden.

Lineare Regression

Bei der linearen Regression wird der Wert einer abhängigen Variablen y durch die Linearkombination von k unabhängigen Variablen x_i mit den zugehörigen Regressionskoeffizienten (β_i) beschrieben. Der Term ε gibt den Fehler, also die Abweichung vom tatsächlichen Wert, an. Beim Sonderfall der einfachen linearen Regression existiert nur eine unabhängige Variable ($k = 1$). Das multiple lineare Regressionsmodell hat die folgende Form[111]:

---

[108] Vgl. Panda, S. K. et al. (2009) *Optimization of Fused Deposition Modelling (FDM) Process Parameters Using Bacterial Foraging Technique*, S. 95.

[109] Vgl. Mohamed, O. A. et al. (2015) *Optimization of fused deposition modeling process parameters: a review of current research and future prospects*, S. 50.

[110] Vgl. Shirmohammadi, M. et al. (2021) *Optimization of 3D printing process parameters to minimize surface roughness with hybrid artificial neural network model and particle swarm algorithm*, S. 210.

[111] Vgl. Montgomery, D. C. et al. (2012) *Introduction to linear regression analysis*, S. 70.

$$y = \beta_0 + \beta_1 x_1 + \beta_2 x_2 + \cdots + \beta_k x_k + \varepsilon = \beta_0 + \sum_{j=1}^{k} \beta_i x_i + \varepsilon \qquad (2)$$

Der Wert der Regressionskoeffizienten (β_i) wird mithilfe der Methode der kleinsten Quadrate ermittelt[112]:

$$\min_{\beta} \sum_{i=1}^{n} \left(y_i - \beta_0 - \sum_{j=1}^{k} \beta_j x_{ij} \right)^2 = MIN \qquad (3)$$

Um die Regressionskoeffizienten bzw. deren Einfluss auf die abhängige Variable trotz unterschiedlicher Maßeinheiten direkt miteinander vergleichen zu können, sind standardisierte Regressionskoeffizienten erforderlich. Dies kann durch die Skalierung der Eingangsdaten nach folgender Vorschrift erreicht werden[113]:

$$z' = \frac{z - \bar{z}}{s} \qquad (4)$$

z' = Standardisierter Datenpunkt

z = Datenpunkt

$\bar{z}$ = Mittelwert des Datensatzes

s = Standardabweichung des Datensatzes

Die Standardisierung führt dazu, dass die Eingangsvariablen den Mittelwert 0 und eine Standardabweichung von 1 haben.

Nutzung von KNN

KNN sind dem menschlichen Gehirn nachempfunden und stellen auf Basis von Gewichten, welche die Stärke der Synapsen im Gehirn repräsentieren, einen Zusammenhang zwischen Eingangs- und Ausgangsvariablen her.

In Abbildung 2-16 ist ein mehrschichtiges Perzeptron (*engl.: Multi-layer perceptron*, kurz MLP) dargestellt. Dieses besteht aus einer Eingabeschicht, mindestens einer verdeckten Schicht sowie einer Ausgabeschicht. Die Schichten bestehen wiederum aus einer Menge an Neuronen, welche mit den Neuronen der benachbarten Schichten verknüpft sind. Beim Training eines neuronalen Netzes werden die Eingabedaten mithilfe

[112] Vgl. Montgomery, D. C. et al. (2012) *Introduction to linear regression analysis*, S. 73.

[113] Vgl. Montgomery, D. C. et al. (2012) *Introduction to linear regression analysis*, S. 117.

der Gewichte auf die Ausgabedaten abgebildet. Die Gewichte werden in einem iterativen Prozess angepasst, bis das Verhältnis zwischen Eingabe und Ausgabe hinreichend genau ist. Der Wert eines Neurons wird durch die Aktivierung (a) beschrieben, welche durch eine Aktivierungsfunktion (g) bestimmt wird. Dazu wird die Summe der eingehenden Neuronen-Aktivierungen multipliziert und mit dem jeweiligen Kantengewicht (w) in die Aktivierungsfunktion eingesetzt. Die Anzahl der Neuronen der Eingabeschicht entspricht der Anzahl der unabhängigen Variablen. Die Anzahl der Neuronen der Ausgabeschicht entspricht der Anzahl der abhängigen Variablen bzw. Zielgrößen. Die Anzahl der verdeckten Schichten sowie die jeweilige Anzahl der Neuronen wird durch Versuch und Irrtum ermittelt.[114]

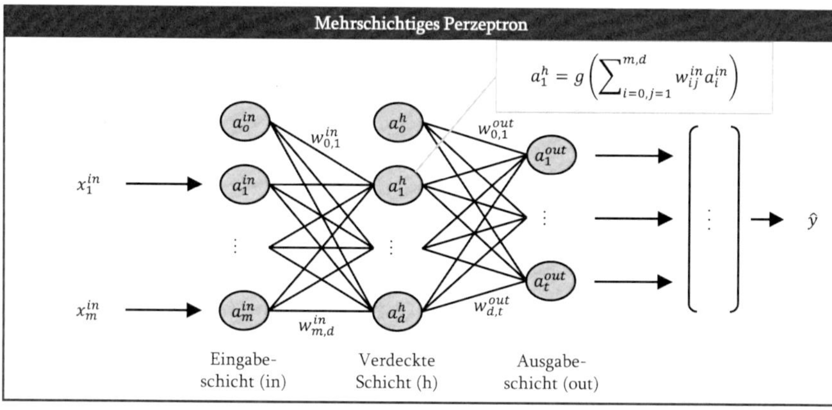

Abbildung 2-16: Mehrschichtiges Perzeptron[115]

Bewertung der Vorhersagequalität

Zur Bewertung der Vorhersagequalität eines Modells wird die Varianz SS_T (*engl. Sum of Squares Total*) einer Zielgröße betrachtet. Diese kann in die Varianz der Residuen SS_{Res} sowie die Varianz der Regressionswerte SS_R aufgeteilt werden[116]:

$$\underbrace{\sum_{i=1}^{n}(y_i - \bar{y})^2}_{SS_T} = \underbrace{\sum_{i=1}^{n}(\hat{y}_i - \bar{y})^2}_{SS_R} + \underbrace{\sum_{i=1}^{n}(y_i - \hat{y}_i)^2}_{SS_{Res}} \tag{5}$$

[114] Vgl. Hastie, T. et al. (2009) *The elements of statistical learning*, S. 394.

[115] Vgl. Raschka, S./Mirjalili, V. (2021) *Machine learning mit Python und Keras, TensorFlow 2 und Scikit-learn*, S. 381.

[116] Vgl. Montgomery, D. C. et al. (2021) *Introduction to linear regression analysis*, S. 26.

$\hat{y}_i$ = Vorhersagewert

y_i = Beobachtungwert

$\overline{y}$ = Mittelwert über die Beobachtungen

n = Anzahl der Beobachtungen

Ein Maß für die Vorhersagequalität ist das Bestimmtheitsmaß R^2. Dieses beschreibt den Anteil der durch das Modell erklärten Streuung an der Gesamtstreuung der Daten[117]:

$$R^2 = \frac{\text{durch Modell erklärte Streuung}}{\text{Gesamtstreuung}} = \frac{SS_R}{SS_T} = \frac{\sum_{i=1}^{k}(\hat{y}_i - \overline{y})^2}{\sum_{i=1}^{k}(y_i - \overline{y})^2} \tag{6}$$

In Abbildung 2-17 ist beispielhaft für einen Datenpunkt die Bedeutung der Größen SS_T, SS_R und SS_{Res} dargestellt, welche zur Ermittlung des Bestimmtheitsmaßes herangezogen werden.

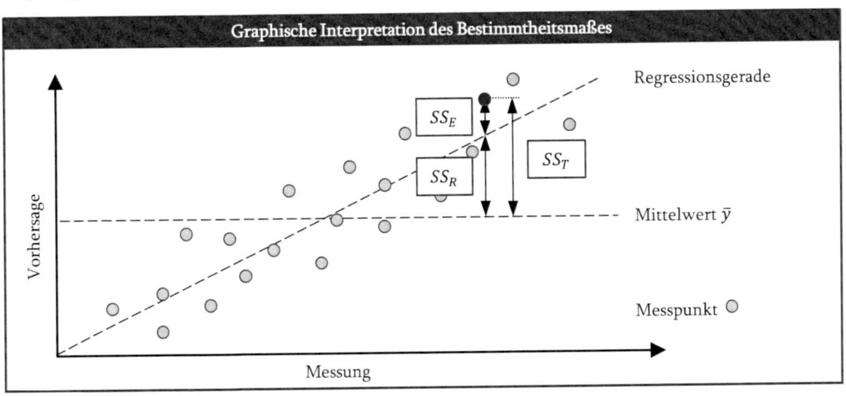

Abbildung 2-17: Graphische Interpretation des Bestimmtheitsmaßes

Ein weiteres Maß für die Qualität einer Vorhersage ist die mittlere quadratische Abweichung (*engl.: Mean Squared Error,* kurz MSE), welche den quadratischen Abstand zwischen einem Vorhersagewert und dem zugehörigen realen Wert, gemittelt über die Gesamtheit der Daten, angibt. Je kleiner der MSE ist, desto besser stimmt die Vorhersage mit den realen Werten überein. Häufig wird auch der *Root Mean Squared Error*

[117] Vgl. Montgomery, D. C. et al. (2012) *Introduction to linear regression analysis*, S. 49.

(RMSE) angegeben, welcher die Wurzel aus dem MSE ist und damit die gleiche Einheit wie die Zielgröße aufweist[118]:

$$MSE = \frac{1}{n}\sum_{i=1}^{n}(y_i - \hat{y}_i)^2 \text{ mit } RMSE = \sqrt{MSE} \qquad (7)+(8)$$

2.4.3 Modellvalidierung

Das Ziel der prädiktiven Modellierung ist die Vorhersage einer Zielgröße für unbekannte Eingangsdaten, um die Daten zu identifizieren, die nicht zum Training des Modells genutzt werden. Zur Validierung der Vorhersagequalität in Bezug auf unbekannte Daten können verschiedene Methoden genutzt werden.

Einen Ansatz liefert die Holdout-Methode, bei der die Menge an Daten in einen Trainings- und einen Testdatensatz geteilt wird. Der Trainingsdatensatz wird zur Ermittlung der Modellparameter, z. B. der Regressionskoeffizienten bei der linearen Regression, genutzt. Der Testdatensatz wird dann zur Bewertung der Vorhersagequalität des Modells genutzt. Gängig ist eine Aufteilung der Trainings- und Testdaten im Verhältnis 2:1 oder 4:1.[119]

Bei kleinen Datensätzen besteht bei Anwendung der Holdout-Methode jedoch die Gefahr, dass wichtige Informationen zur Modellbildung (Training) ungenutzt bleiben, weil diese der Testdatenmenge zugeordnet werden. Einen Ansatz zur Lösung dieses Problems stellt die k-fache Kreuzvalidierung dar. Dabei wird die Datenbasis ebenfalls in Trainings- und Testdatenmenge aufgeteilt und das Modell anhand der Trainingsdaten gebildet und anhand der Testdaten validiert.

Im Gegensatz zur Holdout-Methode wird der Vorgang allerdings mehrfach wiederholt (k Faltungen), wobei die Trainings- und Testdatenmenge jeweils verändert wird. Somit ist jeder Datenpunkt einmal Teil der Testdatenmenge. Zur Ermittlung der erwarteten Vorhersagequalität wird diese für jede Faltung bestimmt und dann über die Anzahl der Faltungen gemittelt. Das Prinzip der k-fachen Kreuzvalidierung ist in Abbildung 2-18 beispielhaft für den Fall k=5 dargestellt.

Einen Spezialfall der k-fachen Kreuzvalidierung stellt die sogenannte Leave-one-out Kreuzvalidierung (*engl.: Leave-one-out cross validation,* kurz LOOCV) dar. Die Anzahl der Faltungen k entspricht dann der Anzahl der Datenpunkte n, sodass jeder

[118] Vgl. James, G. et al. (2021) *An Introduction to Statistical Learning*, S. 30.

[119] Vgl. Raschka, S./Mirjalili, V. (2021) *Machine learning mit Python und Keras, TensorFlow 2 und Scikit-learn*, S. 8–9.

Datenpunkt genau einmal die Testmenge darstellt und in den $k - 1$ weiteren Faltungen zur Trainingsdatenmenge zählt. Die LOOCV ist insbesondere bei sehr kleinen Datenmengen in Betracht zu ziehen, um den Informationsverlust infolge der Aufteilung in Trainings- und Testdaten zu begrenzen. Der höhere Rechenaufwand gegenüber anderen Methoden ist dann dem geringeren Informationsverlust vorzuziehen.[120]

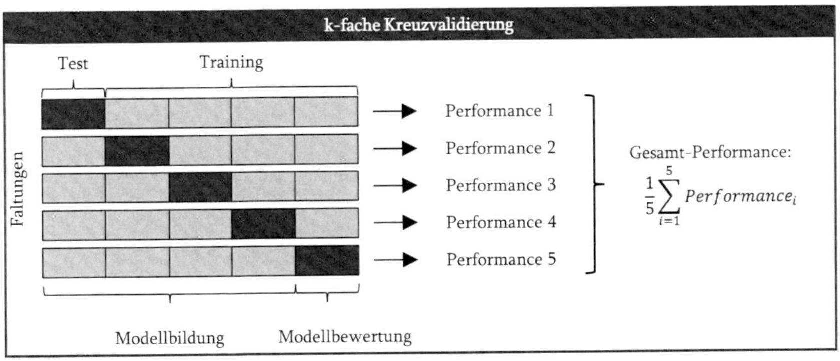

Abbildung 2-18: k-fache Kreuzvalidierung[121]

Verzerrung-Varianz-Dilemma

Im Bereich der Modellierung besteht die Möglichkeit, dass ein Verzerrung-Varianz-Dilemma (*engl.: bias-variance-trade-off*) herrscht, welches in Abbildung 2-19 schematisch dargestellt ist. Dieses beschreibt im Hinblick auf die Vorhersagequalität eines Modells das Verhältnis zwischen der Modellkomplexität und der Anpassungsgüte des Modells an die zugrundeliegenden Daten.

Abbildung 2-19 zeigt die Anpassung des Modells an die zugrundeliegenden Daten für verschiedene Grade der Modellkomplexität. Bei einer hohen Komplexität kann es zur Überanpassung kommen. Eine Vorhersage ist dann nur im Bereich der Eingangsdaten zuverlässig, mit denen das Modell trainiert wird. Die Vorhersage unbekannter Eingangsdaten ist dagegen unpräzise. Im Gegensatz dazu steht die Unteranpassung, welche Folge einer zu geringen Komplexität des Modells ist und zu einem systematischen Fehler führt. Muster in den Daten können dann nicht ausreichend abgebildet werden, wodurch ebenfalls eine ungenaue Vorhersage bei unbekannten Eingangsdaten folgt.

---

[120] Vgl. Raschka, S. (2018) *Model Evaluation, Model Selection, and Algorithm Selection in Machine Learning*, S. 24–28.

[121] Vgl. Raschka, S./Mirjalili, V. (2021) *Machine learning mit Python und Keras, TensorFlow 2 und Scikit-learn*, S. 220.

Dies wird als Verzerrung bezeichnet. Entsprechend steht die Modellgenauigkeit im Widerspruch mit der Modellkomplexität, siehe Abbildung 2-19. Um einen möglichst geringen Vorhersagefehler zu produzieren, muss also ein Kompromiss zwischen Verzerrung und Varianz gefunden werden.[122]

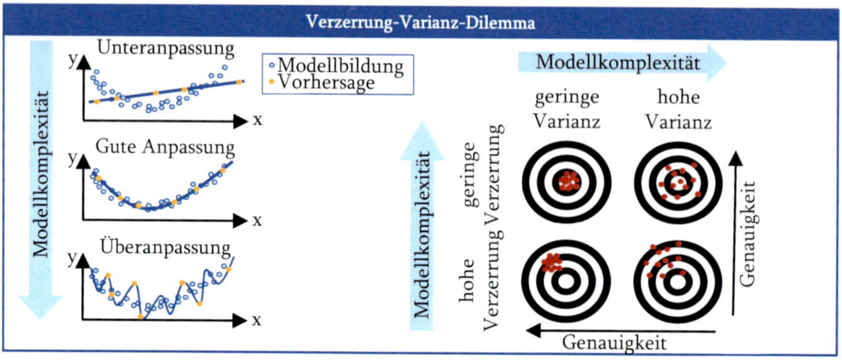

Abbildung 2-19: Verzerrung-Varianz-Dilemma[123]

Die Regularisierung stellt einen Lösungsansatz zur Reduzierung der Überanpassung und zur Vermeidung des Verzerrung-Varianz-Dilemmas dar. Dabei werden dem Modell Informationen hinzugefügt, die zur Beschränkung von extremen Parametern führen, aus denen eine Überanpassung resultiert. Im Bereich der linearen Regression existieren beispielsweise die Ansätze der Ridge-Regression und der LASSO-Regression, welche eine Dämpfung des Gewichts der Regressionskoeffizienten bewirken.[124, 125]

2.5 Resultierende Problemstellung und Handlungsbedarf aus der Praxis

Die dargelegten Kapitel 2.1 bis 2.4 verdeutlichen die bestehenden Herausforderungen und den Handlungsbedarf in der Praxis im Bereich der additiven Fertigung. Insbesondere in der Verfahrenskategorie Materialextrusion beeinträchtigen die Richtungs-

[122] Vgl. Raschka, S./Mirjalili, V. (2021) *Machine learning mit Python und Keras, TensorFlow 2 und Scikit-learn*, S. 132.

[123] Vgl. Raschka, S. (2018) *Model Evaluation, Model Selection, and Algorithm Selection in Machine Learning*, S. 13.

[124] Vgl. Raschka, S./Mirjalili, V. (2021) *Machine learning mit Python und Keras, TensorFlow 2 und Scikit-learn*, S. 132.

[125] Vgl. Montgomery, D. C. et al. (2012) *Introduction to linear regression analysis*, S. 321–22.

abhängigkeiten der Festigkeit, der Einsatz von Stützstrukturen und hohe Oberflächenrauheit die Effizienz und Kosteneffektivität dieses Fertigungsprozesses. Vor diesem Hintergrund besteht die Notwendigkeit, das vorhandene Wissen im unidirektionalen Verfahren durch die Anwendung von Modellierungs- und Optimierungsmethoden der Prozessparameter auf effizientere Aufbauarten zu übertragen.

Um den genannten Defiziten entgegenzuwirken und Unternehmen eine Lösung im Rahmen der Materialextrusion zu bieten, wird die Erhöhung der Bewegungsfreiheiten der Fertigungsanlage als vielversprechend betrachtet. Die Umsetzung einer multidirektionalen additiven Fertigung birgt dabei großes Potenzial. Die Untersuchung von Kausalitäten im Produktionsprozess für eine ganzheitliche Implementierung eines multidirektionalen Aufbaus mit optimalen Festigkeitseigenschaften von Bauteilen stellt die zentrale Herausforderung dar, der sich diese Arbeit widmet. Die zweite Herausforderung liegt in der digitalen Prozessvorbereitung und der Erzeugung des Maschinencodes. Hierbei lassen sich Analogien aus der konventionellen Zerspanung ableiten, da mehrachsige simultane Bewegungen bereits Stand der Technik sind. Kapitel 4 wird sich mit der zustandsorientierten Erfassung der Oberflächen bei sukzessiven Fertigungsprozessen von Segmenten befassen und auf eine zustandsabhängige Steuerung der Prozessparameter innerhalb der digitalen Prozessvorbereitung abzielen.

Der resultierende Handlungsbedarf basiert auf der Annahme, dass sowohl die Materialextrusion als auch die Anlagentechnik weiterentwickelt werden müssen, um das Potenzial zur Reduzierung von Stützstrukturen zu erschließen. Zur Qualifizierung der Technologie für den industriellen Einsatz ist ein umfassendes Verständnis über die Leistungsfähigkeit der additiv hergestellten Bauteile von entscheidender Bedeutung. Dafür sind Ansätze auf verschiedenen Ebenen zu untersuchen und zu bewerten.

Die produktorientierte Prozessauslegung der Materialextrusion steht im Mittelpunkt der nachfolgenden Untersuchung und wird als wesentliches Mittel für die Prozessgestaltung zur Modifikation der Bauteileigenschaften verstanden. Eine Analyse der Ansätze zur bauteilbezogenen Strukturanalyse ist ebenfalls notwendig, um die geometrische Komplexität von Bauteilen aus der Sicht des Produktionsprozesses zu beschreiben. Abschließend müssen die Ansätze aus der Anlagentechnik bei gravitationsbedingter Materialextrusion beurteilt werden.

Im Folgenden werden daher bestehende Ansätze unter Berücksichtigung des praktischen Defizits untersucht, und es wird eine Argumentationslinie entwickelt, die eine Leistungsbewertung multidirektionaler additiver Fertigung im Rahmen der ressourceneffizienten Materialextrusion von Kunststoff ermöglichen soll.

3 Bestehende Ansätze

Der identifizierte Handlungsbedarf aus der Praxis (vgl. Kapitel 2) bildet die Grundlage für die Diskussion über die relevanten Methoden und Ansätze aus der Theorie. Kapitel 3 widmet sich der Forschungsfrage 1, die untersucht, welche bestehenden Ansätze einen erhöhten Nutzen für die multidirektionale additive Fertigung haben. Abbildung 3-1 stellt das Vorgehen in Kapitel 3 zur Beschreibung der Rolle multidirektionaler additiver Fertigungssysteme für die Gestaltung fortschrittlicher Produktionstechnik in Unternehmen dar.

Zu Beginn erfolgt die Einteilung der Ansätze in Kategorien, um die Potenziale bestehender Lösungsansätze für eine nachhaltige Produktion mit dem Fokus auf die additive Fertigung zu gliedern. Die Vorauswahl der Ansätze erfolgt anhand einer Recherche und der Eingrenzung auf der Basis des Grundwissens des Autors. Abschließend findet eine Bewertung der Ansätze statt, um das Konzept des Festigkeitsmodells anhand festigkeitsrelevanter Einflüsse in Kapitel 4 zu modellieren.

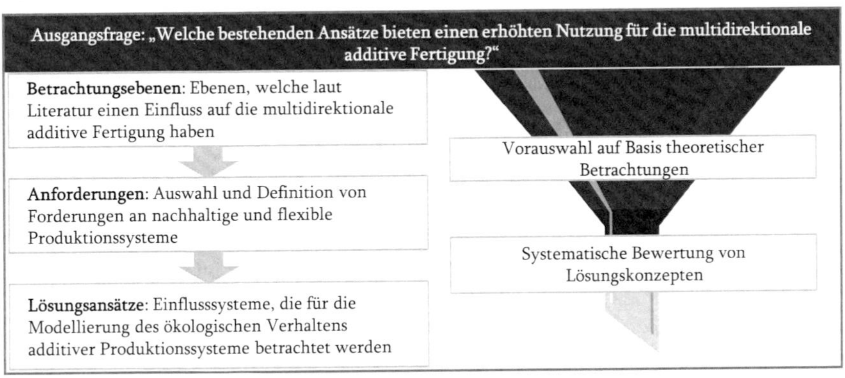

Abbildung 3-1: Vorgehen zur systematischen Erörterung von ökonomischer und ökologischer Nachhaltigkeit bei additiven Fertigungssystemen

Auf Grundlage der Betrachtungsebenen Objektbereich, Prozess, Bauteil und Maschine werden Ansätze für die multidirektionale additive Fertigung ermittelt und untersucht. Die Grundlagen der vorherrschenden Defizite additiver Fertigung dienen als Ausgangspunkt für die Diskussion der Lösungsansätze, um die objektbereichsbezogenen Ansätze zu validieren (vgl. Kapitel 3.1). Prozessbezogene Anforderungen werden abgeleitet, um einer multifaktoriellen Bewertungslogik zu folgen und Schlüsse über die festigkeitsrelevanten Einflüsse durch Prozessparameter zu ziehen (vgl. Kapitel 3.2).

Anschließend erfolgt die Darstellung der bauteilspezifischen Anforderungen durch eine Strukturbeschreibung additiv hergestellter Bauteile, um die Besonderheiten einer segmentorientierten Prozessführung zu betonen (vgl. Kapitel 3.3). Nachdem die Problematik bei der multidirektionalen Prozessführung am Produkt dargestellt wird, liegt der Fokus auf der Vorstellung und Bewertung der maschinenspezifischen Anforderungen. Dabei werden multiaxiale Maschinenstrukturen beurteilt, um abschließend die maschinenseitigen Potenziale hinsichtlich der Bewegungsgrade für die gravitationsrelevante Materialextrusion einzuordnen (vgl. Kapitel 3.4).

3.1 Objektbereichbezogene Ansätze

Im folgenden Abschnitt werden die zentralen Anforderungen an additive Fertigungsverfahren vorgestellt, die sich aus den in Kapitel 2.1 genannten Objektbereichsebenen, der Supply Chain, dem Produktzyklus und dem Produktdesign ableiten. Ziel ist es, aktuelle Gegebenheiten und Ziele für eine wettbewerbsfähige Positionierung aus der Perspektive produzierender Unternehmen zu benennen. Basierend auf den identifizierten Anforderungen werden zudem die Potenziale des Verfahrens für künftige Anwendungsgebiete aufgezeigt.

3.1.1 Rapid Prototyping

Die Nutzung von schnell hergestellten Musterbauteilen, auch als Rapid Prototyping bekannt, ist für Unternehmen von entscheidender Bedeutung, um wettbewerbsfähig zu bleiben und dem Innovationsdruck standzuhalten. Durch die schnelle und in der Regel kostengünstige Herstellung von ersten Modellen können Unternehmen in frühen Entwicklungsphasen Optik, Design und mechanische Fähigkeiten bewerten und anpassen. Dies reduziert die Kosten für spätere Änderungen erheblich. Im Rahmen des Begriffs „Rapid Prototyping“ haben sich additive Fertigungsverfahren etabliert, da sie für geringe Stückzahlen geeignet sind und im Vergleich zu traditionellen Fertigungsverfahren wesentlich kostengünstiger und schneller sind. Additive

Fertigungsverfahren ermöglichen somit eine drastische Verkürzung der Produktentwicklungszeiten, eine schnellere Markteinführung und eine Reduzierung der Kosten für die Produktentwicklung.[126]

3.1.2 Designflexibilität und Funktionsintegration

Die additive Fertigung erleichtert den Designprozess von Bauteilen erheblich, ohne dass dabei Zeit- oder Kostenkompromisse eingegangen werden müssen. Ingenieure können die Formgebung iterativ auf virtueller Ebene anpassen, ohne aufwendige Investitionen in Werkzeuge, Formen und Stempel tätigen zu müssen. Teure Investitionen in Werkzeuge, Formen und Stempel entfallen meist.[127] Neue Designs können kosteneffizient in kleinen Stückzahlen hergestellt werden.[128] Die Flexibilität im Designprozess wird durch die Möglichkeit, Designs als CAD-Dateien digital zu verschicken, weiter verbessert. Es ist jedoch wichtig zu betonen, dass das unbefugte Teilen von CAD-Designs die Eigentumsrechte des Erstellers verletzen kann. Unternehmen befürchten, dass nach der Veröffentlichung von Designdateien Nachahmer dasselbe Produkt auf den Markt bringen könnten.[129]

Eine weitere bedeutende Eigenschaft der additiven Fertigung ist die Einsparung von Montageschritten. Durch die Nutzung der Designflexibilität und die Realisierung mit additiver Fertigung können mehrere Bauteile durch das Drucken funktionaler Baugruppen vereint werden.[130] Es ist jedoch zu beachten, dass im Vergleich zur gestalterischen Auslegung für konventionelle Herstellungsmethoden auch die gestalterische Auslegung für die additive Fertigung vorgenommen werden muss. Kenntnisse des Konstrukteurs über die additive Fertigung sind entscheidend, um Produkte erfolgreich umzusetzen.

Die additive Fertigung bietet die Möglichkeit, komplexe Bauteile herzustellen, indem Designrestriktionen konventioneller Fertigungsverfahren überwunden werden.[131] Dies ermöglicht beispielsweise die Integration gebogener Kühlkanäle in Komponenten oder die Erzeugung zellulärer Anordnungen. Bionische Strukturen haben ein großes Potenzial im Leichtbau, insbesondere in der Luftfahrt, wo Treibstoffeinsparungen von großer Bedeutung sind. Im Kabinenbau wird daher besonderes Augenmerk auf die

[126] Vgl. Campbell, T. (2011) *Could 3D Printing Change the World?*, S. 3.

[127] Vgl. Attaran, M. (2017) *The rise of 3-D printing: The advantages of additive manufacturing over traditional manufacturing*, S. 683.

[128] Vgl. Berman, B. (2012) *3-D printing: The new industrial revolution*, S. 158.

[129] Vgl. Berman, B. (2012) *3-D printing: The new industrial revolution*, S. 157.

[130] Vgl. Campbell, T. (2011) *Could 3D Printing Change the World?*, S. 3.

[131] Vgl. Abdulhameed, O. et al. (2019) *Additive manufacturing: Challenges, trends, and applications*, S. 2.

Entwicklung von bionischen Strukturen mit additiver Fertigung gelegt. Derzeit zeichnet sich die additive Fertigung durch die Möglichkeit aus, komplexe Produkte mit niedrigen mechanischen Festigkeitsanforderungen bei gleichzeitig niedrigen Produktionskosten herzustellen.[132]

3.1.3 Kundenanpassung und Produktindividualisierung

Die Individualisierung bei konventioneller Fertigung erfordert bei einer Vielzahl von Systemkomponenten durch Zulieferer einen hohen Abstimmungsaufwand innerhalb der Supply Chain, um die individualisierte Komponente in der richtigen Menge am richtigen Ort und zur richtigen Zeit bereitzustellen. Im Gegensatz dazu zeichnet sich die additive Fertigung durch eine dezentral einsetzbare Maschine mit verfügbaren Materialien aus.[133] Die Individualisierung des Produkts erfolgt nicht durch eine Kombination von verschiedenen Komponenten, sondern durch das CAD-Modell. Die Technologie besitzt das Potenzial zur Massenpersonalisierung bei niedrigen Kosten und kurzen Lieferzeiten.[134] Dieses Phänomen wird oft als „Consumer Production" (kurz Co-Production) zusammengefasst.

Die Herausforderungen bei der Co-Production bestehen darin, das geistige Eigentum, insbesondere das 3D-Modell, zu schützen und gleichzeitig dem Konsumenten zur Verfügung zu stellen. Einige Unternehmen, darunter Miele und Ikea, betreiben bereits ein derartiges Geschäftsmodell, indem sie Produkte als 3D-Modell ihren Kunden zur Verfügung stellen. Dies ermöglicht es den Kunden, Produkte nach ihren individuellen Vorstellungen anzupassen und zu personalisieren.[135]

3.1.4 Nachhaltige Fertigung

Die klassischen Säulen der Nachhaltigkeit repräsentieren die wirtschaftliche, soziale und ökologische Dimension.[136] In der Literatur finden sich qualitative sowie quantitative Bewertungen der additiven Fertigung, die vorwiegend die Themen Ressourceneffizienz, CO_2-Emissionen und Energieverbrauch innerhalb der ökologischen Dimension behandeln. Im Folgenden werden qualitative sowie quantitative Bewertungen der

[132] Vgl. Attaran, M. (2017) *The rise of 3-D printing: The advantages of additive manufacturing over traditional manufacturing*, S.682.

[133] Vgl. Berman, B. (2012) *3-D printing: The new industrial revolution*, S.156.

[134] Vgl. Attaran, M. (2017) *The rise of 3-D printing: The advantages of additive manufacturing over traditional manufacturing*, S.681.

[135] Vgl. Miele (2017) *Know-How meets 3D printing*, S.1.

[136] Vgl. Elkington, J. (1998) *Partnerships fromcannibals with forks: The triple bottom line of 21st-century business*, S.37.

modernen Technologie vorgestellt und erweitert. Der Fokus liegt jedoch im Hinblick auf nachhaltige Produktionskonzepte auf der ökologischen Dimension.

Angelehnt an die Spannungsfelder und Dimensionen der nachhaltigen Produktion von ELKINGTON ist nach neuesten Erkenntnissen die regulatorische Dimension zu berücksichtigen (vgl. Abbildung 3-2). In der wissenschaftlichen Arbeit von GHOBADIAN ET AL. wird der Einfluss der additiven Fertigung auf alle Dimensionen untersucht. In der ökologischen Dimension können CO_2-Emissionen durch Gewichtsreduktionen eingespart, Produktlebenszyklen verlängert und alltäglicher Kunststoff als Input für den Prozess transformiert werden.

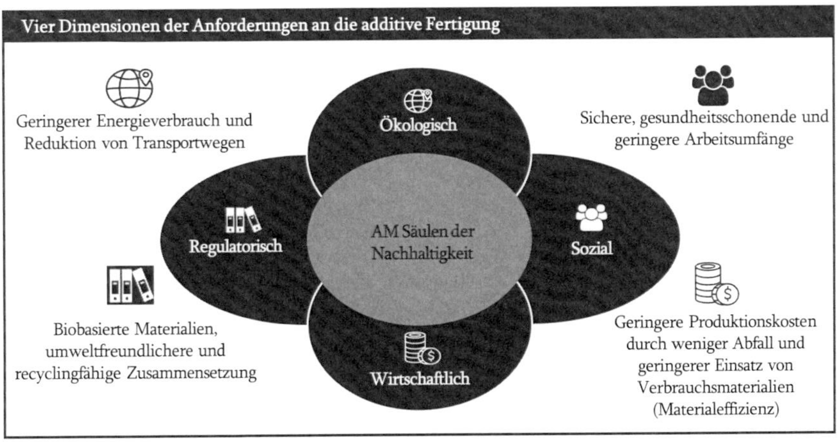

Abbildung 3-2: Die Säulen der Nachhaltigkeit in Anlehnung an ELKINGTON erweitert durch Merkmale der additiven Fertigung[137]

Die sozialen Auswirkungen der additiven Fertigung sind noch recht unerforscht und erfordern weitere Untersuchungen. Ein Szenario, das näher erörtert wird, ist die Möglichkeit, dass Produktionsstandorte in industrialisierte Länder zurückverlagert werden könnten, was zu Produktivitätssteigerungen, höheren Gehältern und neuen Arbeitsplätzen führen könnte. Die verringerten Produktionskosten und niedrigeren Preise könnten den Konsum steigern. In der wirtschaftlichen Dimension werden Vorteile wie die Erschließung neuer Märkte, geringere Produktionskosten und

[137] Vgl. Elkington, J. (1998) *Partnerships fromcannibals with forks: The triple bottom line of 21st-century business*, S. 37.

Dienstleistungskosten genannt.[138] Zusammenfassend wird festgehalten, dass die additive Fertigung als disruptive Innovation in einer Wachstumsphase einzustufen ist und das Potenzial besitzt, Nachhaltigkeit in der Produktion zu fördern. Jedoch offenbart die Technologie auch ein Risiko, sich nicht etablieren zu können und als Nischentechnologie angesehen zu werden.[139]

Campbell et al. konstatieren, dass die additive Fertigung in der Lage ist, bei der Erreichung von dringenden umwelt- und ressourcenbezogenen Zielen der internationalen Gemeinschaft zu helfen. Der ökologische Fußabdruck von Produktion und Transport kann reduziert werden, indem primär CAD-Designs digital anstatt Produkte real verschickt werden. Das Produkt wird folglich nahe dem Käufer produziert. Komplexe Lieferketten können dadurch reduziert oder sogar verhindert werden. In Abhängigkeit der Produktkomplexität können die Anzahl an Komponenten und Materialien sowie die Energie, die für die Produktion benötigt wird, verringert werden. Indem Ausschuss signifikant reduziert wird, kann die Ressourceneffizienz gesteigert werden, sodass nicht-erneuerbare Rohstoffe sparsamer verwendet werden können. Die additive Fertigung bietet zusätzlich die Möglichkeit, recycelbare Materialien wie Plastik oder Metalle zu verwerten.[140]

Mcalister und Wood untersuchen das Potenzial der additiven Fertigung zur Reduktion von Umweltauswirkungen in der Produktion. Die Forscher schlussfolgern, dass Optimierungsbedarf für das Verfahren besteht. Insbesondere der hohe Energieverbrauch wird als Defizit identifiziert. Auch die Ressourceneffizienz wird als problematisch betrachtet, da überschüssiges Material sich negativ auf die Nachhaltigkeit auswirkt. Die Auswirkungen der reduzierten Transportprozesse stuft das Forscherteam als nicht signifikant ein, und die Auswirkungen der Emissionen beim Druckprozess auf die Gesundheit können nach damaligem Stand nicht bewertet werden. Insgesamt wird die additive Fertigung als situativ nachhaltig eingestuft, abhängig von Bauteilkomplexität und Stückzahl im Vergleich zur Massenproduktion.[141]

Gebler et al. führen nicht nur eine qualitative Bewertung durch, sondern auch eine quantitative Bewertung der additiven Fertigungstechnologie im Hinblick auf globale Nachhaltigkeitseffekte. Das Fertigungsverfahren reduziert den Energieverbrauch, den

[138] Vgl. Ghobadian, A. et al. (2020) *Examining legitimatisation of additive manufacturing in the interplay between innovation, lean manufacturing and sustainability*, S. 462–63.

[139] Vgl. Ghobadian, A. et al. (2020) *Examining legitimatisation of additive manufacturing in the interplay between innovation, lean manufacturing and sustainability*, S. 466.

[140] Vgl. Campbell, T. (2011) *Could 3D Printing Change the World?*, S. 11–12.

[141] Vgl. McAlister, C./Wood, J. (2014) *The potential of 3D printing to reduce the environmental impacts of production*, S. 213–21.

Ressourcenbedarf und die CO_2-Emissionen über den gesamten Produktlebenszyklus. Die Berechnungen der Forscher ergeben, dass Kosten zwischen 170 und 593 Milliarden US-Dollar, Energie zwischen 2,54 und 9,30 EJ und CO_2-Emissionen zwischen 130,5 und 525,5 Mt bis zum Jahr 2025 eingespart werden können.[142] Die Forscher prognostizieren jedoch, dass das Energie- und CO_2-Emissionslevel in der industriellen Produktion maximal um 5 % durch die additive Fertigung bis zum Jahr 2025 reduziert werden kann, da die Technologie eine Nischentechnologie bleiben wird.[143]

Eine Vielzahl von Veröffentlichungen konzentriert sich darauf, den Energieverbrauch der additiven Fertigung zu untersuchen. Die Forscher FORD UND DESPEISSE haben eine ausführliche Literaturrecherche betrieben und festgestellt, dass bei den Untersuchungen unterschiedliche Ansätze verfolgt werden. Manche Veröffentlichungen vergleichen den Energieverbrauch verschiedener AM-Technologien, während andere AM-Technologien mit konventionellen Fertigungsverfahren vergleichen. Die Ergebnisse variieren deutlich, und es ist schwierig zu schlussfolgern, ob die additive Fertigung tatsächlich eine geringere Umweltbelastung bewirkt.[144] Die Gründe hierfür liegen unter anderem in der starken Auslastung der verwendeten Maschinen. FORD UND DESPEISSE ermitteln durch Fallstudien, wie die additive Fertigung bereits praktisch in Unternehmen implementiert wird, und leiten daraus ab, welche nachhaltigen Potenziale in den verschiedenen Produktlebenszyklen bestehen. Die Nachhaltigkeitspotenziale werden in die Kategorien Produkt- und Prozessdesign, Material, Eingangsverarbeitung, Auftragsfertigung und Produktherstellung sowie Kreislaufwirtschaft eingeteilt. Die Forscher weisen der additiven Fertigung ein Transformationspotenzial in Richtung nachhaltiger Produktionssysteme zu, allerdings bleibt die Signifikanz dieser Rolle unklar.[145]

KELLENS ET AL. untersuchen die Umweltauswirkungen der additiven Fertigung und stellen fest, dass bisher nur wenige quantitative Vergleiche von additiven Verfahren gegenüber konventionellen Fertigungsverfahren durchgeführt wurden. Die Literaturrecherche zeigt, dass hauptsächlich der Energieverbrauch untersucht wurde. Die Forscher tragen die verfügbaren Ergebnisse bezüglich des spezifischen Energieverbrauchs zusammen und stellen fest, dass dieser ein bis zwei Größenordnungen größer ist als bei konventionellen Fertigungsverfahren. Als Hauptgrund hierfür werden die

[142] Vgl. Gebler, M. et al. (2014) *A global sustainability perspective on 3D printing technologies*, S. 158.

[143] Vgl. Gebler, M. et al. (2014) *A global sustainability perspective on 3D printing technologies*, S. 164–65.

[144] Vgl. Ford, S./Despeisse, M. (2016) *Additive manufacturing and sustainability: an exploratory study of the advantages and challenges*, S. 1575.

[145] Vgl. Ford, S./Despeisse, M. (2016) *Additive manufacturing and sustainability: an exploratory study of the advantages and challenges*, S. 1585.

langsamen Prozessraten genannt. Die Forscher merken an, dass die Nacharbeit, um Stützstrukturen zu entfernen oder die benötigte Oberflächenqualität zu erreichen, einen beträchtlichen Anteil ausmacht und bei der Auswertung nicht vernachlässigt werden sollte. Die additive Fertigung ist aus ökologischer Sicht vorteilhaft für Kleinserien oder in Fällen, bei denen funktionale Vorteile, wie Gewichtseinsparungen oder Überholungen von Teilen, ausgenutzt werden können. Gewichtsreduktionen in Transportsystemen, wie der Luftfahrt oder der Automobilbranche, können zu signifikanten Reduktionen im Energieverbrauch und von CO_2-Emissionen führen. Die positiven Auswirkungen der dezentralen Produktion sehen KELLENS ET AL. kritisch, da der Kaufpreis von AM-Maschinen hoch ist, die Prozessraten hingegen niedrig sind und das Rohmaterial ebenfalls Transportprozesse verursacht. Im Bereich von Reparaturen und Teileüberholung hat die additive Fertigung vorteilige Effekte, da nur ein Bruchteil an Energie und Material im Vergleich zur Produktion eines neuen Teils verbraucht wird.[146]

KREIGER UND PEARCE führen eine Lebenszyklusanalyse verschiedener Bauteilgeometrien durch, die mit konventioneller oder additiver Fertigung hergestellt werden. Das Ergebnis ist, dass die additive Fertigung bei niedrigeren Fülldichten (geringer als 79 %) niedrigere Umweltauswirkungen durch geringeren Energieverbrauch und geringere Emissionen als die konventionelle Fertigung bei fast allen Fertigungsausgängen aufweist. Die Gründe dafür sind, dass die Fülldichte des Produkts angepasst, Energie aus Photovoltaik bei dezentraler Fertigung einfach implementiert und Energieeffizienzen durch Drucktechnologien oder Filament Recycling erzielt werden können. Der kumulative Energieverbrauch der Bauteile kann um 41 % bis 64 % bei PLA reduziert werden. ABS erzielt weniger gute Ergebnisse, da höhere Temperaturen für den Extruder und das Druckbett benötigt werden.[147]

Im Hinblick auf die ökologische Dimension ist es sinnvoll, die additive Fertigung hinsichtlich einer Kreislaufwirtschaft zu untersuchen. Die Forscher DEPALMA ET AL. evaluieren den MEX-Prozess hinsichtlich nachhaltiger, zirkulärer Materialflüsse von Kunststoff am Lebenszyklusende. Sie entwickeln Materialflüsse und ökonomische Modelle, um zu zeigen, wie Kunststoffbauteile am Lebenszyklusende verarbeitet und wiederverwendet werden können. Dabei untersuchen sie das weitverbreitete Polymer ABS in Verbindung mit dem MEX-Prozess. Der Prozess beginnt mit dem Druck von neuem Material. Sobald ein Teil das Produktlebensende erreicht hat, wird es gesäubert

[146] Vgl. Kellens, K. et al. (2017) *Environmental Dimensions of Additive Manufacturing: Mapping Application Domains and Their Environmental Implications*, S. 4

[147] Vgl. Kreiger, M./Pearce, J. M. (2013) *Environmental Life Cycle Analysis of Distributed Three-Dimensional Printing and Conventional Manufacturing of Polymer Products*, S. 1511–19.

und getrocknet. Dann wird es über einen Zerkleinerungsprozess in Granulat überführt. Dieses recycelte Granulat wird dann mit neuem Granulat gemischt und in Filamente extrudiert. Die Forscher schlussfolgern, dass die additive Fertigung dabei helfen kann, Plastikmüll innerhalb der Produktion zu reduzieren. Allerdings stellt die thermische Degradierung eine Barriere für eine reine Kreislaufwirtschaft dar. Auch untersuchen die Forscher nicht, welche mechanischen Auswirkungen die einzelnen Wiederverwendungsschleifen auf das Bauteil haben. Hinsichtlich der Kostenkalkulation wird ein Einsparungspotenzial von 70 % bis 80 % durch die Materialwiederverwendung beim FDM-Prozess berechnet.[148]

Um die Darstellung zu vervollständigen, werden auch die Emissionen beim Produktionsprozess betrachtet. Die Forschung von AZIMI ET AL. und CHAN ET AL. konzentriert sich auf die Untersuchung von ausgestoßenen Partikeln und flüchtigen organischen Verbindungen bei der additiven Fertigung, insbesondere bei der Verwendung der Materialien ABS (Acrylnitril-Butadien-Styrol) und PLA (Polymilchsäure).

Die Forscher AZIMI ET AL. haben festgestellt, dass bei der additiven Fertigung von ABS hohe Konzentrationen an Nanopartikeln und flüchtigen organischen Verbindungen freigesetzt werden, die als giftig klassifiziert werden. ABS ist ein thermoplastisches Polymer, das häufig in 3D-Druckanwendungen verwendet wird. Die Freisetzung von Nanopartikeln und flüchtigen organischen Verbindungen kann potenziell gesundheitliche Risiken für Menschen darstellen, die diesem Prozess ausgesetzt sind. [149]

Im Gegensatz dazu haben CHAN ET AL. die additive Fertigung von PLA untersucht. Die Forscher haben verschiedene Szenarien betrachtet, darunter ein Standardszenario, bei dem ein Arbeiter einem Drucker ausgesetzt ist, und ein Worst-Case-Szenario, bei dem ein Arbeiter drei Druckern ausgesetzt ist. Im Unterschied zu den Ergebnissen von AZIMI ET AL. haben CHAN ET AL. festgestellt, dass bei der additiven Fertigung von PLA flüchtige organische Verbindungen entstehen. Dennoch lagen die gemessenen Werte in allen Szenarien unter den kritischen Expositionsgrenzwerten.[150]

Die Forscher betonen, dass es wichtig ist, dass die Sicherheitsaspekte bei der additiven Fertigung, insbesondere in Bezug auf die Freisetzung von Partikeln und Chemikalien,

---

[148] Vgl. DePalma, K. et al. (2020) *Assessment of 3D printing using fused deposition modeling and selective laser sintering for a circular economy*, S. 11.

[149] Vgl. Azimi, P. et al. (2016) *Emissions of Ultrafine Particles and Volatile Organic Compounds from Commercially Available Desktop Three-Dimensional Printers with Multiple Filaments*, S. 1263.

[150] Vgl. Chan, F. L. et al. (2020) *Emissions and health risks from the use of 3D printers in an occupational setting*, S. 279.

weiterhin intensiv erforscht werden müssen, um die potenziellen Risiken für Menschen in der Industrie zu verstehen und zu minimieren.

3.2 Prozessbezogene Ansätze

Die additive Fertigung bietet zwar viele Vorteile, aber es gibt auch bedeutende Defizite im Vergleich zu konventionellen Fertigungsverfahren. Einige dieser Defizite (vgl. Abbildung 3-3) sind:

1. ***Treppenstufeneffekt**: Dieser tritt aufgrund der schichtweisen Materialauftragung auf und führt zu sichtbaren Stufen auf den gedruckten Bauteilen, was die Oberflächenqualität beeinträchtigen kann.*
2. ***Anisotropie**: Bauteile können in verschiedenen Richtungen unterschiedliche mechanische Eigenschaften aufweisen, was vor allem für belastete Bauteile problematisch ist.*
3. ***Notwendigkeit von Stützstrukturen**: In einigen Verfahren sind Stützstrukturen erforderlich, um Überhänge zu unterstützen, was zusätzliche Bearbeitungsschritte und Beeinträchtigungen der Oberflächenqualität mit sich bringt.*

Diese Defizite können die industrielle Nutzbarkeit der additiven Fertigung, insbesondere im Bereich der Materialextrusion, einschränken. Forschungsbemühungen konzentrieren sich darauf, Lösungen für diese Herausforderungen zu finden und die Einsatzmöglichkeiten der additiven Fertigung zu erweitern.

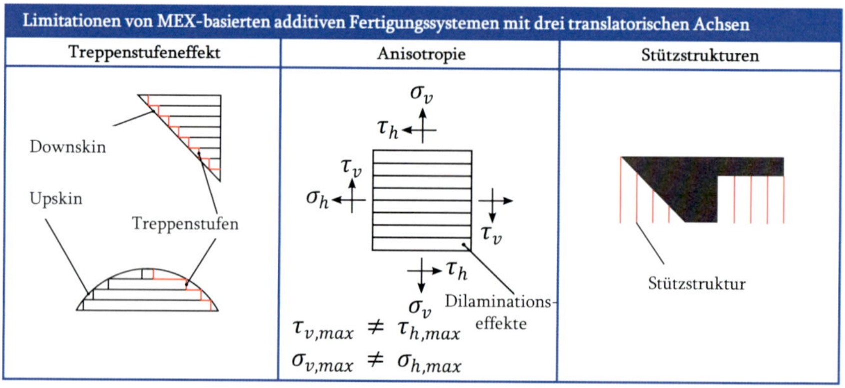

Abbildung 3-3: Hauptlimitationen von 3-achsigen additiven Fertigungssystemen

Um mit den Limitationen der additiven Fertigung umzugehen, wurden verschiedene Lösungsansätze entwickelt, die keine Veränderung der Bauteilgeometrie erfordern. Hier sind einige dieser Ansätze:

1. ***Flat and Curved Layer Slicing (FCLS) und Adaptive Slicing (AS)****: Diese Ansätze zielen darauf ab, den Treppenstufeneffekt zu reduzieren. Flat and Curved Layer Slicing konzentriert sich auf die Optimierung der Schichtanordnung, um eine glattere Oberfläche zu erzeugen. Adaptive Slicing passt die Schichtdicke an verschiedene Bereiche des Bauteils an, um Unebenheiten zu minimieren.*
2. ***Load Capable Path Planning (LCPP)****: LCPP konzentriert sich darauf, die Anisotropie zu verringern, indem es den Pfad des Werkzeugs so plant, dass die mechanischen Eigenschaften des Bauteils verbessert werden. Dies ist besonders wichtig für Bauteile, die bestimmten Belastungen ausgesetzt sind.*
3. ***Active Z-Printing****: Diese Methode zielt darauf ab, die Isotropie eines Bauteils zu erhöhen, indem sie während des Druckprozesses aktiv die Ausrichtung der Schichten ändert. Dies kann dazu beitragen, dass das Bauteil in verschiedenen Richtungen ähnliche mechanische Eigenschaften aufweist.*
4. ***Multi-Axial Slicing (MAS)****: MAS hilft, die Menge an benötigten Stützstrukturen zu reduzieren, indem es den Druckkopf in mehreren Achsen bewegt. Dadurch können Überhänge besser unterstützt werden, ohne auf zusätzliche Stützstrukturen angewiesen zu sein.*

Diese Ansätze tragen dazu bei, die Qualität und Leistungsfähigkeit additiv gefertigter Bauteile zu verbessern, ohne dabei die Grundgeometrie der Bauteile zu verändern.

3.2.1 Materialeffizienz

Das Verhältnis von eingesetztem zu genutztem Material ist zunächst ein Vorteil der additiven Fertigung. Im Vergleich zu konventionellen subtraktiven Fertigungsverfahren, bei denen Material zur Erstellung der Bauteilgeometrie entfernt wird, entstehen bei der additiven Fertigung durch den schichtweisen Aufbau wesentlich weniger Reststoffe.[151] Problematisch sind jedoch die Stützstrukturen, die bei der Herstellung von komplexen Bauteilgeometrien mit sich erweiternden Querschnitten, sogenannten Überhängen, benötigt werden. Sobald der Überhangwinkel in Druckrichtung einen kritischen Wert erreicht, kann die schräge Front nicht mehr durch die Kräfte zwischen den Schichten getragen werden, sodass eine stützende Struktur gedruckt werden muss. Die meisten MEX-Drucker sind in der Lage, Überhangwinkel von 45° zu erreichen; der

[151] Vgl. Berman, B. (2012) *3-D printing: The new industrial revolution*, S. 157.

exakte Wert für den kritischen Überhangwinkel variiert allerdings zwischen den Maschinen.[152] Das Drucken der Stützstrukturen reduziert die Effizienz des Fertigungsverfahrens maßgeblich durch die verlängerte Druckzeit, das zusätzlich verwendete Material und die Nacharbeit nach Entfernen der Stützstruktur.[153,154] Das Entfernen der Stützstrukturen erfolgt entweder händisch oder indem das Bauteil in ein chemisches Bad eingelegt wird. Eine Reduktion oder Eliminierung von Stützstrategien bewirkt also, dass additiv gefertigte Bauteile wesentlich kostengünstiger angeboten werden können.[155]

In der Literatur existieren Druckstrategien zur Reduktion sowie zur Eliminierung von Stützstrukturen. Erste Ansätze werden von ALLEN UND DUTTA veröffentlicht. Sie entwickelten einen Algorithmus, bei dem das zu druckende Bauteil so ausgerichtet wird, dass Stützstrukturen minimiert werden und die Stabilität des Bauteils zugleich während des Druckvorgangs gewährleistet ist.[156]

Ein weiterer Ansatz zur Reduktion der Stützstrukturen beim MEX-Prozess wurde von HUANG ET AL. vorgestellt. Die Forscher entwickelten für das Bauteil einen Algorithmus auf der Basis des STL-Modells. Abhängig von der zu stützenden überhängenden Geometrie, wie überhängenden Flächen, Kanten oder Punkten, generiert der Algorithmus drei verschiedene Arten von Stützstrukturen. Dabei wird die Stützstruktur durch verschlankte Körperstrukturen anstelle von klassischen hochvolumigen Strukturen gebildet. Im Vergleich zu den allgemein verwendeten Stützstrukturen können das Materialvolumen und die Druckzeit um etwa 30 % reduziert werden. [157]

Eine weitere Strategie, um Stützstrukturen einzusparen, wird durch VANEK ET AL. ausgearbeitet. Ihr Ansatz sieht vor, dass Überhänge durch die unteren Bereiche des zu druckenden Bauteils oder den Boden gestützt werden. Zunächst wird das Modell so ausgerichtet, dass so wenige Bereiche wie möglich gestützt werden müssen. Anschließend werden die Punkte, die gestützt werden müssen, genau identifiziert und durch den Druck möglichst kurzer Stützstrukturen stabilisiert. Um materialeffizient zu

[152] Vgl. Vanek, J. et al. (2014) *Clever Support: Efficient Support Structure Generation for Digital Fabrication*, S. 120.

[153] Vgl. Karasik, E. et al. (2019) *Object Partitioning for Support-Free 3D-Printing*, S. 305.

[154] Vgl. Zhao, H. et al. (2018) *Inclined layer printing for fused deposition modeling without assisted supporting structure*, S. 1.

[155] Vgl. Vanek, J. et al. (2014) *Clever Support: Efficient Support Structure Generation for Digital Fabrication*, S. 118.

[156] Vgl. Allen, S./Dutta, D. (1994) *On The Computation Of Part Orientation Using Support Structures In Layered Manufacturing*, S. 259–63.

[157] Vgl. Huang, X. et al. (2009) *Sloping wall structure support generation for fused deposition modeling*, S. 1074–76.

drucken, wird eine baumähnliche Struktur verwendet. Der Algorithmus reduzierte die Druckzeit durchschnittlich um 29,4 % und den Materialverbrauch um 40,5 %.[158]

Im Sinne der Weiterentwicklung und der industriellen Wettbewerbsfähigkeit der additiven Fertigung sind jedoch Lösungen sinnvoller, die es ermöglichen, Stützstrukturen gänzlich zu eliminieren und somit die Materialeffizienz zu verbessern. KARASIK ET AL. präsentieren eine Methode, Vollkörper in wenige Einzelteile zu unterteilen, die ohne Stützstrukturen gedruckt werden können. Die Unterteilung wird berechnet, indem eine Sequenz von Schnittebenen auf das Objekt angewendet wird. Nachteilig bei dieser Vorgehensweise ist, dass die Einzelteile nach dem Druckvorgang verklebt werden müssen. Das Endprodukt weist jedoch bessere Oberflächen auf als Bauteile, bei denen die Stützstrukturen händisch entfernt werden müssen.[159]

Die Forscher WEI ET AL. entwickeln ebenfalls einen Algorithmus, bei dem das Bauteil in mehrere Teilbereiche unterteilt wird und somit Stützstrukturen eliminiert werden. Der Ansatz ist auf hohle Körper zugeschnitten, kann aber auch auf Vollkörper angewendet werden. Der Algorithmus minimiert die Anzahl an Einzelteilen und die Länge der Schnitte unter der Bedingung der stützstrukturfreien Druckrichtung. Der Ansatz ermöglicht einen gänzlich stützstrukturfreien Druckprozess.[160]

ZHAO ET AL. stellen den Ansatz des Inclined Layer Printing vor, der einen Druckprozess ohne Stützstrukturen ermöglicht (vgl. Abbildung 3-4). Das zu fertigende Bauteil wird in dem Bereich, wo Überhänge vorhanden sind, durch Schichten mit einer Neigung hergestellt. Die überhängenden Strukturen können so durch die nebeneinanderliegenden Schichten gestützt werden.[161] Wesentlich für den Erfolg ist die Wahl des Winkels der geneigten Schichten. Die Forscher identifizieren mit steigendem Neigungswinkel folgende Zustände: Schichtversagen, qualifizierter Zustand, Adhäsionsversagen und Düsenbehinderung.[162]

---

158 Vgl. Vanek, J. et al. (2014) *Clever Support: Efficient Support Structure Generation for Digital Fabrication*, S. 117.

159 Vgl. Karasik, E. et al. (2019) *Object Partitioning for Support-Free 3D-Printing*, S. 1.

160 Vgl. Wei, X. et al. (2018) *Toward Support-free 3D Printing: A Skeletal Approach for Partitioning Models*, S. 2799.

161 Vgl. Zhao, H. et al. (2018) *Inclined layer printing for fused deposition modeling without assisted supporting structure*, S. 142–44.

162 Vgl. Zhao, H. et al. (2018) *Inclined layer printing for fused deposition modeling without assisted supporting structure*, S. 144.

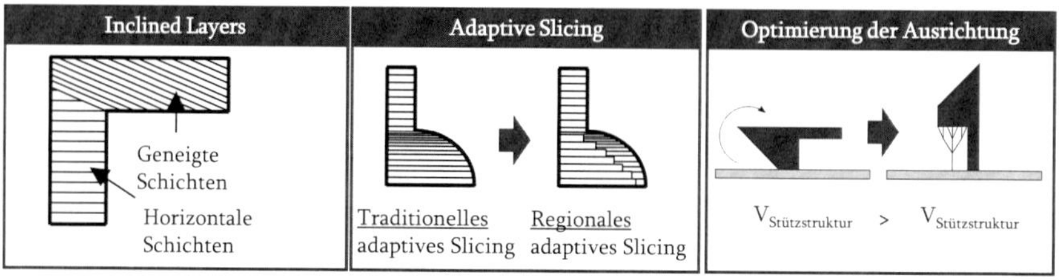

Abbildung 3-4: Methode des Inclined Layer Printing nach ZHAO ET AL.[163], Adaptive Slicing nach ZHAO ET AL.[164]; Optimierung der Ausrichtung nach HUANG[165]

In der Literatur sind die Ansätze zur Eliminierung der Stützstruktur abhängig von der Maschinenkinematik. Die oben vorgestellten Methoden sind mit üblichen 3-Achs-Kinematiken realisierbar. Im folgenden Abschnitt werden Lösungen dargestellt, die eine Maschinenkinematik mit einer erhöhten Anzahl an Freiheitsgraden, wie z. B. eine 5- oder eine 6-Achs-Kinematik, benötigen. Die zusätzlichen Bewegungsfreiheiten ermöglichen Rotationen um zwei oder drei Achsen. Die erweiterte Beweglichkeit ruft jedoch auch eine gewisse Komplexität in der Generierung der Bahnbahnplanung aus. Da Material erzeugt wird, sind überlappende Trajektorien des Druckkopfes nicht möglich. Außerdem müssen Kollisionen des Druckkopfes mit schon gedruckten Teilbereichen verhindert werden. Bei der Anwendung von Maschinen mit entsprechenden Freiheiten müssen also Algorithmen mit geometrischen Nebenbedingungen und Nebenbedingungen bezüglich der Hardware implementiert werden.[166]

LIU ET AL. stellen eine Methode vor, bei der mithilfe einer 5-Achs-Kinematik stützstrukturfrei gedruckt werden kann. Der Algorithmus unterteilt das Modell zunächst in Einzelteile, die alle eine unterschiedliche Druckrichtung aufweisen. Die Achsen werden jeweils so ausgerichtet, dass die Schichtgenerierung plan in z-Richtung erfolgt. Der Algorithmus enthält die Nebenbedingung, dass ein gedrucktes Einzelteil als Basis für

[163] Vgl. Zhao, H. et al. (2018) *Inclined layer printing for fused deposition modeling without assisted supporting structure*, S. 142.

[164] Vgl. Zhao, H. et al. (2018) *Inclined layer printing for fused deposition modeling without assisted supporting structure*, S. 142–43.

[165] Vgl. Huang, X. et al. (2009) *Sloping wall structure support generation for fused deposition modeling*, S. 1074–76.

[166] Vgl. Dai, C. et al. (2018) *Support-free volume printing by multi-axis motion*, S. 14.

das nächste Einzelteil dient und die Einschränkung der Kollisionsfreiheit zwischen Einzelteilen und dem Druckkopf gewährleistet ist.[167]

XU ET AL. entwickeln ein Vorgehen, das stützstrukturfreie additive Fertigung jedoch auf einer 3+2-achsigen Maschine ermöglicht. Der Algorithmus unterteilt das Werkstück in Einzelteile, die sequenziell mit multidirektional ausgerichteten Schichten generiert werden.[168]

WU ET AL. stellen einen Algorithmus vor, der für einen Roboterarm mit sechs Freiheitsgraden entwickelt wird, wobei der Extrusionskopf dabei unbeweglich ist. Bei diesem Algorithmus wird das Modell in stützstrukturfreie Teilbereiche mit ebenen Schichten überführt. Bei der Segmentierung in Einzelteile wird ein Ansatz verfolgt, bei dem zunächst grobe Teilbereiche und anschließend feine Teilbereiche bestimmt werden. Die Sequenzierung der Teilbereiche erfolgt anschließend in der Form, dass kollisionsfrei gedruckt werden kann.[169]

GAO ET AL. präsentieren einen Algorithmus, der speziell für einen fünfachsigen Drucker entwickelt wurde. Dieser unterteilt das Bauteil ebenfalls in Teilbereiche mit planen Schichten. Die Methode bestimmt die optimale Druckreihenfolge der Teilbereiche und minimiert die Fläche, die gestützt werden muss, unter Berücksichtigung der Kollisionsbedingung.[170]

MURTEZAOGLU ET AL. stellen eine Methodik zur geometrieabhängigen Prozessplanung für die multidirektionale additive Fertigung auf einer 3+2-achsigen Maschine vor. Dabei wird die Bauteilgeometrie durch unendliche Ebenen in Teilbereiche zerlegt, sodass keine Stützstrukturen notwendig sind.[171]

Die Forscher DAI ET AL. haben eine Methode entwickelt, Vollkörper stützstrukturfrei mithilfe einer Maschine mit fünf Freiheitsgraden zu erstellen. Nach der Unterteilung des Bauteils in Einzelteile entlang verschiedener Richtungen erfolgt der Druck, wobei die Geometrie durch gekrümmte Schichten (*engl. curved layers*) erstellt wird. Der Druckprozess mit planen Schichten schränkt den Algorithmus in der Unterteilung des

---

167 Vgl. Liu, H. et al. (2020) *An approach to partition workpiece CAD model towards 5-axis support-free 3D printing*, S. 699.

168 Vgl. Xu, K. et al. (2019) *Support-Free Layered Process Planning Toward 3 + 2-Axis Additive Manufacturing*, S. 850.

169 Vgl. Wu, C. et al. (2017) *RoboFDM: A robotic system for support-free fabrication using FDM*, S. 1180.

170 Vgl. Gao, Y. et al. (2019) *Near support-free multi-directional 3D printing via global-optimal decomposition*, S. 1–10.

171 Vgl. Murtezaoglu, Y. et al. (2018) *Geometry-Based Process Planning for Multi-Axis Support-Free Additive Manufacturing*, S. 73–78.

Bauteils in Einzelteile und der Bauteilkomplexität, die gedruckt werden kann, ein. Der Algorithmus zerlegt zunächst das Volumen des Körpers in Flächen, indem ein Skalarfeld optimiert wird, welches die Druckreihenfolge repräsentiert. Die Nebenbedingung der Flächengenerierung besagt, dass gekrümmte konvexe Flächen erzeugt werden müssen, um eine kollisionsfreie Navigation des Druckkopfes zu ermöglichen. Anschließend werden die gekrümmten Flächen in Kurven für den Druckkopf überführt.[172]

WANG ET AL. veröffentlichen eine Methodik, mit der verzweigte Körper auf einer 3+2-achsigen Maschinenkinematik ohne Stützstruktur gedruckt werden können. Das Vorgehen basiert darauf, die Bauteilgeometrie zu skelettieren und in einzelne Teile zu zerlegen, die stützstrukturfrei sowie kollisionsfrei gedruckt werden können. Die Teilbereiche werden entlang der skelettierten Richtung mit nicht-parallelen Schichten erzeugt. Die Reihenfolge der zu druckenden Teilbereiche wird dabei ebenfalls optimiert.[173]

FRY ET AL. entwickeln ein zwölfachsiges additives Fertigungssystem aus zwei sechsachsigen Roboterarmen, bei dem jeweils ein Arm den Extrusionskopf bzw. das Druckbett steuert, um stützstrukturfrei zu drucken. Die Forscher untersuchen weiterhin den Einfluss der Gravitation bei unterschiedlichen Druckrichtungen, dynamische Effekte bei Druckbettbewegungen sowie den Effekt von gekrümmten Schichten. Sie schlussfolgern, dass die Oberflächenbeschaffenheit hinsichtlich Gravitationseffekten unabhängig von der Druckrichtung ist, Überhänge bis zu 90° sauber ohne Stützstrukturen gedruckt werden können und die Stärke von Bögen mit gekrümmten Schichten im Vergleich zu konventionellen Schichten gesteigert werden kann.[174]

3.2.2 Oberflächenbeschaffenheit

Eine der größten Herausforderungen bei der additiven Fertigung durch Kunststoffextrusion ist der Treppenstufeneffekt, da er die Qualität der Oberfläche des Bauteils substanziell beeinflusst. Die Oberflächenrauheit von MEX-Bauteilen wird stark durch die Schichthöhe sowie die Form des Bauteils beeinflusst. Dünnere Schichten bewirken geringere Oberflächenrauheiten, jedoch impliziert das eine längere Druckzeit. Die ideale Schichthöhe hängt vom Bauteil und der Anwendung ab. Die Oberflächenbeschaffenheit kann verbessert werden, indem das Bauteil in einem an den

[172] Vgl. Dai, C. et al. (2018) *Support-free volume printing by multi-axis motion*, S. 14.

[173] Vgl. Wang, X. et al. (2020) *A skeleton-based process planning framework for support-free 3+2-axis printing of multi-branch freeform parts*, S. 327–50.

[174] Vgl. Fry, N. R. et al. (2020) *Robotic additive manufacturing system for dynamic build orientations*, S. 667.

Druckprozess anschließenden Schritt veredelt wird. Hier gibt es eine große Auswahl an Möglichkeiten, wie zum Beispiel das Polieren oder eine chemische Behandlung.[175]

Zielführender ist es jedoch, den Treppenstufeneffekt schon vor dem Druckprozess durch eine intelligente Schichtgenerierung des Bauteils zu reduzieren, sodass ein anschließender Bearbeitungsprozess redundant ist. Hierfür gibt es zwei Ansätze, das adaptive und das regionale adaptive Slicing (vgl. Abbildung 3-4).[176] Bei der Variante des adaptiven Slicings werden die Schichthöhen an die Oberflächenkrümmung des Bauteils angepasst. Das bedeutet, dass stark gekrümmte Oberflächen durch dünnere Schichten dargestellt werden, um den Treppeneffekt zu reduzieren.[177] Beim regionalen adaptiven Slicing hingegen werden nur die kritischen Oberflächen mit dünnen Schichten dargestellt, während der innere Bereich des Bauteils oder andere nicht kritische Oberflächen mit der maximalen Schichthöhe gedruckt werden, um die Druckzeit zu reduzieren.[178]

Eine weitere Variante, den Treppenstufeneffekt zu reduzieren, ist die Verwendung von gekrümmten Schichten. Hier sei jedoch erwähnt, dass solche nur mittels Maschinen mit hohen beweglichen Freiheitsgraden realisiert werden können.[179]

3.2.3 Prozesszeiten und Bauraum

Im Vergleich zur traditionellen Massenproduktion ist das Verfahren der additiven Fertigung als relativ zeitintensiv zu charakterisieren, obwohl die Rüstzeit zwischen den Produktionsläufen entfällt.[180] Die Prozesszeit eines Bauteils ist abhängig von der Druckgeschwindigkeit, der Größe des Bauteils, der Schichthöhe und der Bauteilausrichtung während des Druckvorgangs. Die Produktionszeit hängt im Wesentlichen von der Bauteilhöhe in Stapelrichtung der Schichten ab. Um die Prozesszeiten zu reduzieren, ist es notwendig, die Höhe des zu druckenden Bauteils zu reduzieren. Ansätze, um die Prozessgeschwindigkeit zu erhöhen, sind mehrere Druckköpfe, größere

---

[175] Vgl. Horn, T. J./Harrysson, O. L. A. (2012) *Overview of current additive manufacturing technologies and selected applications*, S. 282.

[176] Vgl. Zhao, H. et al. (2018) *Inclined layer printing for fused deposition modeling without assisted supporting structure*, S. S. 5

[177] Vgl. Zhao, Z./Luc, Z. (2000) *Adaptive direct slicing of the solid model for rapid prototyping*, S. 83.

[178] Vgl. Mani, K. et al. (1999) *Region-based adaptive slicing*, S. 333.

[179] Vgl. Zhao, D./Guo, W. (2020) *Shape and Performance Controlled Advanced Design for Additive Manufacturing: A Review of Slicing and Path Planning*, S. 8.

[180] Vgl. Attaran, M. (2017) *The rise of 3-D printing: The advantages of additive manufacturing over traditional manufacturing*, S. 677.

Düsen für die Kunststoffextrusion und die Verwendung von Hochgeschwindigkeitsmotoren, die den Druckkopf beschleunigen.[181]

Für den Anwender der additiven Fertigungstechnologie stellt zusätzlich der kleine Bauraum eine Restriktion dar. Additive Fertigungssysteme sind somit in der Lage, nur Objekte zu drucken, die kleiner als das Bauvolumen innerhalb des Druckergehäuses sind.[182] Große Teile werden verkleinert oder in mehrere Komponenten überführt, was zusätzlich Zeit und Aufwand für die Montage erfordert. Die genannten Eigenschaften bewirken, dass das Fertigungsverfahren für Massenproduktion limitiert ist.[183]

3.2.4 Mechanische Eigenschaften durch Anisotropie und Delamination

Eine bedeutende Herausforderung in der additiven Fertigung liegt im anisotropen Verhalten der produzierten Bauteile. Anisotropie bedeutet, dass die mechanische Belastbarkeit der gedruckten Bauteile richtungsabhängig ist (vgl. Abbildung 3-5). Bei unterschiedlichen Belastungsarten tritt in der schichtweisen Struktur des Bauteils Delamination auf, was das Ablösen von Schichten bei Querkräften bezeichnet.

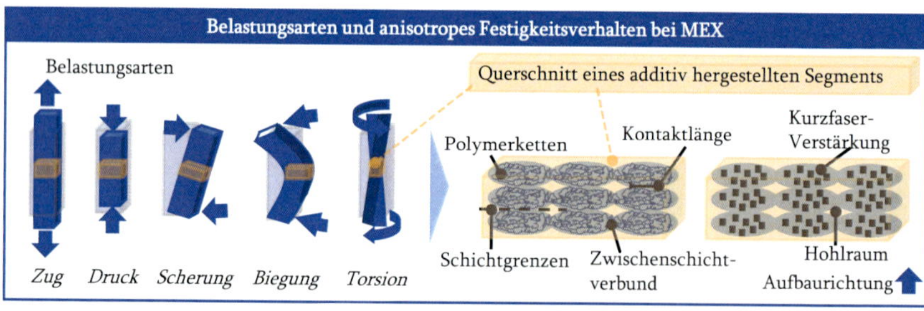

Abbildung 3-5: Belastungsarten und innere Struktur bei der strangbasierten additiven Fertigung mit Polymeren

Aufgrund des schichtweisen Aufbaus des Bauteils ist es in seiner Natur begründet, dass höhere Belastungen entlang der Schichten eher zu einem Bauteilversagen führen als orthogonal zur Schichtrichtung. Der Grund für die Anisotropie und Delamination liegt in der Bildung von Leerstellen und einer reduzierten Verbindung zwischen den Schichten. Belastungen können mehrdimensional auftreten, sodass sich Zug-, Scher-

[181] Vgl. Gao, W. et al. (2015) *The status, challenges, and future of additive manufacturing in engineering*, S. 68.
[182] Vgl. Attaran, M. (2017) *The rise of 3-D printing: The advantages of additive manufacturing over traditional manufacturing*, S. 680.
[183] Vgl. Abdulhameed, O. et al. (2019) *Additive manufacturing: Challenges, trends, and applications*, S. 21.

und Biegebelastungen überlagern und sich auf das Bauteil auswirken (vgl. Abbildung 3-5).[184]

Die Unterscheidung zwischen Festigkeiten in der x/y- und z-Ebene findet sich häufig auf Datenblättern von Materialien für den 3D-Druck. Die Ursache für diesen Unterschied liegt in der Prozessführung der strangbasierten Ablage im Verfahren. Der Aufbau einer Schicht erfolgt über die Außenkontur und die Füllstruktur. Durch das Aufschmelzen kurz oberhalb des Schmelzpunktes des Materials kann ein formstabiler, hochviskoser Strang auf die vorherige Schicht mit der auf die Schichthöhe zugestellten Düsenposition abgelegt werden. Zwischen den Schichten treten ausschließlich Verschmelzungen zwischen den Strängen auf. Innerhalb einer Schicht bilden die Außenkontur und die Füllstruktur eine belastbarere Struktur aus einem kontinuierlichen Strang.

Die Fertigungsvorbereitung hat entscheidende Auswirkungen auf die Eigenschaften des Bauteils. In der digitalen Prozessvorbereitung kann ein Materialfüllwert des Bauteils gewählt werden. Zahlreiche Forschungsansätze beschäftigen sich mit der Optimierung der mechanischen Eigenschaften der Bauteile, um ein gesteigertes Leistungsprofil additiv gefertigter Bauteile zu erreichen. DAVIS ET AL. untersuchen die Verarbeitungsbedingungen, insbesondere die Extrusionsgeschwindigkeit und die Temperatur, um den Einfluss auf die Gesamtfestigkeit der Schweißnaht von AM-Bauteilen zu ermitteln.[185] Mehrere Studien haben gezeigt, dass die Zugfestigkeit von Komponenten oder Teilen, die durch additive Fertigung hergestellt werden, schwächer ist als die vergleichbarer Kunststoffbauteile, die durch traditionelle Verarbeitungstechniken wie z. B. Spritzgießen oder subtraktive Methoden hergestellt werden.[186]

Es ist weithin bekannt, dass sich an den Rändern von laminierten Verbundwerkstoffen aufgrund von Fehlstellen zwischen Schichten signifikant höhere interlaminare Spannungen ergeben.[187] Ähnlich wie bei einem Standard-Polymermatrix-Verbundwerkstoff kann davon ausgegangen werden, dass die Bauteile durch die Materialextrusion linear, elastisch und orthotrop sind.[188] LIGON ET AL. stellen fest, dass die mechanischen Eigenschaften und die Anisotropie für MEX stark von Material- und

[184] Vgl. Abdulhameed, O. et al. (2019) *Additive manufacturing: Challenges, trends, and applications*, S. 22.

[185] Vgl. Davis, C. S. et al. (2017) *Mechanical strength of welding zones produced by material extrusion additive manufacturing*, S. 3.

[186] Vgl. Davis, C. S. et al. (2017) *Mechanical strength of welding zones produced by material extrusion additive manufacturing*, S. 4.

[187] Vgl. Islam, M. S./Prabhakar, P. (2017) *Interlaminar strengthening of multidirectional laminates using polymer additive manufacturing*, S. 333.

[188] Vgl. Bertoldi, M. et al. (1998) *Mechanical Characterization of Parts Processed via Fused Deposition*, S. 7.

Prozessparametern abhängen.[189] Weiterhin zeigen Untersuchungen von BERTOLDI ET AL., dass die Bauteilorientierung einen starken Einfluss auf die Zugfestigkeit, das Elastizitätsmodul und den Wärmeausdehnungskoeffizienten von Teilen hat.[190]

GUAN ET AL. stellen eine Weiterentwicklung des MEX-Systems vor, bei dem Bauteilfestigkeiten trotz multidirektionalen Drucks beibehalten werden können. Die Wissenschaftler integrieren einen CO_2-Laser, der die Grenzschichten von Teilbereichen erhitzt und somit die Verbindung zwischen den Schichten verbessert. Zugversuche ergaben, dass die Festigkeiten um 27 % auf die Werte der unidirektional gedruckten Bauteile erhöht werden konnten. Der Grund für die schlechte Festigkeit zwischen den Komponenten bei der multidirektionalen Bauweise sind die Zwischenräume und die teilweise schon ausgehärteten Schichten des zuvor gedruckten Bereichs, was sich stark negativ auf die Adhäsionsfähigkeiten auswirkt. Die Wissenschaftler verweisen auf die Ergebnisse von RAVI ET AL. und YIN ET AL., die zu dem Schluss kommen, dass es wichtig ist, den Basiswerkstoff über die Glasübergangstemperatur zu erhitzen, damit Diffusionsprozesse ermöglicht werden und damit die Festigkeit gesteigert wird.[191,192] Interessant zu erwähnen ist, dass die Zugproben multidirektional gedruckter Bauteile ohne Wärmeeinfluss in der Übergangszone versagen. Diejenigen mit Wärmeeinfluss hingegen haben eine geringe Versagenswahrscheinlichkeit.[193]

BIN ISHAK ET AL. untersuchen Zugproben, die mit einem konventionellen kartesischen Drucker unidirektional hergestellt werden, und vergleichen diese mit Zugproben, die multidirektional durch einen Roboterarm mit sechs Freiheitsgraden erstellt werden. Die Forscher beobachten, dass durch die multidirektionale Bauweise abhängig von der Zugprobenausrichtung höhere Zugfestigkeiten und Streckgrenzen als bei der unidirektionalen Bauweise erzielt werden.[194] Als Kritikpunkt dieser Veröffentlichung ist zu nennen, dass die Grenzschicht der multidirektionalen Teilbereiche der Zugprobe nicht in der Form ausgerichtet wird, dass die aufgebrachte Zugkraft orthogonal zu dieser

---

[189] Vgl. Ligon, S. Clark et al. (2017) *Polymers for 3D Printing and Customized Additive Manufacturing*, S. 10290.

[190] Vgl. Bertoldi, M. et al. (1998) *Mechanical Characterization of Parts Processed via Fused Deposition*, S. 7.

[191] Vgl. Ravi, A. Kurapatti et al. (2016) *An in-process laser localized pre-deposition heating approach to inter-layer bond strengthening in extrusion based polymer additive manufacturing*, S. 179–85.

[192] Vgl. Yin, J. et al. (2018) *Interfacial bonding during multi-material fused deposition modeling (FDM) process due to inter-molecular diffusion*, S. 104 ff.

[193] Vgl. Guan, Y. et al. (2019) *Multi-directional 3D Printing with Strength Retention*, S. 1 ff.

[194] Vgl. Bin Ishak, I. et al. (2019) *Multiplane fused deposition modeling: a study of tensile strength*, S. 583 ff.

wirkt, sondern die Zugkraft entlang der Grenzschicht wirkt. Somit wird der kritische Fall bezüglich mechanischer Festigkeit nicht untersucht.

3.2.5 Segmentorientiertes CAM

Trotz der weitreichenden Entwicklungen von computergestützten Produktionssystemen existiert derzeit keine Methode zur Schichtgenerierung, die auf Merkmale der Teilvolumina eines Teils abzielt und eine automatisierte Abfolge zu einem Gesamtbauteil ermöglicht.[195] In der Praxis müssen Herausforderungen bewältigt werden, indem unterschiedliche Teilvolumina mit verschiedenen Slicing-Methoden individuell gelöst werden.[196]

Das Design for Manufacturing (DfM) beschäftigt sich insbesondere mit der Anwendung von Fertigungskenntnissen und -regeln auf den Entwurf von Produkten, um deren Herstellbarkeit von Anfang an sicherzustellen.[197] Die direkte Realisierung durch additive Fertigung ohne vorherige Identifikation und Neukonstruktion von Bauteilen verspricht einen geringen Aufwand bei der Konstruktion. CAMPANA ET AL. arbeiten an der Erkennung geometrischer Merkmale oder Herstellungsmerkmale.[198] Bisher konzentrierten sich die meisten Arbeiten im Bereich robotergestützter Additiver Fertigung auf das Strukturdesign von Geräten, und relevante Experimente konzentrieren sich meist auf die Durchführbarkeit des Schneidens gekrümmter Schichten.[199]

MOHAMED ET AL. präsentieren einen umfassenden Überblick über die Optimierung von FDM-Prozessparametern unter Einbeziehung von statistischer Versuchsplanung und Optimierungstechniken. Sie zeigen mehrere Forschungslücken auf, die weiteren Forschungs- und Entwicklungsarbeiten ausgerichtet werden können, um sicherzustellen, dass diese Technologie Produkte mit höherer Genauigkeit, besserer Qualität und anderen gewünschten Eigenschaften liefert.[200]

[195] Vgl. Zhao, D./Guo, W. (2020) *Mixed-layer adaptive slicing for robotic Additive Manufacturing (AM) based on decomposing and regrouping*, S. 985.

[196] Vgl. Zhao, D./Guo, W. (2020) *Mixed-layer adaptive slicing for robotic Additive Manufacturing (AM) based on decomposing and regrouping*, S. 991.

[197] Vgl. Campana, G./Mele, M. (2020) *An application to Stereolithography of a feature recognition algorithm for manufacturability evaluation*, S. 199.

[198] Vgl. Campana, G./Mele, M. (2020) *An application to Stereolithography of a feature recognition algorithm for manufacturability evaluation*, S. 212.

[199] Vgl. Zhao, D./Guo, W. (2020) *Mixed-layer adaptive slicing for robotic Additive Manufacturing (AM) based on decomposing and regrouping*, S. 1002.

[200] Vgl. Mohamed, O. A. et al. (2015) *Optimization of fused deposition modeling process parameters: a review of current research and future prospects*, S. 43.

Softwareumgebungen wie Siemens NX verfügen bereits über eine eigenschaftsorientierte Fertigungsplanung, die ursprünglich aus den Operationen des Bohrens und Fräsens entstand, um Prozessparameter und Werkzeugeigenschaften für unter anderem eine Bohrung in der CAM-Umgebung vorzugeben. Umfassende CAM-Umgebungen bieten auch eine AM-spezifische Schnittstelle zu etablierten Slicing-Werkzeugen an oder entwickeln eigene Lösungen, um dem Bediener eine durchgehende CAx-Kette von CAD zu CAM zu ermöglichen.

3.3 Bauteilbezogene Strukturanalyse

Die ressourcenschonende Herstellung von qualitativ hochwertigen und geometrisch komplexen Bauteilen stellt die additive Prozesstechnik vor technische Herausforderungen. Die Entwicklung wettbewerbsfähiger additiver Produktionssysteme ist anwendungsgetrieben und erfordert eine eingehende Analyse des zu fertigenden Bauteils. Im folgenden Abschnitt erfolgt die Analyse der multidirektionalen Prozessführung materialextrudierender Verfahren unter Berücksichtigung von Festigkeitsreduktionen an Grenzflächen zwischen Bauteilsegmenten.

3.3.1 Demonstrationsbauteil für den multidimensionalen Aufbau

Ein Demonstrationsbauteil aus der Vorrichtungstechnik ist in Abbildung 3-6 dargestellt. Aufgrund des Einsatzzwecks von Vorrichtungselementen sind Ausprägungen in allen drei Raumdimensionen vorgesehen, um zwei oder mehrere Referenzpunkte, unter anderem für die Positionierung von Karosserieblechen, für einen anschließenden Schweißprozess in der Fahrzeugmontage sicherzustellen. Das dargestellte Beispiel besteht grundlegend aus vier Formelementen, im Folgenden auch Segmente genannt, und zeigt eine repräsentative Grenzfläche zwischen Segment B und C.

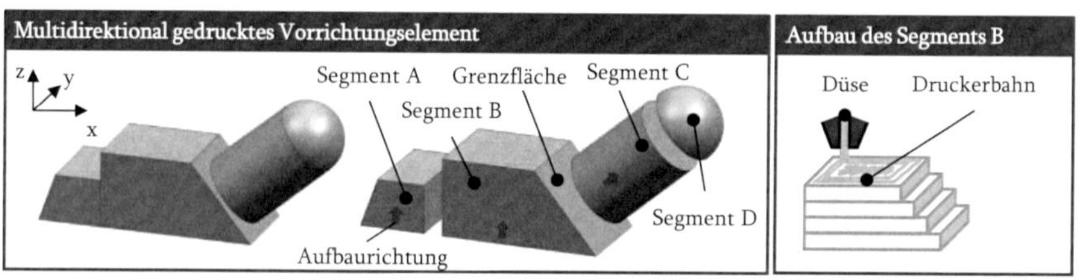

Abbildung 3-6: Multidirektionales Vorrichtungselement aus der automobilen Montage

Zur Beschreibung der auftretenden Phänomene in der multidirektionalen Produktion werden zunächst die Merkmale von Grenzflächen analysiert. Hierbei spielt die Annahme der Segmentierung eine signifikante Rolle, um das Bauteil in Segmente zu dekomponieren. Dabei wird ein kollisionsfreies Verfahren der Maschinenkomponenten berücksichtigt, und es wird auf die Störgrößen in der Prozessführung geachtet.

Ausgehend von den Designrestriktionen konventioneller Fertigungsverfahren vermitteln additive Fertigungsverfahren den Eindruck, beliebig komplexe Bauteilstrukturen herstellen zu können. Im herkömmlichen unidirektionalen Prozess erfolgt der schichtweise Aufbau eines Bauteils entlang einer Dimension, üblicherweise der z-Achse. Abhängig vom verwendeten Maschinensystem muss eine Stützstruktur erzeugt werden, wenn das Bauteil Überhänge von ca. 45° aufweist. Der multidirektionale Prozess begünstigt die Schaffung mehrerer Segmente in ihrer länglichen Ausprägung, meist bei hoher geometrischer Bauteilkomplexität, da durch die erweiterten Freiheitsgrade der Maschine der Aufbau des Bauteils in unterschiedliche Richtungen erfolgen kann.

3.3.2 Charakterisierung von Segmentübergängen

Im Rahmen der Datenvorbereitung für das 3+2-achsige Verfahren erfolgt eine virtuelle Zerlegung des Bauteils in Drucksegmente, die als Dekomposition oder Segmentierung bezeichnet wird. Die Notwendigkeit der Segmentierung aufgrund von Überhängen wird durch das Anwendungsbeispiel in Anlehnung an DING veranschaulicht (Abbildung 3-7).

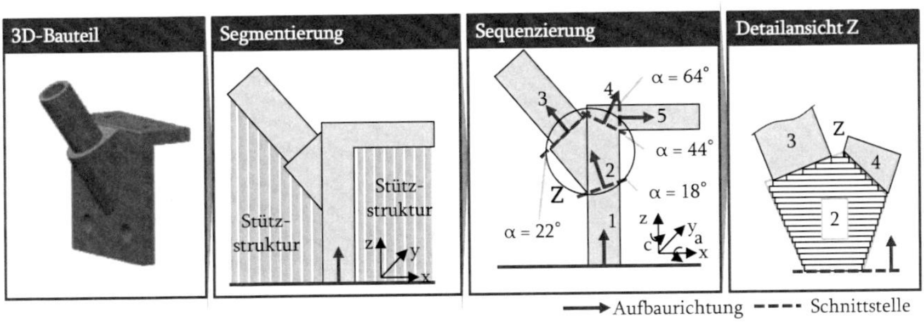

Abbildung 3-7: Vom Bauteil über Segmentierung und Sequenzierung zum segmentweisen Schichtaufbau in Anlehnung an DING[201]

[201] Vgl. Ding, D. et al. (2016) *Automatic multi-direction slicing algorithms for wire based additive manufacturing*, S. 150.

Es sind unterschiedliche Aufbaurichtungen für die einzelnen Drucksegmente vorgesehen. Diese werden so orientiert, dass kleine Überhangwinkel vorliegen und somit Stützstrukturen im Prozess vermieden werden können. Die Existenz mehrerer Drucksegmente führt zu Schnittstellen, die als Segmentübergänge bezeichnet werden. Der Aufbau der zu fertigenden Segmente differenziert sich dabei oft vom ursprünglich konstruierten Aufbau des Bauteils.

In der Konstruktionslehre definieren die Grundanforderungen eines Bauteils bestimmte Teilfunktionen, um eine ökonomische Nutzung und die Erfüllung ästhetischer Ansprüche zu gewährleisten. In Bezug auf konventionelle oder subtraktive Fertigungsmethoden bevorzugt man in der Regel ebene Oberflächen oder zylindrische Grundformen, da Operationen wie Hobeln, Fräsen, Schleifen, Drehen und Bohren verwendet werden können. Die entwickelten Gestaltungsprinzipien für die Fertigung mit subtraktiven Werkzeugmaschinen lassen sich nur begrenzt auf die Empfehlungen der additiven Fertigung übertragen. Dennoch steht die optimale Erfüllung der Funktion, der Herstellbarkeit, der Ökonomie und der Ästhetik im Vordergrund und stellt zahlreiche Anforderungen an die Gestaltung technischer Gebilde.

In den meisten Fällen bildet eine Kombination verschiedener Grundgestalten ein technisches Gebilde, nach dem die Fertigungsoperation erfolgt. Zu den Grundformen gehören Würfel, Quader, Pyramide, Zylinder, Kegel und Kugel sowie Teile oder Ausschnitte dieser Körper. Insbesondere zylindrische Grundformen und Ebenen wie Quadrat, Rechteck, Rhombus, Kreis und deren Kombinationen ergeben die funktionsbestimmenden Wirkflächen von Bauteilen. Als „Halbzeuge" bezeichnet man zylinderförmige Bauteile, deren Verhältnis von Durchmesser zu Länge einen Stab, eine Achse, eine Rolle oder eine Ronde definiert. Abhängig von den Verhältnissen seiner Abmessungen kann ein Quader als Stange, Platte, Blech oder Folie bezeichnet werden.[202]

Die additive Fertigung suggeriert auf den ersten Blick eine Designfreiheit, die es ermöglicht, beispielsweise bionische Strukturen herzustellen. Jedoch zeigt der eindimensionale Aufbau, dass die Materialextrusion diesen Ansprüchen nicht gerecht wird und Stützstrukturen integriert werden müssen. Die Notwendigkeit eines segmentorientierten Aufbaus in der additiven Fertigung kann einerseits eine längliche Ausprägung einer gleichbleibenden Grundfläche bedeuten, deren Führungslinie ein- bis mehrfach gekrümmt ist. Andererseits kann es bedeuten, dass verschiedene Grundformen innerhalb eines Bauteils kombiniert werden. In beiden Fällen entstehen Überhänge zur Grundplatte, die Stützstrukturen erfordern.

[202] Vgl. Krause, W. (2018) *Grundlagen der Konstruktion*, S. 55.

Der erste Anwendungsfall zeigt sich oft bei der Herstellung eines gekrümmten Rohrsegments und verdeutlicht die Notwendigkeit eines multidirektionalen Prozesses. Im zweiten Fall werden Grundformen miteinander kombiniert. Dabei werden Verknüpfungs- und Anschlussflächen zwischen den Grundformen innerhalb eines Bauteils erforderlich, da die Aufbaurichtungen mehr als 45° voneinander abweichen. Diese Flächen entstehen in der Konstruktion und bilden für eine fertigungsgerechte multidirektionale Herstellung eine erste Entscheidungsgrundlage für die Fertigungsplanung. Im Folgenden werden die Begriffe „Grenzfläche" bzw. „Segmentübergang" eingeführt, um die fertigungsgerechte Auslegung der Verknüpfungsflächen zwischen den Grundformen zu beschreiben. Grundsätzlich lassen sich Grenzflächen überall und beliebig oft im Bauteil positionieren und orientieren. In der digitalen Vorbereitung von additiven Fertigungsoperationen ist es möglich, ausgehend von den Zielgrößen wie Bauteilauflösung an bestimmten Funktionsflächen die Anzahl, Position und Orientierung dieser Grenzflächen analytisch zu bestimmen.

Die entscheidenden Merkmale von Grenzflächen umfassen Form, Größe, Krümmung sowie Position und Orientierung (vgl. Abbildung 3-8). Die Form des Übergangs kann rund, n-eckig oder eine Freiformfläche annehmen. Die Größe wird durch das Flächenmaß beschrieben, meist Flächeninhalt (A_G). Die Grenzfläche kann eben sein oder eine n-fache Krümmung aufweisen. Ebenso kann die Orientierung der Überganfläche durch einen Normalenvektor im dreidimensionalen Raum durch Winkel α, β, γ zwischen der x-, y- und z-Achse definiert werden. Die Grenzfläche entspricht einer Ebene ($\frac{\Delta\varphi}{\Delta s} = 0$) oder kann Krümmungen ($\frac{\Delta\varphi}{\Delta s} \neq 0$) aufweisen.

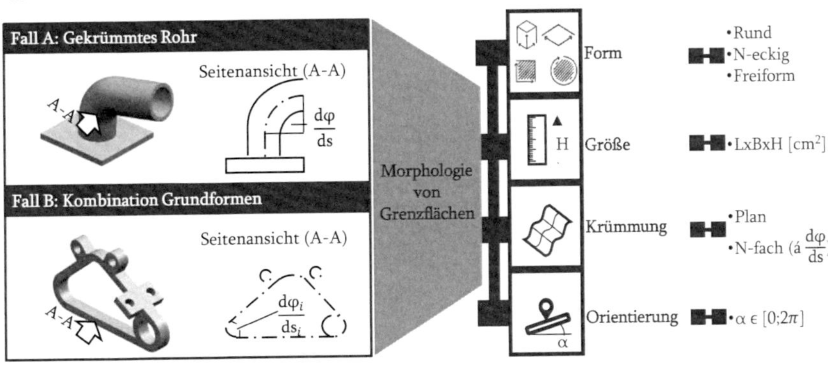

Abbildung 3-8: Fallbeispiele A: gekrümmtes Rohr; B: Kombinationen von Grundformen, sowie Erscheinungsformen von Grenzflächen

Als Maß für die Krümmung dient die Größe $\frac{\Delta\varphi}{\Delta s}$, das Verhältnis von Zentrierwinkel und Länge eines Kreisbogens. Der Zentrierwinkel ist gleich dem Außenwinkel zwischen den Kreistangenten in den Endpunkten des Kreisbogens. Um die Krümmung einer beliebigen Kurve in einem Punkt zu definieren, werden ein Kurvenstück der Länge Δs, das den fraglichen Punkt enthält und dessen sich schneidende Tangenten in den Endpunkten im Winkel $\Delta\varphi$, betrachtet.

Die euklidische Geometrie, als ein Teilgebiet, dient der Beschreibung von Formen und Körpern. Basierend auf dem Werk „Die Elemente" wurden die ursprünglichen Postulate aufgestellt, die unter anderem Punkt, Linie und Gerade definieren. Für die Beschreibung der Eigenschaften einer gekrümmten Fläche werden NURBS (*engl. Non-Uniform Rational Basic Splines, kurz NURBS*) eingeführt. Anhand der Positionen von Kontrollpunkten und deren Grad- und Gewichtswerten werden dreidimensionale Polylinien zur Geometriebeschreibung verwendet, insbesondere für das Rendering von 3D-Modellen.

Die Position und die Orientierung einer Grenzfläche sind bei einem schichtweisen Aufbau entscheidend, um die Gestalt der Oberfläche für die Prozessführung hinsichtlich der Oberflächenrauheit festzulegen. Der Schrägenwinkel (α) drückt die Orientierung der neuen Schicht im Verhältnis zur vorherigen Schicht aus und bildet zusammen mit der Schichthöhe (h_S) das sogenannte Treppenstufenprofil der Grenzschicht. Die Variation der Unebenheit der Oberfläche erfordert eine präzise Prozesssteuerung der neuen Schicht, um eine maximale Verschmelzung mit der vorherigen Schicht sicherzustellen und die Festigkeit des Gesamtbauteils zu gewährleisten. Das Rauheitsprofil repräsentiert einerseits eine größere Oberfläche für einen erhöhten Flächenkontakt mit der aufzubringenden Materialschicht. Andererseits muss sichergestellt werden, dass keine Fehlstellen entstehen, die aufgrund geringeren Kontakts zu einer beeinträchtigten Festigkeit führen könnten.

3.3.3 Struktureller Aufbau von Grenzflächen

Das Aufbringen der ersten Schicht eines neuen Segments auf eine Oberfläche mit Stufenprofil stellt eine neue Herausforderung in der Prozesstechnik bzw. in der Materialextrusion dar. Das Ablegen von Kunststoffsträngen auf unebenen Oberflächen soll jedoch einen maximalen Stoffschluss erzielen. Eine Vielzahl von Einstellparametern steht der Prozessgestaltung zur Verfügung, um eine verbesserte Haftung zu erreichen. Abbildung 3-9 zeigt den Treppenstufeneffekt, der durch den schichtweisen Aufbau entsteht, und fasst die zuvor erläuterten Charakteristika einer Grenzfläche zusammen.

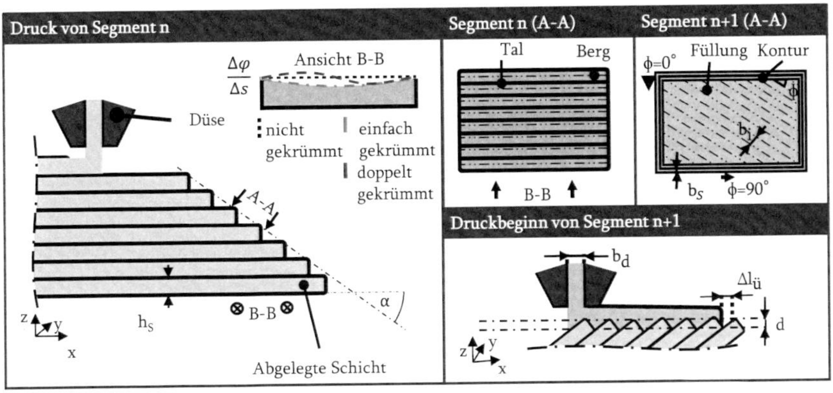

Abbildung 3-9: Aufbau einer Grenzschicht in der Materialextrusion

Es sind verschiedene Einstellungen während des Auftragens der neuen Schicht festzulegen, sodass eine starke Wechselwirkung zwischen der Beschaffenheit der Grenzschicht und der ersten neuen Auftragsschicht herrscht. Der Schichtaufbau erfolgt strangweise und ist typischerweise unterteilt in einen Bereich Außenkontur und einen Bereich Füllung. Die geometrischen Beschreibungsgrößen der Grenzfläche und die Einstellgrößen der Auftragsschicht sind der Tabelle 3-1 zu entnehmen.

Tabelle 3-1: Wesentliche geometrische Beschreibungs- und Einstellgrößen der Grenzfläche und Auftragsschicht

Beschreibungsgrößen der Grenzfläche		Beschreibungsgrößen der Auftragsschicht	
Größe	**Beschreibung**	**Größe**	**Beschreibung**
h_S	Schichthöhe	ϕ	Ablageorientierung
α	Schrägenwinkel	$\Delta l_{Ü}$	Versatz Ablagestrang
$\frac{\Delta\varphi}{\Delta s}$	Krümmungsmaß	Δs	Düsenabstand zur Grenzfläche

Die Beschreibungsgrößen der Grenzschicht sind Schichthöhe und Schrägenwinkel und ergeben das arithmetische Rauheitsmaß (R_a). Zuvor einstellbare Charakteristiken des Strangs werden im Folgenden nicht betrachtet, da üblicherweise keine Änderungen vorgenommen werden. Eine entscheidende geometrische Einstellgröße der Auftragsschicht ist die Ablageorientierung (ϕ) des Strangs. Zur äußeren Ästhetik eines Bauteils wird die Außenkontur der Schicht durch das Aufbringen der Kontur aufgebracht.

Die Ablagerichtung bei einer rechteckigen Fläche ändert sich zwischen einer parallelen (0° und 180°) und vertikalen (90° und 270°) Orientierung des Strangs zum Profil der bedruckten Oberfläche. Nach der Fertigstellung des äußeren Profils der Schicht, typischerweise 1-3 Konturen, erfolgt das Füllmuster. Neben dem Einstellprozess der Fülldichte des Profils sind auch verschiedene Füllmuster, wie z. B. Zickzack und Cubic Subdivision, wählbar, sodass die Ablageorientierung in den meisten Fällen einen Winkel von 45° einnimmt. Der Beginn des Auftragsstrangs ($\Delta l_ü$) sowie der Abstand zwischen Düse und Grenzschicht (Δs) bedingen die Eigenschaften des Segmentübergangs gleichermaßen. So kann ein Versatz zum theoretischen Endpunkt der Grenzfläche oder ein größerer Abstand der Düse zum Rauheitsprofil gewählt werden.

3.3.4 Porenvolumen

Für eine umfassende Analyse der Treppenstufengeometrie von Grenzflächen ist es zunächst sinnvoll, ein Schaubild zur Modellierung des Porenvolumens als theoretische Grundlage zu erstellen, auf die im weiteren Verlauf dieser Arbeit Bezug genommen wird. In Abbildung 3-10 wird die theoretische Grenzschichtgeometrie exemplarisch für einen Schrägenwinkel von 15° und 45° illustriert.

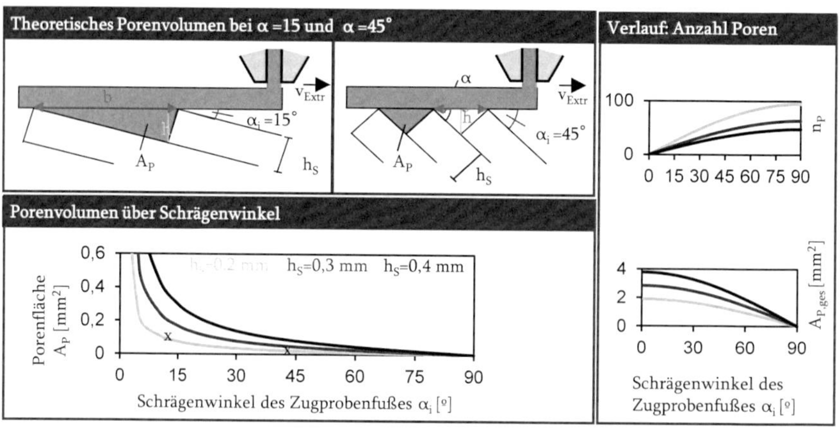

Abbildung 3-10: Theoretische Grenzflächengeometrie bei einem Schrägenwinkel von 15° und 45° und Werte der theoretischen Porenfläche in Abhängigkeit des Schrägenwinkels (α)

Hierbei wird die Annahme getroffen, dass die Schichten (n+1), die horizontal auf die Oberfläche extrudiert werden, die Form eines starren Balkens annehmen, der sich nicht durchbiegt. Eine weitere Vereinfachung besteht in der Geometrie des extrudierten Strangs, welche hier als rechteckig dargestellt ist. Unter diesen Prämissen kann die theoretische Porenfläche (A_P) in Abhängigkeit des Schrägenwinkels (α_i) und der Schichthöhe (h_S) berechnet werden.

Die Flächenberechnung der Pore, die eine dreieckige Form annimmt, ergibt sich aus den geometrischen Beziehungen (9) für die Porenbreite b und (10) für die Porenhöhe (h):

$$b = \frac{h_S}{sin(\alpha_i)} \tag{9}$$

$$h = cos(\alpha_i) \cdot h_S \tag{10}$$

Die theoretische Porenfläche $A_{P,\,theoretisch}=A_{P,t}$ ergibt sich über die Formel:

$$A_{P,t} = \frac{1}{2} \cdot \frac{h_S}{sin(\alpha_i)} \cdot cos(\alpha_i) \cdot h_S = \frac{1}{2} \cdot \frac{h_S^2}{tan(\alpha_i)} \tag{11}$$

Die Kurve der theoretischen Porenfläche divergiert bei einem Schrägenwinkel von 0° gegen unendlich, da sich eine Tangensfunktion im Nenner befindet. Läuft die Funktion gegen 90°, so konvergiert die theoretische Porenfläche gegen 0. Grenzflächen, die geringe Schrägenwinkel aufweisen, ergeben also großvolumige Poren, während Flächen mit großen Schrägenwinkeln kleine Poren aufweisen. Dasselbe Schaubild verdeutlicht den Verlauf für drei häufig verwendete Schichthöhen (0,1 mm, 0,2 mm und 0,3 mm). Es zeigt, dass mit steigender Schichthöhe auch größere Poren entstehen, besonders bei klein gewählten Schrägenwinkeln der Oberfläche. Entsprechend der Formel (11) berechnet sich die theoretische Porenfläche, die eine Schichthöhe von 0,3 mm aufweist und um 15° geneigt ist, auf 0,1679 mm², während solche, die bei derselben Schichthöhe um 45° geneigt sind, nur einen Wert von 0,0450 mm² aufweisen. Für einen aussagekräftigen Vergleich muss jedoch die theoretische Porenfläche mit der Anzahl an Poren, die sich auf der Oberfläche befinden, multipliziert werden. Die Anzahl der Poren n_P berechnet sich aus dem Quotienten der Probenbreite B und der Porenbreite b:

$$n_P = \frac{B}{b} = \frac{B}{\left(\frac{h_S}{\sin(\alpha_i)}\right)} \tag{12}$$

In Abbildung 3-10 ist die Anzahl an Poren in Abhängigkeit des Schrägenwinkels für verschiedene Schichthöhen bei der vorliegenden Probenfläche von 18,9 mm aufgetragen. Das Schaubild verdeutlicht, dass kleine Winkel nur eine geringe Anzahl an Poren aufweisen, während große Winkel eine große Anzahl an Poren besitzen. Mit steigender Schichthöhe sinkt die Anzahl an Poren auf der Oberfläche. Die finale Kennzahl, die nun von Interesse ist, lautet die gesamte theoretische Porenfläche $A_{P,gesamt}$, die die Treppenstufengeometrie in Abhängigkeit des Schrägenwinkels und der Schichthöhe aufweist. Die gesamte theoretische Porenfläche wird wie folgt berechnet:

$$A_{P,gesamt} = n_P \cdot A_P = \frac{1}{2} \cdot B \cdot h_S \cdot \cos(\alpha_i) \quad (13)$$

Die gesamte theoretische Porenfläche wird in Abbildung 3-10 in Abhängigkeit des Schrägenwinkels und der Schichthöhe aufgetragen. Die Kurve veranschaulicht, dass Oberflächen mit einem geringen Schrägenwinkel und großen Schichthöhen die größte summierte Porenfläche aufweisen. Die Porenfläche weist allgemein einen monoton fallenden Verlauf auf, bis sie bei dem Winkel von 90° einen Wert von Null annimmt. Das charakteristische Porenvolumen wird für eine Oberflächenanalyse in Kapitel 4 herangezogen und dient als wichtige Bewertungsgröße für die Prozessgestaltung.

Maßgebend für das mechanische Verhalten additiv gefertigter Bauteile ist die reale Gestalt und die Beschaffenheit der Ausgangsfläche. Die Analyse der geometrischen Morphologie von Grenzflächen zeigt, dass sowohl der Schrägenwinkel (α) als auch die Schichthöhe (h_s) die Beschaffenheit der Grenzflächen entscheidend beeinflussen. Auf dieser Grundlage werden abhängig von den Einstellungen der Parameter drei repräsentative Kategorien zu den Gegebenheiten von Grenzflächen eingeführt und die Mittenrauheit ermittelt (vgl. Tabelle 3-2):

Tabelle 3-2: Fallunterscheidung von Rauheit bei Grenzflächen

Fall-Nr.	Rauheitsklasse	Schrägenwinkel (α)	Schichthöhe (h_s)	Mittenrauheit (R_a)
1. Fall	Hoch	45°	0,3mm	43,294µm
2. Fall	Mittel	30°	0,2mm	27,042µm
3. Fall	Gering	15°	0,1mm	23,433µm

3.3.5 Mechanisches Eigenschaftsprofil

Eine entscheidende Rolle zur Qualifizierung von additiver Fertigung gegenüber etablierten Technologien spielen die mechanischen Eigenschaften der Bauteile. Abbildung 3-11 zeigt das mechanische Verformungsverhalten von Polymeren.

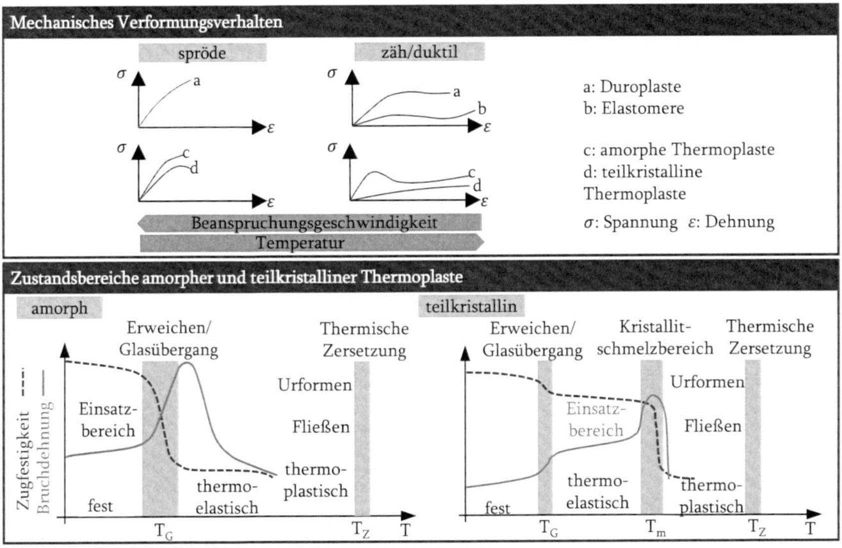

Abbildung 3-11: Mechanische Eigenschaften von Kunststoffen

Diese Materialien können in Abhängigkeit von Temperatur und Beanspruchungsgeschwindigkeit sowohl sprödes als auch zähes Verhalten aufweisen.[203] Bei Thermoplasten führt eine zunehmende Belastung dieser dazu, dass sich die verknäulten, fadenförmigen Makromoleküle verstrecken und ausrichten, wobei teilweise ein Abgleiten zwischen den Makromolekülen stattfindet. Im Hinblick auf das Versagen des Werkstoffs kann zwischen verschiedenen Brucharten unterschieden werden. Ein Normalspannungsbruch entsteht durch eine Verstreckung infolge äußerer Spannungen, wobei eine faserförmige Dehnung der betroffenen Werkstoffbereiche stattfindet. Ein Reißbruch tritt infolge von Normalspannungen auf, die über den Querschnitt des betreffenden Bauteils verteilt sind, beispielsweise durch eine Biegebelastung. Ein Schubbruch beschreibt das Versagen eines Werkstoffs als Folge des Überschreitens kritischer Schubspannungen.

Die Verformung bis zum Bruch ist abhängig von der Belastungsgeschwindigkeit, da der Verstreckungsvorgang zeitabhängig ist. Zudem ist die Verformung temperaturabhängig, wobei die Umlagerungsvorgänge der Makromoleküle von höheren Temperaturen begünstigt werden. Duroplaste und Elastomere zeigen unterschiedliche

[203] Vgl. Ehrenstein G. et al. (2011) *REM von Kunststoffschäden*, S. 55 ff.

Verformungsverhalten. Die Verformungsmöglichkeiten der Makromoleküle bei Duroplasten sind aufgrund der hohen Vernetzung stark eingeschränkt, weshalb sie zu sprödem Bruchverhalten neigen. Der Bruch von Elastomeren erfolgt aufgrund der geringen Vernetzungsdichte nach hoher elastischer Dehnung, weshalb die bleibenden Verformungen relativ gering sind.[204]

Es gibt verschiedene Arten von Brüchen. Bei einem Normalspannungsbruch dehnen sich die Werkstoffbereiche faserförmig aus. Nach dem Versagen ziehen sich die Enden zurück und bilden Zipfel mit Verdickungen. Die Trennung erfolgt senkrecht zur Zugachse. Liegt eine ungleichmäßig verteilte Normalspannung vor, kann das Einreißen des Werkstoffs von einer äußeren oder inneren Oberfläche erfolgen. Die Rissfronten geben bei einem Reißbruch Aufschluss über die Bruchfortschrittsrichtung. Ein Schubbruch entsteht durch Überschreiten der kritischen Schubspannung. Dabei bilden sich Fahnen und Zipfel aus, die an den zwei zusammengehörigen Bruchflächen gegeneinander gerichtet sind.[205]

EHRENSTEIN ET AL. nehmen eine differenzierte Unterteilung der Bruchfläche auf Basis der im Bruch verbleibenden Fadenlängen vor. Brüche mit einer Fadenlänge kleiner als ein Mikrometer gelten als spröde Brüche. Bei den duktilen Brüchen wird zwischen einer geringen plastischen Verformung mit Fadenlängen zwischen einem und zehn Mikrometern und hohen plastischen Verformungen mit Fadenlängen größer als zehn Mikrometern unterschieden.[206]

Der verwendete Werkstoff ist ein Thermoplast, der zwischen amorphen und teilkristallinen Thermoplasten unterschieden werden kann. Amorphe Thermoplaste bestehen aus ungeordneten Molekülketten, die eine Knäuelstruktur bilden. Durch Erwärmung kommt es bei amorphen Thermoplasten, sobald die Glasübergangstemperatur (T_G) überschritten wird, zu einem Erweichen der amorphen Molekülstrukturen. Dies führt zu einem Übergang von einem spröden, hartelastischen Zustand zu einem weichen, nachgiebigen Zustand.

Teilkristalline Thermoplaste verfügen zusätzlich zu amorphen Bereichen über geordnete, kristalline Strukturen. Die amorphen Bereiche in teilkristallinen Thermoplasten verhalten sich ähnlich wie die amorphen Thermoplaste und erweichen im Bereich der Glasübergangstemperatur. Bei Erreichen einer weiteren kritischen Temperatur, der

[204] Vgl. Davis, C. S. et al. (2017) *Mechanical strength of welding zones produced by material extrusion additive manufacturing*, S. 162–63.

[205] Vgl. Ehrenstein, G. et al. (2011) *Scanning Electron Microscopy of Plastics Failure*, S. 143 ff.

[206] Vgl. Ehrenstein, G. et al. (2011) *Scanning Electron Microscopy of Plastics Failure*, S. 160.

Kristallitschmelztemperatur (T_m), werden die kristallinen Bereiche beweglich und gleiten voneinander ab. Dies führt zu einem direkten Übergang des festen Kunststoffs in den Zustand der Schmelze.[207]

3.3.6 Verbundstruktur zwischen den Druckschichten

Der multidirektionale Aufbau bei der Materialextrusion erfolgt nach dem Schichtprinzip, bei dem das Bauteil in Segmente unterteilt wird. Die Haftung der Druckschichten untereinander wird durch die Bildung eines Schichtverbunds sichergestellt. Die Ausprägung der Adhäsionsmechanismen beeinflusst unter anderem die Grenzflächenfestigkeit zwischen den Drucksegmenten von multidirektional gedruckten Bauteilen.[208] In dieser Arbeit wird die Grenzflächenfestigkeit zwischen den Drucksegmenten von multidirektional gedruckten Bauteilen untersucht, und im Folgenden werden die Analysen der Adhäsionsmechanismen dargestellt.

Adhäsion bezieht sich auf Vorgänge, die zur Haftung zweier Phasen an deren Grenzschicht führen. Es gibt bisher kein Modell, das das Phänomen der Adhäsion vollständig erklärt. Stattdessen existieren verschiedene Adhäsionstheorien, die Teilbereiche der Adhäsionsmechanismen beschreiben. Im Allgemeinen wird zwischen der mechanischen Adhäsionstheorie und der spezifischen Adhäsionstheorie unterschieden.[209]

Zu den spezifischen Adhäsionstheorien gehören Modelle wie die Polarisations-, Diffusions-, elektrostatische und thermodynamische Theorie. Bei der Bindung zwischen zwei Polymeren sind insbesondere die Modelle der Polarisations-, Diffusions- und elektrostatischen Theorie relevant. Diese werden neben der mechanischen Adhäsionstheorie im Folgenden detailliert diskutiert.[210]

Die mechanische Adhäsionstheorie ist die älteste Theorie und beschreibt die Haftung der Fügepartner durch eine „Verkrallung" an deren Kontaktoberfläche (vgl. Abbildung 3-12).[211]

[207] Vgl. Bonten, C. (2016) *Kunststofftechnik*, S. 55–56.

[208] Vgl. Guan, Y. et al. (2019) *Multi-directional 3D Printing with Strength Retention*, S. 2.

[209] Vgl. Gleich, H. (2004) *Zusammenhang zwischen Oberflächenenergie und Adhäsionsvermögen von Polymerwerkstoffen am Beispiel von PP und PBT und deren Beeinflussung durch die*, S. 35.

[210] Vgl. Watschke, H. (2019) *Methodisches Konstruieren für Multi-Material-Bauweisen hergestellt mittels Materialextrusion*, S. 111.

[211] Vgl. Nikolova, D. (1978) *Charakterisierung und Modifizierung der Grenzflächen im Polymer-Metall-Verbund*, S. 55–56.

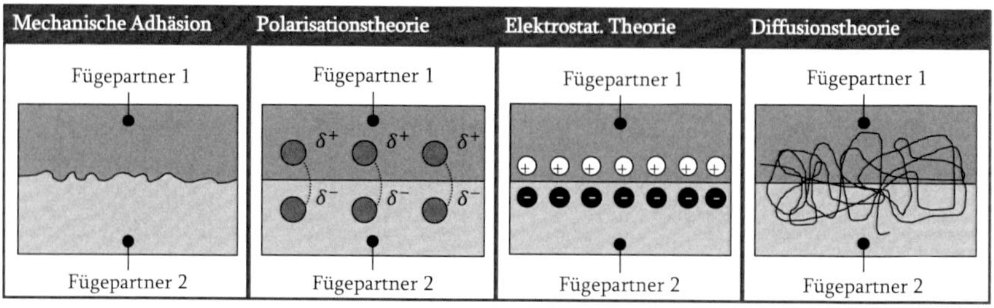

Abbildung 3-12: Prinzipskizzen der mechanischen Adhäsion, der Polarisationstheorie, der elektrostatischen Theorie sowie der Diffusionstheorie[212]

Dabei dringt das Adhäsiv in die Poren, Hohlräume und/oder Vertiefungen des Adhärenten ein. Durch den Druckknopfeffekt bildet sich eine formschlüssige Verbindung an der Kontaktoberfläche der Fügepartner aus. Vorrausetzung für die mechanische Adhäsion ist eine Oberflächenrauheit an der Kontaktoberfläche der Fügepartner. Bei der mechanischen oder chemischen Aufrauhung der Kontaktoberfläche werden höhere Verbundfestigkeiten erzielt. Begründet wird der Anstieg der Verbundfestigkeit zum einen durch die Vergrößerung der wirksamen Kontaktoberfläche und zum anderen durch den Reinigungs- und Aktivierungseffekt. Wie bereits in der Einleitung angedeutet, setzt sich der Mechanismus der Adhäsion durch die Überlagerung mehrerer Mechanismen zusammen.

Bis heute ist es schwer abzuschätzen, welchen Anteil die mechanische Adhäsion an der Gesamtadhäsion hat. Die Polarisationstheorie, postuliert von DE BRUYNE, beruht auf molekularphysikalischen Wechselwirkungen an der Kontaktoberfläche der Fügepartner (vgl. Abbildung 3-12). Demnach entstehen feste adhäsive Verbindungen nur unter der Voraussetzung gegebener Polaritäten der Fügepartner. Die Haftung der Fügepartner beruht auf dem Vorhandensein von Dipolen im Bereich der Kontaktoberfläche. Bei Kontakt der Fügepartner werden weitere Dipole im Bereich der Kontaktoberflächen induziert, die die Bildung von Wasserstoffbrückenbindungen unterstützen. Die Adhäsion der Fügepartner an der Kontaktoberfläche lässt sich auf die elektrische Kraftwirkung der Dipole zurückführen und ist optimal, wenn beide Fügepartner die gleiche Polarität besitzen.[213]

---

[212] Vgl. Crimmann, P. (2003) *Grenzflächenmodifizierung und –analyse im Polypropylen-Kupfer-Verbund*, S. 4.

[213] Vgl. Gleich, H. (2004) *Zusammenhang zwischen Oberflächenenergie und Adhäsionsvermögen von Polymerwerkstoffen am Beispiel von PP und PBT und deren Beeinflussung durch die*, S. 35.

Die elektrostatische Theorie beruht auf der Ausbildung einer elektrischen Doppelschicht in der Grenzschicht der Fügepartner (vgl. Abbildung 3-12). Eine thermodynamische Potenzialdifferenz zwischen den Fügepartnern ist für die Bildung der elektrischen Doppelschicht verantwortlich. Während des Kontakts der Fügepartner wird die elektrische Doppelschicht durch eine Ladungsträgerdiffusion aufgrund der thermodynamischen Potenzialdifferenz in der Grenzschicht der Fügepartner induziert. Die unterschiedlichen Ladungen der elektrischen Doppelschichten erzeugen elektrostatische Anziehungskräfte, die der Adhäsion zwischen den Fügepartnern entsprechen. Die elektrostatischen Kräfte entlang der elektrischen Doppelschicht ergeben sich analog zur Ladungstrennung innerhalb eines Kondensators, wobei die Grenzfläche der Fügepartner bzw. die elektrische Doppelschicht als Kondensator betrachtet werden.[214]

Die Diffusionstheorie basiert auf der Brown'schen Molekularbewegung und der Existenz freier Volumina der Makromoleküle. Entlang der Grenzfläche diffundieren Makromoleküle, Kettensegmente oder Polymerketten der Fügepartner aufgrund ihrer Beweglichkeit gegenseitig, sodass eine Interdiffusion der Fügepartner entsteht (vgl. Abbildung 3-12). Der Diffusionsvorgang innerhalb eines Polymers wird als Autohäsion bezeichnet.[215]

Die Diffusionsgeschwindigkeit hängt nicht nur von der Molekülgröße, -struktur und der Affinität der Fügepartner zueinander ab, sondern auch von der Temperatur.[216] Kristalline Bereiche sowie vernetzte Strukturen von Polymeren können die molekulare Bewegung und somit die gegenseitige Diffusion der Fügepartner behindern. Ein Anstieg der Temperatur erhöht die Beweglichkeit der Polymerketten und überwindet so Hindernisse wie kristalline Bereiche von Polymeren.[217]

Im Allgemeinen sollte die Autohäsion oberhalb der charakteristischen Glasübergangstemperatur von Polymeren erfolgen. Die Adhäsion zwischen Polymeren als Fügepartner entsteht durch die Verflechtungen der Polymerketten aufgrund der gegenseitigen

---

[214] Vgl. Crimmann, P. (2003) *Grenzflächenmodifizierung und –analyse im Polypropylen-Kupfer-Verbund*, S. 5.

[215] Vgl. Crimmann, P. (2003) *Grenzflächenmodifizierung und –analyse im Polypropylen-Kupfer-Verbund*, S. 5–6.

[216] Vgl. Gleich, H. (2004) *Zusammenhang zwischen Oberflächenenergie und Adhäsionsvermögen von Polymerwerkstoffen am Beispiel von PP und PBT und deren Beeinflussung durch die*, S. 13.

[217] Vgl. Gleich, H. (2004) *Zusammenhang zwischen Oberflächenenergie und Adhäsionsvermögen von Polymerwerkstoffen am Beispiel von PP und PBT und deren Beeinflussung durch die*, S. 13.

Diffusion im Bereich der Grenzfläche. Dieser Bereich der gegenseitigen Diffusion an der Grenzfläche der Fügepartner wird als Interphase bezeichnet.[218]

Schichtbezeichnung	Aufbau der Oberfläche	Elemente/Zustand	Dicken
Verunreinigungen	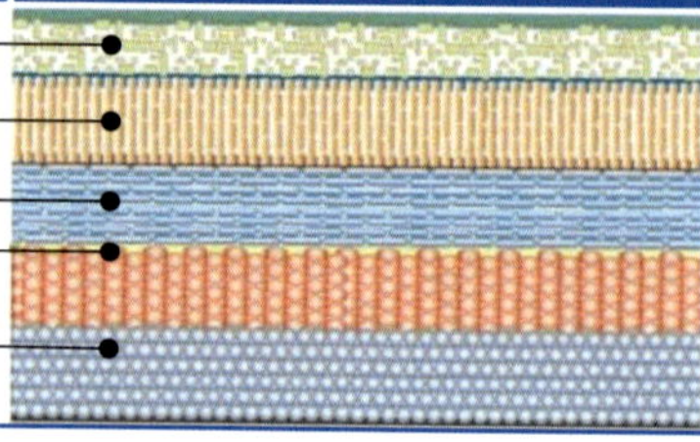	Staub, Öle	>1 µm
Adsorptionsschicht		Gase, Feuchte	5-10 nm
Reaktionsschicht		Oxide, Additive	5-10 nm
Innere Grenzfläche		Mechan. beeinträch. Gefüge	>1 µm
Ungestörtes Polymergefüge		Nicht beeinträch. Gefüge	-

Abbildung 3-13: Äußere Grenzschichten von Kunststoffoberflächen nach LAKE[219]

Aus der Diffusionstheorie geht hervor, dass der Adhäsionsmechanismus durch die Temperatur beeinflusst wird. In Bezug auf die Untersuchungen des Einflusses thermischer Eingangsparameter auf die Grenzflächenfestigkeit zweier Drucksegmente bei der multidirektionalen additiven Fertigung werden beobachtete Phänomene im Laufe der Analyse am ehesten durch den Mechanismus der Autohäsion erklärt. Dies liegt daran, dass die Topologie der Grenzfläche durch den Einfluss thermischer Eingangsparameter nicht verändert wird.[220]

Innerhalb des Aufbaus eines Polymergefüges wird eine Oberfläche als eine dünnere äußere Schicht beschrieben, die Farbe, Glanz und Rauheit eines Werkstücks bestimmt (vgl. Abbildung 3-13). Die Oberfläche eines aus Kunststoff gefertigten Bauteils besteht in der Regel aus zwangsläufigen Verunreinigungen, einer Adsorptionsschicht, einer Reaktionsschicht, einer inneren Grenzfläche und einem ungestörten Polymergefüge. Die fadenförmige Struktur der Makromoleküle führt häufig zu Anisotropien.[221]

[218] Vgl. Crimmann, P. (2003) *Grenzflächenmodifizierung und –analyse im Polypropylen-Kupfer-Verbund*, S. 5–6.

[219] Vgl. Lake, M. (2017) *Oberflächentechnik in der Kunststoffverarbeitung*, S. 340.

[220] Vgl. Gleich, H. (2004) *Zusammenhang zwischen Oberflächenenergie und Adhäsionsvermögen von Polymerwerkstoffen am Beispiel von PP und PBT und deren Beeinflussung durch die*, S. 13.

[221] Vgl. Ehrenstein, G. Wilhelm (2020) *Strukturverhalten*, S. 2.

3.4 Maschinenbezogene Strukturanalyse

In der traditionellen Ausrichtung verfolgen Unternehmen das Ziel, Gewinne zu erwirtschaften. Oftmals steht die maximale Wertschöpfung im Fokus, wobei Kosten, Zeit und Qualität als langfristige Unternehmensziele betrachtet werden. In zunehmendem Maße wird dieses Verständnis reflektiert, und Ziele im Zusammenhang mit Umwelt und Gesellschaft rücken stärker in den Fokus. Ressourceneffizienz, insbesondere die Maximierung von Material- und Energienutzung, steht dabei im Mittelpunkt der Diskussion. Daher müssen Produktionssysteme den Anforderungen der modernen Ausrichtung von Unternehmenszielen gerecht werden. In der additiven Fertigung ist ein Anstieg von Bewegungsfreiheiten bei Maschinensystemen zu verzeichnen, um insbesondere eine erhöhte Effizienz beim Materialeinsatz sicherzustellen.

Zur Reduzierung oder im Idealfall zur Eliminierung der Stützstruktur bei der Materialextrusion werden verschiedene Gestellbauweisen verwendet und untersucht. Die vorgestellten Maschinenkonzepte werden im folgenden Kapitel hinsichtlich ihrer Eignung für die multidirektionale additive Fertigung diskutiert.

3.4.1 Charakteristiken der Gestellbauweisen

Als Teil der Autorenschaft der Veröffentlichung von KAMPKER ET AL. aus dem Jahr 2019 wurde eine Klassifizierung von additiven Fertigungssystemen vorgestellt, die vier Kategorien umfasst (vgl. Abbildung 3-14):

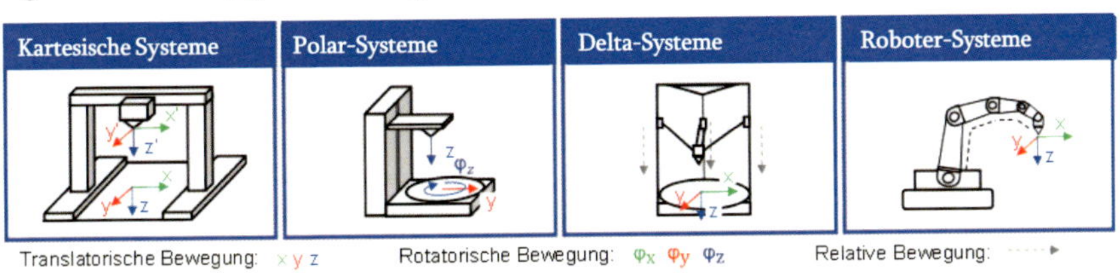

Abbildung 3-14: Klassifizierung von 3D-Druckern mit drei Freiheitsgraden nach KAMPKER ET AL.[222]

- *Kartesische Drucker*
- *Polar-Drucker*
- *Delta-Drucker*

[222] Vgl. Kampker, A. et al. (2019) *Review on Machine Designs of Material Extrusion based Additive Manufacturing (AM) Systems - Status-Quo and Potential Analysis for Future AM Systems*, S. 816.

○ *Roboterarmdrucker*

Auf dem Markt verfügbare Maschinen nutzen in der Regel drei Bewegungsachsen. Im Kontext der Materialextrusion, wie in Kapitel 2.2.2 erläutert, sind Maschinenvarianten mit drei Bewegungsachsen jedoch begrenzt, da Bauteilgeometrien mit Überhängen nur mit Stützstruktur gedruckt werden können. Trotz dieser Einschränkung bietet die limitierte Kinematik den Vorteil, dass die schichtbasierte Bahnplanung klar definiert werden kann.

Die am weitesten verbreiteten Typen von MEX-Druckern sind die kartesischen Drucker. Das Koordinatensystem besteht dabei aus drei orthogonal zueinander ausgerichteten Achsen: der x-, y- und z-Achse. Es gibt verschiedene Varianten dieser Drucker. Bei einigen kann der Druckkopf in allen drei Dimensionen verfahren werden, während das Bauteil auf einer fixierten Bauplattform hergestellt wird. In anderen Modellen verfährt das Druckbett vertikal in der z-Achse, während der Druckkopf nur die x- und y-Achse bedient. Eine weitere gängige Bauweise ist die Gestellbauweise (*engl. Gantry*). Hierbei wird der Extruderkopf über einen Schlitten in x-Richtung geführt, während die x-Achse über Trapezgewindespindeln, Linearschienen oder Zahnriemen in z-Richtung bewegt wird. Das Druckbett bewegt sich in y-Richtung. Kartesische Drucker sind kostengünstig erhältlich und zeichnen sich durch ihre kompakte Bauweise aus, sodass die Maschine nicht wesentlich größer ist als der Bauraum. Bei Druckern mit großem Bauraum wird oft ein statisches Druckbett bevorzugt, da Scherkräfte bei einem beweglichen Druckbett mit zunehmender Höhe des Bauteils ansteigen und zu Ablösungen führen können. Bewegliche Betten können die Druckgeschwindigkeit einschränken, weshalb Ausführungen mit einem beweglichen Druckkopf in x- und y-Richtung bevorzugt werden. Die Maschinen, die drei Freiheitsgrade bieten, werden als 3-Achs-Kinematik bezeichnet.

Der Polar-Drucker nutzt Polarkoordinaten für den Druckprozess, wobei die Koordinaten durch Winkel und Längen bestimmt werden. Bei diesen Maschinentypen verfügt das Druckbett über einen rotatorischen Freiheitsgrad. Der Druckkopf weist jeweils einen Freiheitsgrad in horizontaler und vertikaler Dimension auf. Ein Vorteil von Polar-Druckern besteht darin, dass sie nur mit zwei Schrittmotoren betrieben werden können, während andere Druckervarianten im Vergleich drei Motoren benötigen. Dadurch sind Polardrucker langfristig energieeffizienter. Das Hauptproblem liegt jedoch in der Präzision, da plane Flächen möglicherweise unsauber gedruckt werden.

Zusammenfassend wird die Kinematik durch zwei translatorische und eine rotatorische Freiheit sichergestellt.[223]

Der Delta-Drucker besteht aus einem kreisförmigen Druckbett, kombiniert mit einem Extruder, der über Stäbe mit drei parallelen Achsen verbunden ist. Durch die koordinierte Bewegung dieser parallelen Achsen kann der Extruder dreidimensional verfahren werden. Delta-Drucker wurden entwickelt, um die Druckgeschwindigkeit zu erhöhen. Die Abmessungen dieser Druckervariante werden maßgeblich durch die Höhe der parallelen Achsen definiert. Die Delta-Drucker-Bauweise wird für großformatige Drucker bevorzugt, da die Präzision nicht mit steigender Höhe abnimmt. Delta-Drucker zeichnen sich durch eine parallele Kinematik aus. Der Roboterarmdrucker generiert seine Freiheitsgrade durch seriell verkettete Glieder, die über Gelenke miteinander verbunden sind. Ein Vorteil besteht darin, dass sie kein festes Druckbett benötigen und eine größere Beweglichkeit aufweisen. Die Bewegung des Druckkopfes ist sehr flexibel, was die Umsetzung komplexer Designs ermöglicht. Die Präzision ist bisher geringer im Vergleich zu kartesischen Druckern, und der benötigte Bauraum ist aufgrund des Fundaments des Roboterarms sehr groß.[224]

Die bisher vorgestellten Maschinentypen basieren auf einer dreiachsigen Kinematik. In jüngster Vergangenheit werden jedoch Forschungsansätze verfolgt, die eine Erweiterung auf eine fünf- oder sechsachsige Kinematik ermöglichen. Eine solche Bewegungsfreiheit kann Ressourceneffizienzen verbessern, indem Stützstrukturen bei Bauteilen mit Überhängen eliminiert werden. Dies wird durch das Drehen und Schwenken des Druckkopfes sowie des Bauteils auf dem Druckbett erreicht, sodass der Materialauftrag stets vertikal erfolgen kann. Dieser Ansatz schützt die Oberfläche vor Beschädigungen beim manuellen Entfernen der Stützstruktur und spart Zeit sowie Personal durch das Entfallen dieses zusätzlichen Arbeitsschritts.

[223] Vgl. Weck, M./Staimer, D. (2002) *Parallel Kinematic Machine Tools – Current State and Future Potentials*, S. 683.

[224] Vgl. Jiang, J. et al. (2021) *A review of multiple degrees of freedom for additive manufacturing machines*, S. 211.

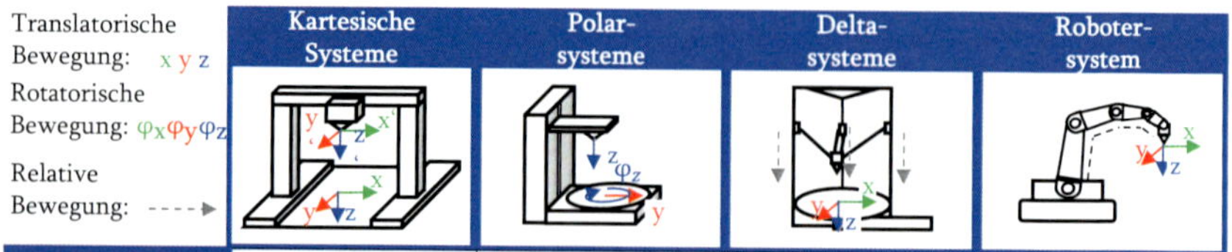

	Kartesische Systeme	Polarsysteme	Deltasysteme	Robotersystem
kompakt	●	●	○	○
preisgünstig	○	○	◐	●
präzise	●	○	●	◐

● = erfüllt ◐ = teilweise erfüllt ○ = gering bis gar nicht erfüllt

Abbildung 3-15: Vergleich der Bauweisen von 3D-Druckern[225]

Der Nachteil einer solchen Bewegungsfreiheit besteht jedoch in der damit einhergehenden Komplexität bei der Bahnplanung des Druckkopfes sowie in der erhöhten Kollisionsgefahr zwischen dem Drucker und bereits gedruckten Teilbereichen des Bauteils. Ebenfalls problematisch ist die geringere Haftung der Bauteile am Druckbett, die selbst bei einer 3-Achs-Kinematik zum Ablösen der Bauteile führen kann. Die Drehbewegungen des Druckbetts verstärken dieses Problem, sodass die Haftung der Bauteile während der Bewegung sichergestellt werden muss. Eine zusammenfassende Bewertung der jeweiligen Kinematiken hinsichtlich Kompaktheit, Preis und Präzision ist in Abbildung 3-15 dargestellt.

3.4.2 Systeme mit hohen Freiheitsgraden

Nun werden Bauweisen mit hohen Freiheitsgraden aus der Literatur vorgestellt, die im Wesentlichen eine Kombination aus den klassischen Bauformen aus Abbildung 3-15 darstellen. Es lassen sich fünf charakteristische Bauweisen identifizieren (vgl. Abbildung 3-16).

LIU ET AL. nutzen eine kartesische Bauweise mit drei translatorischen Freiheitsgraden, um den Extrusionskopf zu verfahren. Das Druckbett kann zusätzlich um zwei Achsen rotiert werden.[226] WU ET AL., DAI ET AL. und WANG ET AL. hingegen montieren die Extrusionseinheit an einer statischen Konstruktion, wobei das Druckbett über einen Roboterarm alle fünf bzw. sechs Freiheitsgrade bedienen kann.[227,228] Diverse

[225] Vgl. Kampker, A. et al. (2019) *Review on Machine Designs of Material Extrusion based Additive Manufacturing (AM) Systems - Status-Quo and Potential Analysis for Future AM Systems*, S. 818.

[226] Vgl. Liu, H. et al. (2020) *An approach to partition workpiece CAD model towards 5-axis support-free 3D printing*, S. 684.

[227] Vgl. Wu, C. et al. (2017) *RoboFDM: A robotic system for support-free fabrication using FDM*, S. 1180.

[228] Vgl. Dai, C. et al. (2018) *Support-free volume printing by multi-axis motion*, S. 11.

Entwickler, wie z. B. CEAD, entwickeln ein Drucksystem mit einem Schneckenextruder, bei dem ein Roboterarmdrucker mit einem beweglichen Druckbett kombiniert wird und somit mindestens fünf Freiheitsgrade nutzen kann.[229]

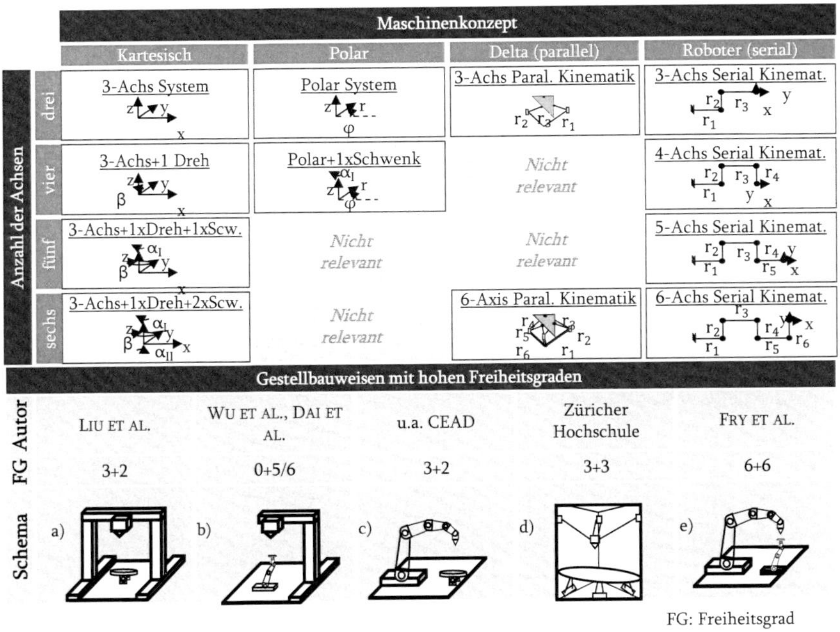

Abbildung 3-16: Klassifizierung von 3D-Druckern mit hohen Freiheitsgraden[230]

An der Züricher Hochschule für angewandte Wissenschaft wird ein Deltadrucker in Kombination mit einem dreiachsig rotationsfähigen Druckbett entwickelt. Das Drucksystem weist insgesamt somit sechs Freiheitsgrade auf.[231] FRY ET AL. entwickeln ein System aus zwei sechsachsigen Roboterarmen, bei dem jeweils ein Arm den Extrusionskopf beziehungsweise das Druckbett steuert.[232]

---

229 Vgl. Ihlenfeldt, S. et al. (2022) *SEAMHex - Fast 6D Additive Manufacturing using an innovative Screw Extruder applied on a Hexapod Parallel Kinematic*, S. 14.

230 Vgl. Kampker, A. et al. (2019) *Review on Machine Designs of Material Extrusion based Additive Manufacturing (AM) Systems - Status-Quo and Potential Analysis for Future AM Systems*, S. 817.

231 Vgl. Wüthrich, M. et al. (2021) *Novel 4-Axis 3D Printing Process to Print Overhangs Without Support Material*, S. 130.

232 Vgl. Fry, N. R. et al. (2020) *Robotic additive manufacturing system for dynamic build orientations*, S. 667.

Die Auslegung der Bauweise eines 3D-Druckers mit hohen Freiheitsgraden sollte anhand der Produktspezifikationen erfolgen und eine maximale Funktionalisierung des Produktes sowie eine Kollisionsfreiheit während der Produktion berücksichtigen. Restriktionen aufgrund der Gravitation bei der Ablage des Extrudats spielen eine entscheidende Rolle. Andere Ausrichtungen könnten möglicherweise zu einer Ablenkung des Materials durch die Gewichtskraft führen, was zu Ungenauigkeiten im gefertigten Bauteil führen könnte.

Es ist auch wichtig, die Kräfte und Momente zu berücksichtigen, die bei der Beschleunigung des Druckbetts entstehen und von der Größe des Bauteils abhängig sind. Daher ist für die multidirektionale Fertigung eine Bauweise sinnvoll, bei der das Bauteil maximale Bewegungsgrade erzielt und der Extrusionskopf drei translatorische Freiheitsgrade besitzt. Auf diese Weise können bei hoher Produktivität höhere Beschleunigungen ermöglicht werden, während das Druckbett lediglich Dreh- und Schwenkbewegungen ausführt. Die Bauform b), bei der der Extrusionskopf statisch ist, ist somit nicht zu empfehlen. Aufgrund der Komplexität der Bauteile ist eine gute Zugänglichkeit zum Bauteil auf der Bauteilplattform zu gewährleisten. Die Achsgestelle der Bauform a) könnten Probleme verursachen, da sie möglicherweise mit der rotierenden Plattform kollidieren könnten.

3.5 Diskussion der Defizite der bestehenden Ansätze

Es erfolgt nun die Bewertung der vorgestellten Ansätze basierend auf ihrer Gliederung in objektbereichs-, prozess-, bauteil- und maschinenbezogene Ansätze. Aus Sicht des Autors wurden die wichtigsten Ansätze für das betrachtete Verhaltensmodell bei der multidirektionalen additiven Fertigung identifiziert. Tabelle 3-3 ordnet die Ansätze alphabetisch und stellt eine Beurteilung des Erfüllungsgrads der Bewertungskriterien innerhalb der aufgestellten Dimensionen vor.

Es werden Anforderungen formuliert, die alle notwendigen Erfordernisse zusammenfassen sollen und für die multidirektionale additive Fertigung im Kontext der Forschungsfrage UFF1 beherrscht werden sollen.

UFF1: Welche bestehenden Ansätze bieten einen erhöhten Nutzen, um die multidirektionale additive Fertigung einzusetzen?

Tabelle 3-3: Zusammenfassende Bewertung der bestehenden Ansätze

Zusammenfassende Bewertung bestehender Ansätze	Objektbereich			Prozess			Bauteil		Maschine	
○ = nicht untersucht ◔ = kaum untersucht ◑ = teilweise untersucht ◕ = nahezu vollständig untersucht ● = ganz untersucht **Autoren**	Steigerung der Prozessketten-effizienz	Nutzung einer erhöhten Funktionalität	Verbesserung der Nachhaltigkeit	Betrachtung der Materialeffizienz	Nutzung der Produktions-parameter	Verbesserung der Prozesszeit	Generierung von Stoffschluss	Nutzung von Designflexibilität	Vermeidung von Hardware-Add-Ons	Kinematische Erweiterung
ATTARAN ET AL. (2017)	●	◕	◔	◔	○	◕	○	◕	◕	◔
BIN ISHAK ET AL. (2019)	●	◔	○	◕	●	◑	●	◕	◕	◔
CAMPBELL ET AL. (2011)	◑	◕	◕	◔	○	◔	○	◕	○	◔
DAI ET AL. (2018)	◑	◑	◔	◕	◔	◔	○	◕	◕	●
DING ET AL. (2016)	◑	◑	○	◕	◕	◑	◔	●	●	●
FRY ET AL. (2020)	●	●	◑	●	◔	◕	◔	◕	◕	●
GAO ET AL. (2019)	◕	●	◑	●	◔	◑	◕	●	◕	●
GHOBADIAN ET AL. (2020)	●	●	●	◔	○	◔	○	◑	◔	◔
GUAN ET AL. (2019)	◕	◑	◕	◕	◔	◑	●	◕	○	●
HUANG ET AL. (2009)	●	●	◕	◕	◔	◕	◔	◑	◕	◔
JIANG ET AL. (2020)	◕	●	◔	●	◑	◕	◔	◑	◔	●
LIU ET AL. (2020)	◕	●	◕	◕	◕	●	○	●	●	●
VANEK ET AL. (2017)	◕	◕	◕	●	●	◑	◔	●	●	○
YIN ET AL. (2018)	◔	●	◔	◔	◕	◔	●	◔	◑	○
ZHAO ET AL. (2018)	●	●	◕	●	◕	●	◑	●	●	●

3.5.1 Zusammenhang und Diskussion der Defizite

Nach der Analyse der Prozessführungsansätze lässt sich feststellen, dass die besprochenen Ansätze eine Implementierung mulidirektionaler Fertigung nicht vollumfänglich ermöglichen. Eine Erlangung von strategischen Erfolgspositionen produzierender Unternehmen erfordert die Berücksichtigung von Faktoren aus der Wirtschaft, Umwelt, Gesellschaft und zum Teil aus institutionellen Organisationen. Diese Faktoren beeinflussen die Entwicklung von Technologien und die Struktur der Prozesse maßgeblich.

Im Objektbereich können drei wesentliche Betrachtungen identifiziert werden. Erstens beabsichtigen alle besprochenen Ansätze die Erlangung eines hohen

Effizienzgrades in der Handhabung additiver Technologien, um Bauteile durch schnelle Hauptprozesse herzustellen. Zweitens zielen sie auf die Erweiterung der Funktionalität ab, um additiv hergestellte Bauteile gegenüber konventionellen zu verbessern. Drittens umfasst der Bereich die nachhaltige Auslegung der additiven Fertigungstechnologie.

Im Detail zeigt sich, dass die technischen Untersuchungen das Ziel einer nachhaltigen Produktion, wenn überhaupt, nur als sekundäre Motivation betrachten, und keine technischen Kenngrößen in diesem Bereich entwickelt werden. Der Fokus liegt vielmehr auf der Realisierung der Designfreiheit durch technische Erweiterungen und der Reduktion von Stützstrukturen. Umweltauswirkungen werden dabei nur unzureichend betrachtet. Unternehmen beschäftigen sich jedoch zunehmend mit alternativen Produktionstechnologien und verlangen daher eine umfassendere Bewertung der additiven Fertigung.

Im wissenschaftlichen Umfeld konzentriert man sich hauptsächlich auf prozessspezifische Herausforderungen. Zahlreiche Forscher entwickeln Algorithmen für die Bahnplanung, um Bauteile intelligent zu zerlegen, auszurichten und zu sequenzieren, sodass ein stützstrukturfreier Druckprozess ermöglicht wird. Die Nebenbedingungen dieser Algorithmen beziehen sich häufig auf die Kollisionsfreiheit des Druckkopfes, die Druckzeit und die Stabilität des Bauteils auf der Druckplatte. Die maschinenspezifische Dimension wird meist gleichzeitig angegangen, indem individuelle Maschinendesigns mit hoher kinematischer Freiheit oder Lasererweiterungen zur Einbringung von Wärme integriert werden können. Hingegen bleibt die bauteilspezifische Dimension, in der multidirektional gedruckte Bauteile mechanisch untersucht werden, nahezu unerforscht. Um das Theoriedefizit und den Forschungsbedarf zu verdeutlichen, werden im Folgenden einige nennenswerte Quellen der Literatur vorgestellt, die multidirektional gefertigte Bauteile bezüglich ihrer mechanischen Eigenschaften untersuchen.

Die vorgestellten Ansätze von GHOBADIAN ET AL. und FRY ET AL. befassen sich mit den Motivationen in allen Dimensionen des Objektbereichs. Ghobadian et al. fassen verschiedene Ansätze zusammen und ordnen die additive Fertigung als einen Innovationsbefähiger ein, unternehmen jedoch keine technische Untersuchung der multidirektionalen additiven Fertigung. FRY ET AL. hingegen untersuchen die technische Umsetzung eines multiaxialen Systems und stellen fest, dass die Bauteilorientierung vermeintlich keinen Einfluss auf die Bauteilqualität hat und Überhänge von 90° durchgeführt werden können. Es erfolgt jedoch keine tiefere Analyse der Festigkeit bei unterschiedlichen Gegebenheiten der zu bedruckenden Oberfläche.

ZHAO ET AL. entwickeln einen Algorithmus, um die Notwendigkeit von Stützstrukturen zu reduzieren, indem die Trennebene zwischen Segmenten optimal ausgelegt wird. Sie legen offen, dass Handlungsbedarf besteht, um eine stoffschlüssige Verbindung zu erzielen. YIN ET AL., GUAN ET AL. und BIN ISHAK ET AL. nehmen die geringen Festigkeiten von additiv hergestellten Bauteilen als Ausgangspunkt für ihre Untersuchungen und unternehmen experimentelle Schritte, um gedruckte Bauteile unter mechanischer Beanspruchung leistungsfähiger zu gestalten. Insbesondere die Darstellungen von GUAN ET AL., die darauf abzielen, multidirektionale Bauteile durch eine thermische Vorbehandlung zu verbessern, sind hervorzuheben.

Es wird jedoch deutlich, dass bisher keine Untersuchung der mechanischen Festigkeit von multidirektionalen Bauteilen bei der Änderung und Optimierung der Prozessparameter stattgefunden hat. Eine solche Untersuchung ist vielversprechend, da die Analyse der unidirektionalen Bauweise zeigt, dass durch die Optimierung von Parametern signifikante Effekte in der Festigkeitssteigerung erzielt werden können. Eine Parameteroptimierung ist im Vergleich zu einer Maschinenerweiterung durch einen Laser zur Festigkeitssteigerung kostengünstiger und zugleich sicherheitsunkritischer für den Anwender der Maschine. Daraus lässt sich ableiten, dass der multidirektionale Aufbau zwar eine ressourceneffiziente Produktion von Bauteilen ermöglicht, jedoch eine detaillierte Analyse der mechanischen Eigenschaften bei Segmentübergängen erfolgen sollte, um die Effekte von Parametern mit signifikantem Einfluss auf die mechanischen Festigkeiten bei Segmentübergängen darzustellen.

4 Konzeptionierung des Modells

Das vorgestellte Kapitel skizziert das Konzept zur Modellierung des Festigkeitsverhaltens in der multidirektionalen additiven Fertigung, um die Auswirkungen von Variationen relevanter Prozessparameter zu analysieren. Das Modellierungskonzept orientiert sich an der Modelltheorie nach STACHOWIAK und verfolgt den Zweck, Einsichten in das Verhalten des Systems zu gewinnen.[233]

Gemäß der Modelltheorie nach Stachowiak soll das Modell dazu dienen, Hypothesen aufzustellen, die Erkenntnisse zum Verhalten des Produkts anhand der Änderung der Produktionssysteme prognostizieren. Diese Hypothesen sollen durch experimentelle Untersuchungen verifiziert oder falsifiziert werden. Nach der Definition von KLAUS und BUHR ist ein Modell ein bewusst konstruiertes Abbild der Wirklichkeit, das auf der Grundlage einer (*Gegenstands-*)*Struktur-*, *Funktions-* oder *Verhaltensanalogie* zu einem entsprechenden Original eines Subjekts eingesetzt bzw. genutzt wird, um eine bestimmte Aufgabe lösen zu können.[234]

Das Modell zur Vorhersage von Festigkeitswerten wird in struktur-, funktions- und verhaltenstreue Teilmodelle unterteilt. Diese Teilmodelle sollen es ermöglichen, die Einflüsse auf die Festigkeit an Grenzflächen zu analysieren. Das Verhaltensmodell, das in Abbildung 4-1 dargestellt ist, steht Einflüssen verschiedener Prozessparameter und Zuständen der zu bedruckenden Oberfläche gegenüber. Festigkeitswerte können daher unterschiedliche Ausprägungen annehmen.

Der weitere Verlauf des Modellierungskonzepts umfasst die Untersuchung der genauen Einflussgrößen auf die Festigkeit, die vor dem Hintergrund der Festigkeitsrelevanz eingegrenzt werden. Die Ausgabe des Modells besteht aus Empfehlungen von Prozessparametern und deren Werten. Die Untersuchung des Systemverhaltens erfolgt in drei wesentlichen Schritten: Strukturanalogie des Modells, experimentelle Datengrundlage zur Wirkanalyse der Parameter auf die Festigkeit an Grenzflächen, und die umfassende Analyse von Oberfläche, Grenzflächen, Bruchstellen und thermischer Analyse unter Einbeziehung von werkstoff- und maschinenrelevantem Wissen.

[233] Vgl. Stachowiak, H. (1973) *Allgemeine Modelltheorie*, S. 128 ff.

[234] Vgl. Klaus, G. (1985) *Philosophisches Wörterbuch*, S. 358 ff.

Für die Erzeugung der Datengrundlage wird eine vollfaktorielle Versuchsplanung vorgesehen, um die Auswirkung einzelner und mehrerer Prozessparameter auf die Festigkeit zu untersuchen. Hierbei werden Probenkörper hergestellt und Zugversuche durchgeführt. Die Analyse der Oberfläche, Grenzflächen, Bruchstellen und thermischen Eigenschaften erfolgt anschließend, um werkstoff- und maschinenrelevantes Wissen zu gewinnen und zu interpretieren.

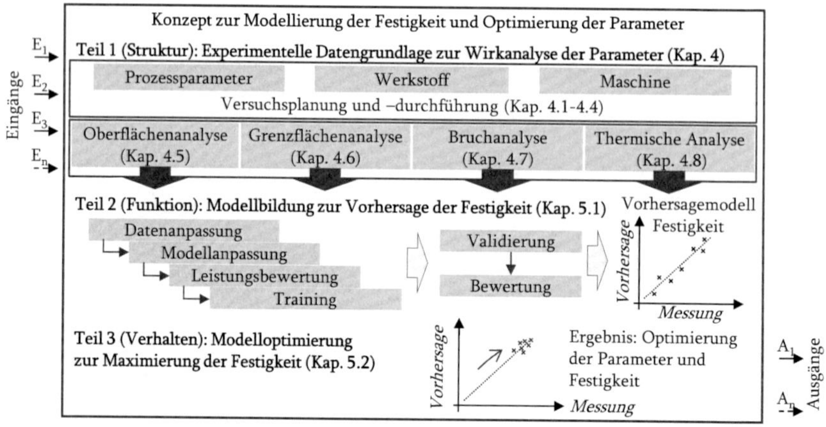

Abbildung 4-1: Konzept zur Modellierung der Festigkeit bei multidirektionaler additiver Fertigung

In Kapitel 5 wird eine detaillierte Ausarbeitung des Modells vorgenommen, wobei die *Funktionsanalogie* im Fokus steht. Die empirische Datengrundlage wird für eine Funktionalisierung von Ursache und Wirkung modelliert. Dabei wird angestrebt, durch die richtige Wahl des Modellansatzes und die Abschätzung der Vorhersagegenauigkeit eine hohe Modellgüte zu erzielen. Validierungsversuche werden durchgeführt, um die Genauigkeit des Modells zu ermitteln.

Im letzten Teil des Kapitels soll die *Verhaltensanalogie* des Systems aufgezeigt werden. Das Ziel ist die Maximierung der Festigkeit an Grenzflächen. Dies wird auf der Grundlage der Funktionsanalyse des zweiten Teils erreicht, indem die Auswahl der festigkeitssteigernden Prozessparameter ermöglicht wird.

Für die Einordnung der experimentellen Untersuchungen wird ein wissenschaftlicher Ordnungsrahmen verwendet, um den Versuchsaufbau wiederzugeben (vgl. Abbildung 4-2). Dieser umfasst Bedingungen der Zustände innerhalb der wirksamen

Betrachtungsgrößen der mechanischen Belastungsart, des Temperaturfelds und des Materials. Primäre, sekundäre sowie weiterführende Ziele werden voneinander abgegrenzt.

Die Zielsetzung der Arbeit lautet, einen Modellierungsansatz zur Bestimmung und Optimierung des Festigkeitsverhaltens eines quasi-statischen Belastungsfalls bei Zugbeanspruchung zu entwickeln. Dabei sollen relevante Prozessparameter angepasst werden, um eine optimierte und zuverlässige Festigkeit zu erzielen. Abschließend werden die gewonnenen Erkenntnisse der Modellierung genutzt, um einen Transfer zum Festigkeitsverhalten verwandter mechanischer Belastungsarten, thermischer Belastungen und Materialien zu ermöglichen.

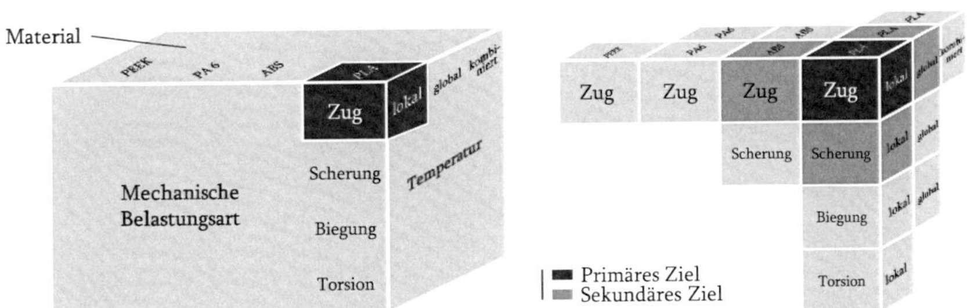

Abbildung 4-2: Ordnungsrahmen zur Eingrenzung der experimentellen Studien

Die Festigkeitsuntersuchung, die im Fokus steht, beginnt mit der Darstellung der festigkeitsrelevanten Einflussgrößen im multidirektionalen Prozess. Versuchshypothesen werden formuliert, um die physikalischen Wirkbeziehungen zwischen den Änderungen der Parameter und der Materialverbindung an Grenzflächen vorzubereiten. Die Materialien und Methoden, die in der experimentellen Untersuchung verwendet werden, werden vorgestellt, wobei relevante Prozessparameter und die variierenden Oberflächengestalten die Grundlage der Versuchsplanung und -durchführung bilden.

Die anschließenden Kapitel interpretieren die Ergebnisse unter der Zuhilfenahme von Messmitteln und -methoden. So erfolgen Oberflächenanalysen (vgl. Kapitel 4.5), Grenzflächenanalysen (vgl. Kapitel 4.6), Bruchstellenanalysen (vgl. Kapitel 4.7) und thermische Analysen an Grenzflächen (vgl. Kapitel 4.8), um die physikalischen Zusammenhänge der Bauteilfestigkeit an Grenzflächen bei Änderungen der Prozessparameter zu interpretieren.

4.1 Einflussgrößen auf die Festigkeit von Grenzflächen

Die Faktoren, die die Qualität und die mechanischen Eigenschaften von Bauteilen beeinflussen, sind ein Gegenstand intensiver Forschung und Entwicklung im Zusammenhang mit dem MEX-Verfahren.

Nachfolgend wird der Bindungsprozess unter Berücksichtigung der Einflussparameter auf die Festigkeit näher betrachtet. In Anlehnung an GOH ET AL. veranschaulicht Abbildung 4-3 die verschiedenen Einflussgrößen auf die mechanischen Eigenschaften eines MEX-Prozesses. Neben den Prozessparametern spielen auch weitere Faktoren wie das Rohmaterial und Umweltfaktoren eine entscheidende Rolle für das Festigkeitsprofil.

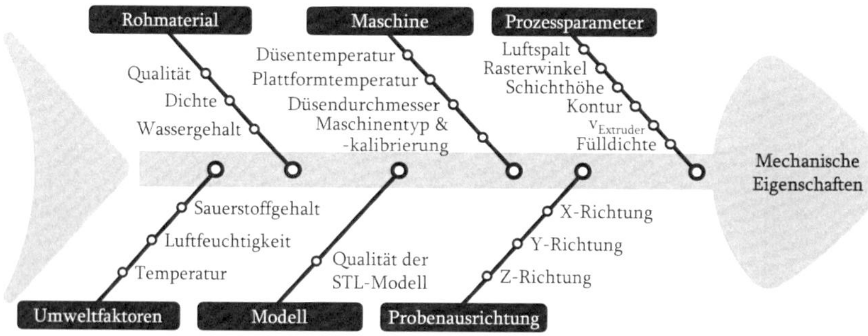

Abbildung 4-3: Faktoren mit Einfluss auf die mechanischen Bauteileigenschaften bei der additiven Fertigung von Kunststoffen in Anlehnung an GOH ET AL. [235]

Die Einflussfaktoren lassen sich in verschiedene Kategorien unterteilen. Neben der Qualität des virtuellen Modells spielen auch das Material und Umgebungseinflüsse eine bedeutende Rolle. Zudem können Parameter der Maschine, die Ausrichtung des Bauteils sowie die Prozessparameter angepasst werden, um Einfluss auf die mechanischen Eigenschaften des Bauteils zu nehmen.

[235] Vgl. Goh, G. D. et al. (2020) *Process–Structure–Properties in Polymer Additive Manufacturing via Material Extrusion: A Review*, S. 117.

Im kommenden Abschnitt werden die relevanten Parameter genauer erläutert, die einen Einfluss auf die mechanische Festigkeit des Bauteils haben können:

- ***Schichthöhe/Schichtdicke*** *(layer thickness) [mm]: Höhe der Schicht in Druckrichtung*
- ***Rasterwinkel*** *(raster angle) [°]: Winkel, unter dem das geschmolzene Material abgelegt wird*
- ***Kontur*** *(contour, shell): Die Anzahl an Konturumläufen, die Konturlinienbreite sowie der Konturluftspalt können genutzt werden, um die Konturbreite einzustellen*
- ***Konturluftspalt*** *(contour to contour air gap) [mm]: Abstand zwischen zwei benachbarten Konturumläufen*
- ***Kontur zu Raster Luftspalt*** *(perimeter to raster air gap) [mm]: Abstand zwischen dem innersten Konturumlauf und der Ecke des Rastermusters*
- ***Rasterlinienbreite*** *(raster/bead width) [mm]: Breite des extrudierten Strangs*
- ***Luftspalt/Rasterspalt*** *(air/raster gap) [mm]: Abstand zwischen zwei benachbarten extrudierten Strängen in derselben Schicht (negativer Luftspalt bedeutet Überlappen der Stränge)*
- ***Extrusionsgeschwindigkeit*** *(deposition speed) [mm/s]: Geschwindigkeit, mit der sich die Extrusionsdüse bewegt und das Material ablegt*
- ***Fülldichte*** *(fill density) [%]: Menge an Material innerhalb des Bauteils*
- ***Plattformtemperatur*** *(platform temperature) [°C]: Temperatur der Plattform des Druckers*
- ***Extrusions-/Düsentemperatur*** *(extrusion/nozzle temperature) [°C]: Temperatur, bei der das Material extrudiert wird*
- ***Probenausrichtung*** *(build orientation, specimen orientation): Ausrichtung der Probe auf der Druckplattform*
- ***Rastermuster*** *(infill pattern): Kombination von Rasterwinkeln in aufeinanderfolgenden Schichten*

Die bislang besprochenen Parameter beeinflussen überwiegend die Verbindung zwischen individuellen Strängen auf mikroskopischer Ebene. Auf der makroskopischen Ebene wirkt sich die Ausrichtung der abgelegten Stränge auf die Zugfestigkeit aus. Eine Zusammenfassung der in der Literatur untersuchten Parameter und ihrer Auswirkungen auf die mechanische Bauteilfestigkeit ist in Tabelle 4-1 dargestellt.

Tabelle 4-1: Überblick bisheriger Analysen von Prozessparametern mit Auswirkung auf die mechanische Bauteilfestigkeit

○ = nicht untersucht ◐ = teilweise untersucht ● = ganz untersucht **Autoren**	Material	Rasterwinkel	Probenausrichtung	Schichthöhe	Extrus.-geschwindigk.	Abkühl-bedingungen	Luftspalt	Rasterlinien-breite	Filament-farbe	Extrusions-temperatur	Kontur	Fülldichte	Raster-muster	Plattform-temperatur
ABBOTT ET AL. (2018)	ABS	○	●	●	●	○	○	○	○	●	○	○	○	○
AHN ET AL. (2002)	ABS	●	○	○	○	○	●	○	●	○	○	○	○	○
ALAFAGHANI ET AL. (2018)	PLA	○	○	◐	○	○	○	○	○	○	○	●	◐	○
CHACÓN ET AL. (2017)	PLA	○	●	●	◐	○	○	○	○	●	○	○	○	○
CHADHA ET AL. (2019)	PLA	○	○	●	○	○	○	○	○	○	○	○	●	●
CROCCOLO ET AL. (2013)	ABS	○	●	○	○	○	○	○	○	○	●	○	○	○
FAES ET AL. (2016)	ABS	○	●	○	○	●	○	○	○	○	○	○	○	○
FERNANDEZ-VIC. (2016)	ABS	○	○	○	○	○	○	○	○	○	○	●	○	○
GONABADI ET AL. (2020)	PLA	○	●	○	○	○	○	○	○	○	○	●	○	○
HUANG ET AL. (2019)	ABS	◐	○	○	○	○	○	○	○	○	○	○	○	○
KUZNETSOV ET AL. (2020)	PLA	○	○	○	◐	○	○	○	○	●	○	○	○	○
LANZOTTI ET AL. (2015)	PLA	●	○	◐	○	●	○	○	●	○	●	○	○	○
ONWUBOLU ET AL. (2014)	ABS	◐	●	●	○	○	●	◐	○	○	○	○	○	○
RANKOUHI ET AL. (2016)	ABS	●	○	○	○	○	○	○	○	○	○	○	○	○
SHUBHAM ET AL. (2016)	ABS	○	○	○	○	○	○	○	○	○	○	○	○	○
SOOD ET AL. (2010)	ABS	◐	●	●	○	○	◐	◐	○	○	○	○	○	○
TYMRAK (2014)	ABS, PLA	○	○	●	○	○	○	○	○	○	○	◐	○	○
WANG ET AL. (2017)	PLA	○	○	◐	○	○	○	○	●	○	○	○	○	●
WANG ET CHEN (2020)	PLA	●	○	◐	○	○	○	○	○	◐	○	●	○	○

Im Folgenden werden einige relevante Untersuchungen hervorgehoben und vorgestellt.

AHN ET AL. sowie ZIEMIAN ET AL. haben jeweils für den Werkstoff ABS gezeigt, dass die Zugfestigkeit am höchsten ist, wenn die Belastung in Richtung der Stränge eingeleitet wird. Im Gegensatz dazu wird die geringste Festigkeit gemessen, wenn die Zugkraft quer zur Faserrichtung übertragen wird.[236,237] FERNANDEZ-VIVENTE ET AL. haben den Einfluss von Füllmustern und Fülldichte auf die Zugfestigkeit von ABS-Proben untersucht. Dabei wurde festgestellt, dass die Zugfestigkeit mit zunehmender Fülldichte steigt. Zudem variiert die Zugfestigkeit bei einer bestimmten Fülldichte in

[236] Vgl. Ahn, D. Keon et al. (2005) *Determination of fabrication direction to minimize post-machining in FDM by prediction of non-linear roughness characteristics*, S. 155.

[237] Vgl. Ziemian, C. et al. (2012) *Anisotropic Mechanical Properties of ABS Parts Fabricated by Fused Deposition Modelling*, S. 176.

Abhängigkeit vom Füllmuster.[238] Ein weiterer Einflussfaktor auf die Festigkeit, der in der Literatur erwähnt wird, ist der Luftspalt. Dieser beschreibt den Abstand zwischen benachbarten Strängen einer Schicht und kann auch negativ sein, was zu einer Überlappung der Stränge führt. Eine Reduzierung des Abstands führt zu einer größeren Kontaktfläche zwischen den Strängen, was wiederum zu einer stärkeren Bindung führt. AHN ET AL. empfehlen einen negativen Abstand, um Festigkeit und Steifigkeit zu steigern. Es sei jedoch darauf hingewiesen, dass dieser Parameter in heutigen MEX-Slicern nicht einstellbar ist.[239]

Im Bereich des Multi-Materials MEX hängt die Festigkeit an einer Schnittstelle zwischen zwei Werkstoffen von der mechanischen Kontaktierung ab. In diesem Zusammenhang identifizieren FREUND ET AL. die Extrusionsrate und die Extrusionstemperatur als Einflussgrößen auf die Festigkeit an Schnittstellen. Darüber hinaus führen FREUND ET AL. makroskopische Verklammerungselemente auf der Grenzfläche, sog. „Interlocking Features", ein. Diese verbessern die mechanische Kontaktierung und führen zu einer höheren Schälfestigkeit.[240]

Nach BELLEHUMEUR ET AL. sind die Temperatur bzw. die Temperaturhistorie entscheidend für die Qualität des Kunststoffverbunds. Ein direkter Einflussfaktor ist demnach die Extrusionstemperatur, mit der ein abgelegter Strang auf angrenzende Stränge trifft. In diesem Zusammenhang kann auch die Kühlung der Düse die Festigkeit beeinflussen.[241]

KUZNETSOV ET AL. erreichen durch Abschaltung der Bauteilkühlung eine Steigerung der Festigkeit um bis zu 12 %. Es wird zudem gezeigt, dass ein Anstieg der Extrusionstemperatur zu einer Verkleinerung der Porenfläche bzw. zu einer Vergrößerung der Kontaktfläche zwischen den Strängen führt. Gleichzeitig wird durch die höhere Temperatur die Diffusion verstärkt, was zu einer höheren Festigkeit führt.[242]

Zusätzlich beeinflusst die volumetrische Flussrate die Bindungsfestigkeit, da die eingebrachte Wärmemenge mit dieser variiert und die Wärmeleitung vom Volumen des

[238] Vgl. Fernandez-Vicente, M. et al. (2016) *Effect of Infill Parameters on Tensile Mechanical Behavior in Desktop 3D Printing*, S. 188.

[239] Vgl. Ahn, D. Keon et al. (2005) *Determination of fabrication direction to minimize post-machining in FDM by prediction of non-linear roughness characteristics*, S. 155.

[240] Vgl. Freund, R. et al. (2019) *Determination of Influencing Factors on Interface Strength of Additively Manufactured Multi-Material Parts by Material Extrusion*, S. 1782.

[241] Vgl. Bellehumeur, C. et al. (2004) *Modeling of Bond Formation Between Polymer Filaments in the Fused Deposition Modeling Process*, S. 178.

[242] Vgl. Kuznetsov, V. E. et al. (2020) *Increasing strength of FFF three-dimensional printed parts by influencing on temperature-related parameters of the process*, S. 121.

Strangs abhängig ist. Die thermischen Eigenschaften des Materials in Bezug auf die Wärmeleitung und die Bindungsfestigkeit müssen ebenfalls berücksichtigt werden.[243]

Die zeitliche Spanne zwischen der Ablage aufeinanderfolgender Stränge spielt eine entscheidende Rolle für die Bindung zwischen Strängen unterschiedlicher Schichten. In dieser Phase kühlt der gerade abgelegte Strang ab. Je größer der zeitliche Abstand, desto niedriger das Temperaturniveau und entsprechend geringer sind die Diffusionsvorgänge. Faktoren wie die Druckgeschwindigkeit und die Größe der Schicht beeinflussen diese Abkühlzeit. Eine höhere Druckgeschwindigkeit verkürzt die Abkühlzeit, was sich positiv auf die Festigkeit auswirken kann. Bei einer größeren zu druckenden Fläche hingegen steht mehr Zeit für die Abkühlung zur Verfügung, was sich negativ auf die Festigkeit auswirken kann. Die Druckgeschwindigkeit wird zwar als entscheidender Faktor für die Festigkeit betrachtet, ist jedoch nur bedingt aussagekräftig. Insbesondere bei Bauteilen mit geringer Grundfläche kann die Druckgeschwindigkeit jedoch die Temperatur der vorhergehenden Schicht beeinflussen.

Auch die Strangbreite beeinflusst die Festigkeit maßgeblich. Mit zunehmender Breite des Strangs wird mehr thermische Energie eingebracht, was zu einer langsameren Abkühlung und einer längeren Verweildauer der betroffenen Stränge über der Glasübergangstemperatur führt. Eine größere Strangbreite verbessert zudem die Benetzung des angrenzenden Strangs, was die Diffusion begünstigt. Ebenso hat die Schichthöhe einen Einfluss auf die Bindungsfestigkeit. Forschungsergebnisse von Coogan und Kazmer zeigen, dass bei kleineren Schichthöhen und einem größeren Aspektverhältnis des abgelegten Strangs eine bessere Benetzung zwischen angrenzenden Strängen vorliegt. Dabei ist für kleinere Schichthöhen ein höherer Druck für die Extrusion erforderlich, wodurch der für die Benetzung notwendige hohe Kontakt zwischen den Strängen schneller hergestellt wird. Dies führt zu einer größeren Zeitspanne, in der die Diffusion stattfinden kann.[244]

[243] Vgl. Bellehumeur, C. et al. (2004) *Modeling of Bond Formation Between Polymer Filaments in the Fused Deposition Modeling Process*, S. 178.

[244] Vgl. Coogan, T. J./Kazmer, D. Owen (2017) *Bond and part strength in fused deposition modeling*, S. 422.

4.2 Versuchshypothesen

Ein vermehrtes Interesse an Forschungsaktivitäten im Bereich des multidirektionalen Vorgehens in Verbindung mit mehrachsigen Maschinensystemen lässt sich beobachten. Dies deutet auf eine sich abzeichnende Veränderung im Bereich der additiven Fertigung hin, insbesondere im Hinblick auf die Umsetzung geometrisch komplexer Bauteile. Die Herausforderung mechanischer Schwachstellen an den Grenzflächen benachbarter Drucksegmente erfordert eine systematische Gestaltung des Prozesses.

Das Hauptziel dieser Dissertation besteht daher darin, die Auswirkungen ausgewählter Prozessparameter auf die mechanische Leistungsfähigkeit von additiv hergestellten Bauteilen zu untersuchen. In vorherigen Abschnitten wurden bereits bestimmte Prozessparameter in der Materialextrusion vorgestellt, auf deren Grundlage nun die relevanten Stellgrößen zur Steigerung der Festigkeit ermittelt werden. Im Vergleich zu Hardware-Weiterentwicklungen bietet eine Prozessoptimierung durch experimentelle Untersuchungen ein übergreifendes Potenzial für eine effiziente und kostengünstige Nutzung von additiven Fertigungssystemen durch Anpassungen der Einstellungen.

Da das Ablageverfahren von Polymerschmelze in der additiven Fertigung einem Kunststoffschweißprozess ähnelt, kommt der Temperatur und dem Flächenkontakt der Stränge eine entscheidende Bedeutung zu. Porositätsanalysen des Extrudats in der Materialextrusion betonen, dass Fehlstellen einen erheblichen Einfluss auf die Festigkeit haben.[245]

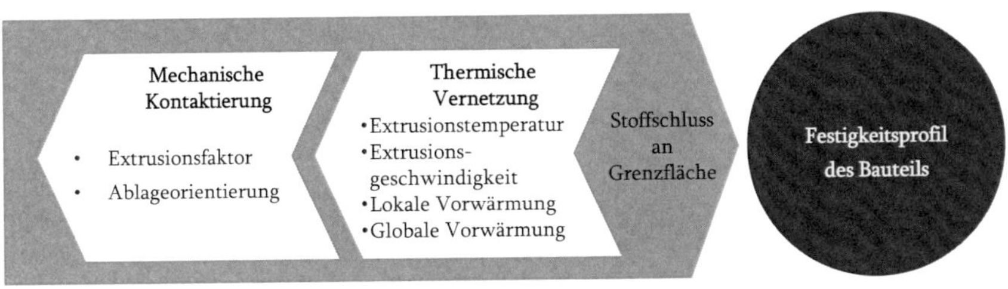

Abbildung 4-4: Effektive Prozessparameter und erwartete Effekte auf die Adhäsion

Aus der Werkstofftechnik ist bekannt, dass die mechanische Kontaktierung im Kunststoff sowie thermische Vernetzung den Fügeprozess von Kunststoffen entscheidend

[245] Vgl. Kaill, N. et al. (2021) *Porosity in multi-axis material extrusion of short-fibre composites*, S. 370.

beeinflussen. Es lassen sich verschiedene Prozessparameter den beiden Wirkprinzipien zuordnen (vgl. Abbildung 4-4). Im Folgenden werden Theorien aufgestellt, die eine Verbindung zwischen relevantem Prozessparameter und Phänomen herstellen soll und dessen Versuchshypothese durch die Veränderung des Parameters innerhalb einer Versuchsreihe überprüft wird (vgl. Abbildung 4-5).

Theorie I behandelt die Extrusionsrate ΔE, die die pro Zeiteinheit aus der Düse ausgetragene Materialmenge repräsentiert. Eine Erhöhung dieser Rate deutet darauf hin, dass die Anzahl der Fehlstellen reduziert werden könnte. Durch die Steigerung der Extrusionsrate soll zusätzliches Material bereitgestellt werden, um die Vertiefungen in der Grenzfläche zu füllen. Ein tieferes Füllen der Vertiefungen wird angenommen, um eine verbesserte Adhäsion durch die mechanische Kontaktierung zwischen den Grenzschichten der Drucksegmente zu erreichen. Es kann auch vermutet werden, dass der Beitrag der mechanischen Kontaktierung zur Festigkeit der Grenzfläche mit zunehmender Rauheit der Grenzfläche steigt. Das benötigte Volumen zum Füllen der Vertiefungen hängt von der Form der Grenzfläche ab.

	Versuchshypothese	Untersuchte Parameter
Theorie I: Extrusionsrate	Je größer die Überextrusion, desto höher ist die Stoffverbindung.	Extrusionsrate (ΔE)
Theorie II: Ablagerichtung	Wird die neue Schicht parallel auf die Ausgangsschicht gelegt, werden max. Zugfestigkeiten erzielt.	Ablagerichtung (ϕ)
Theorie III: Extrusionstemperatur	Eine steigende Extrusionstemperatur ruft eine erhöhte Verschmelzung im Bauteil hervor.	Extrusionstemperatur (T_E)
Theorie IV: Extr.geschwindigkeit	Geringere Extrusionsgeschwindigkeiten bewirken einen höheren Wärmeeinfluss pro Zeit.	Extrusionsgeschwindigkeit (v_E)
Theorie V: Vorwärmung	Findet eine Vorwärmung statt, erhöht sich die Festigkeit an der Grenzfläche.	Bauraumtemperatur (T_B)

Abbildung 4-5: Versuchshypothesen

Durch die Erhöhung der Extrusionsrate oder Überextrusion wird erwartet, dass das extrudierte Material von der Düse auf die raue Grenzfläche gedrückt wird. COOGAN und KAZMER vermuten, dass der erhöhte Druck durch das Quetschen zu einem engeren Kontakt zwischen den beiden Oberflächen führt, was wiederum die intermolekulare Diffusion an der Grenzfläche begünstigt. Überextrusion bringt zudem mehr Wärme ein, was das Temperaturniveau erhöht. Daher wird erwartet, dass die Steigerung dieses Faktors die Bindungsfestigkeit aufgrund der positiven Beeinflussung der Diffusion verbessert. Sowohl in Bezug auf die mechanische Kontaktierung als auch auf die Diffusion wird eine positive Auswirkung auf die Festigkeit an der Grenzfläche erwartet.[246]

Eine weitere Verbesserung des Flächenkontakts wird durch die Anpassung der Ablageorientierung der extrudierten Stränge in der zweiten Theorie untersucht. Dabei liegt der Fokus auf der Belastungsrichtung, da Bauteile, die in Ablagerichtung belastet werden, aufgrund des größeren inneren Zusammenhalts der Fasern eine höhere Festigkeit aufweisen im Vergleich zur Bindungskraft zwischen den Fasern. Im Kontext der Grenzfläche im multidirektionalen MEX-Prozess erhält die Ablageorientierung eine besondere Bedeutung. Abbildung 4-6 zeigt die Strangablage im multidirektionalen Fall in Draufsicht. Der Winkel Φ beschreibt die Orientierung der Stränge relativ zu den Vertiefungen der Grenzfläche. Bei einem Winkel von 90° werden die Stränge quer zu den Vertiefungen der Grenzschicht abgelegt, während ein Winkel von 0° in Richtung der Vertiefungen zeigt.

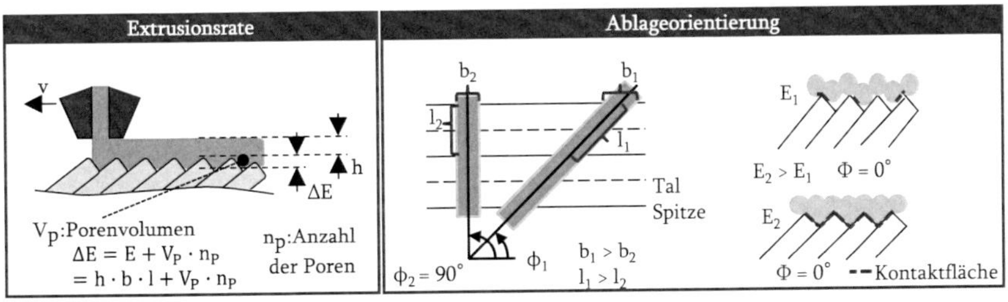

Abbildung 4-6: Prinzipdarstellung Extrusionsrate und Orientierung der Ablage

Der Winkel bestimmt die Länge des Strangs zwischen zwei Spitzen, wobei diese mit steigendem Winkel abnimmt. Bei einer längeren Strecke zwischen den Spitzen ist zu erwarten, dass der Strang eher in die Vertiefung einsinkt und diese somit besser ausfüllt. Dies lässt einen positiven Einfluss auf die mechanische Kontaktierung erwarten. Bei ausreichender Benetzung wird zudem der Zusammenhalt infolge der Diffusion aufgrund der größeren Kontaktfläche stärker. Unabhängig davon, ob der Strang in die Vertiefung einsinkt, steigt die Kontaktbreite b und damit die Kontaktfläche zwischen Strang und Spitze für kleinere Winkel. Dies lässt ebenfalls eine höhere Festigkeit erwarten. Allerdings muss beachtet werden, dass der Strang bei Winkeln gegen 0° annähernd parallel zur Vertiefung abgelegt wird. Dabei wird erwartet, dass die abgelegten Stränge zwar teilweise auf der Spitze der Vertiefung anhaften, jedoch auch in die Vertiefung einsinken oder über dieser schweben. Entsprechend wird in diesem Fall ein

[246] Vgl. Coogan, T. J./Kazmer, D. Owen (2017) *Bond and part strength in fused deposition modeling*, S. 422.

kleinerer Flächenkontakt angenommen, und die Voraussetzungen für die Benetzung sowie einen engen Kontakt im Hinblick auf die Diffusion sind ungünstig. Die genannten Aspekte in Bezug auf die Ablageorientierung stehen in Wechselwirkung mit der Extrusionsrate. Wenn mehr Material extrudiert wird, dann wird davon ausgegangen, dass die genannten negativen Einflüsse im Hinblick auf die unzureichende Füllung der Vertiefungen sowie auf den Flächenkontakt reduziert werden.

Die Theorien III, IV und V befassen sich mit einer Erhöhung der thermischen Vernetzungsenergie an der Grenzfläche. Dabei wird zunächst die Düsentemperatur variiert (vgl. Theorie III), und im folgenden Schritt werden die Effekte bei Änderung der Geschwindigkeit der Düse ermittelt (vgl. Theorie IV). Einzeloptimierung oder Kombination durch die Kammertemperatur zur Vorwärmung der Ausgangsfläche stehen im Fokus der Untersuchungen in Theorie V.

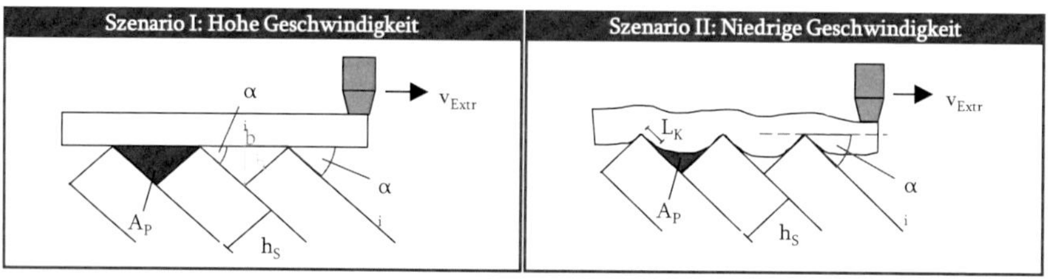

Abbildung 4-7: Hypothesen bei Variation der Extrusionsgeschwindigkeit

Im Folgenden werden exemplarisch zwei Prozessparameter erläutert, einschließlich der möglichen auftretenden Szenarien. Bei hohen Extrusionsgeschwindigkeiten wird vermutet, dass sich die aufzutragende Schicht vertikal nahezu kaum verformt und sich starr über die darunterliegenden schrägen Schichten legt, was zu einer hohen Porosität der Grenzfläche führt (vgl. Abbildung 4-7, Szenario I). Die Kontaktflächen zwischen den Enden der stützenden, darunterliegenden Schichten und der horizontal extrudierten Schicht sind sehr gering. Die Temperaturen sind ebenfalls gering, da die Düse, die sich mit hoher Geschwindigkeit über das Werkstück bewegt, keine signifikante Wärmequelle darstellt. Insgesamt besagt die These, dass die geringen Kontaktflächen zwischen den Segmenten, die niedrigen Temperaturen sowie die hohe Porosität zu geringen mechanischen Festigkeiten führen.

Bei niedrigen Extrusionsgeschwindigkeiten hingegen ist die Vermutung, dass die extrudierten Schichten die Möglichkeit haben, sich durchzubiegen bzw. sich in die Treppengeometrie der Grenzschicht einzulagern und somit im Randbereich der Poren deutlich mehr Kontakt zu der darunter liegenden Schicht aufzubauen (vgl. Abbildung

4-7, Szenario II). Die Porosität der Grenzfläche ist in der Folge reduziert. Die Temperaturen sind im Vergleich zu Szenario I erhöht, da bei niedriger Geschwindigkeit die Düse eine signifikante Wärmequelle darstellen könnte. Die These ist somit, dass die erhöhten Kontaktflächen, die höheren Temperaturen und die geringere Porosität eine höhere mechanische Festigkeit hervorrufen.

Die Extrusionstemperatur ist ein Parameter, der direkt Wärme in das Bauteil einbringen kann. Bei niedrigen Temperaturen wird vermutet, dass die erste Schicht nur über den geneigten Schichten des darunterliegenden Segments abgelegt wird. Die vorherrschenden Temperaturen im Bauteil führen lediglich zu geringen Schmelzkontakten und einem großen Porenvolumen. (vgl. Abbildung 4-8, Szenario I).

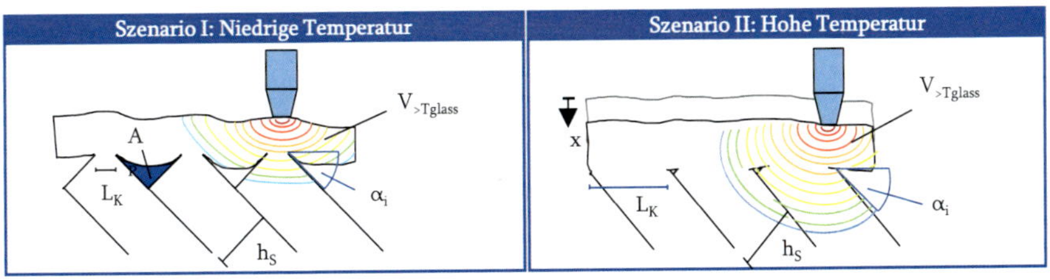

Abbildung 4-8: Hypothesen bei Variation der Extrusionstemperatur

Die zugeführte Wärme beim Auftragen des Materials führt zu einer sich ausbreitenden Erwärmung des Materials, die in der Regel oberhalb der Glasübergangstemperatur liegt. Es wird jedoch angenommen, dass diese Erwärmung örtlich kaum in das darunterliegende Segment eindringt. Zusammenfassend wird die These aufgestellt, dass die geringen Schmelzbreiten, die großen Poren und das begrenzte erhitzte Volumen zu einer Verringerung der mechanischen Festigkeiten führen. Bei hohen Temperaturen wird vermutet, dass die erste Schicht nicht nur auf den geneigten Schichten des darunterliegenden Segments abgelegt wird, sondern mit diesen verschweißt (vgl. Abbildung 4-8, Szenario II). Die Schmelzkontakte nehmen deutlich zu, was dazu führen könnte, dass sich die gesamte erste Schicht infolge der Verschweißung absenkt, was durch die Wegvariable x repräsentiert wird. Die Poren könnten infolge dieser starken Verschweißung kaum noch sichtbar sein. Das durch die Wärme der Düse erhitzte Volumen, welches sich über der Glasübergangstemperatur befindet, reicht bis in das untenliegende Segment hinein. Insgesamt wird die These formuliert, dass die mechanischen Festigkeiten aufgrund der großen Schmelzkontakte, der reduzierten Poren und des bis in das untenliegende Segment reichenden erhitzten Volumens im Vergleich zu den geringen Extrusionstemperaturen wesentlich verbessert werden.

4.3 Materialien und Methoden

Die Charakterisierung der Materialeigenschaften zur Validierung der Versuchshypothesen erfordert einen physischen Probenkörper. Dabei sind die Zugeigenschaften die am häufigsten verwendeten Merkmale für die Bestimmung der Materialeigenschaften durch Forscher. [247]

Die experimentellen Untersuchungen in dieser wissenschaftlichen Arbeit zielen darauf ab, die Zugfestigkeiten zu charakterisieren und somit Einblicke in die Zusammenhänge zwischen Prozessparametern und Festigkeiten der Segmentübergänge zu gewähren. In der additiven Fertigung von Kunststoffen befindet sich die Norm ISO/ASTM DIS 52903 „Standard Spezifikation für die additive Fertigung von Kunststoffen mittels Materialextrusion" derzeit in Entwicklung. Daher wird die DIN EN ISO 527-1, ein Standardprüfverfahren zur Bestimmung der Zugeigenschaften von Kunststoffen, zur Festigkeitsuntersuchung von Grenzflächen herangezogen. [248] Im ersten Schritt wird der Zugprobenkörper eingeführt, gefolgt von der Beschreibung des Versuchssystems zur Herstellung des Zugprobenkörpers in multidirektionaler Bauweise für die Untersuchung der Festigkeit an der Grenzfläche. Zur Analyse der Oberflächenbeschaffenheiten und der Fertigungsergebnisse sind Mess- und Prüfsysteme erforderlich, um das Rauheitsprofil messtechnisch zu erfassen.

4.3.1 Probenkörper

In dieser Arbeit werden Erkenntnisse im einachsigen Belastungszustand gesammelt, um eine Grundlage für die Untersuchung komplexerer Belastungszustände zu schaffen. Die Zugbelastung gilt im Vergleich zur Druckbelastung als kritischer Zustand, da sie das Bauteil früher zum Versagen bringt und somit den relevanten Belastungsfall repräsentiert. Ein Schlüsselfaktor im Designprozess einer Komponente ist die Identifikation der maximalen Zugspannung, die die zulässige Belastung ableitet, insbesondere wenn das Material ein sprödes Verhalten aufweist. [249]

Um einen einachsigen Belastungszustand bei der Zugbelastung zu gewährleisten, werden zwei Segmente (Fuß und Kopf) innerhalb des Zugprobenkörpers vorgesehen, die einen Übergang der Segmente darstellen. Der Fokus der Untersuchung liegt auf der

[247] Vgl. Goh, G. D. et al. (2020) *Process–Structure–Properties in Polymer Additive Manufacturing via Material Extrusion: A Review*, S. 117.

[248] Vgl. Deutsches Institut für Normung (2019) *DIN EN ISO 527-1*, S. 1.

[249] Vgl. Lanzotti, A. et al. (2015) *The impact of process parameters on mechanical properties of parts fabricated in PLA with an open-source 3-D printer*, S. 606.

stofflichen Verbindung der ersten Schicht auf der Grenzfläche bzw. der Oberfläche des Zugprobenfußes. Der Neigungswinkel der Grenzfläche (φij) beträgt 0°, sodass die Fläche der Segmente im Grenzbereich rechteckig und plan ist. Der Schrägenwinkel (αi) der Schichten des Zugprobenfußes wird in den Experimenten variiert, während der Schrägenwinkel (αj) der Schichten des Zugprobenkopfes konstant bei 0° bleibt.

Zugproben mit einer Schichtorientierung (φij) ungleich null sind vorerst nicht Teil dieser Arbeit, da neben der Zugbelastung auch eine Scherung auftreten würde. Bei der Auswahl der Werkstoffe wird auf eine homogene Werkstoffkombination von PLA für Zugprobenkopf und Zugprobenfuß zurückgegriffen. Zusammengefasst werden die Spezifikationen des Probenkörpers in Abbildung 4-9. Der Probenkörper wird in Anlehnung an die DIN EN ISO 527-1 dimensioniert, wobei zu beachten ist, dass es keine standardisierte Testmethode für additiv gefertigte Zugproben gibt. In der Literatur werden Anpassungen an den Basiskörpern vorgenommen, um vorzeitige Versagensszenarien der Zugproben an den Radien aufgrund der dort vorherrschenden Spannungsanhäufungen zu vermeiden. [250]

CROCCOLO ET AL. sowie LANZOTTI ET AL. erweitern den Radius der Zugprobenhälse, um die Kerbwirkung bzw. Spannungen an den Ausrundungen zu reduzieren. Daher erfolgt eine Vergrößerung des Probenquerschnitts um 50 % gegenüber den Normmaßen, sodass der Segmentübergang mit 18,9 mm und 12 mm eine Fläche von 226,8 mm2 ergibt. [251,252]

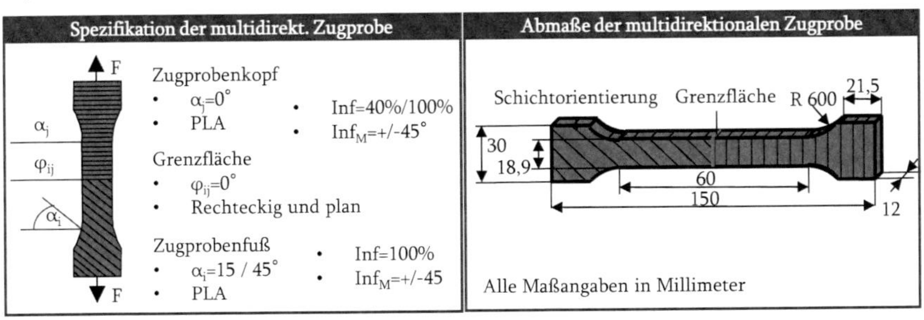

Abbildung 4-9: Spezifikationen der multidirektionalen Zugprobe sowie Angabe der Maße

[250] Vgl. Ahn, S.-H. et al. (2002) *Anisotropic material properties of fused deposition modeling ABS*, S. 257.

[251] Vgl. Croccolo, D. et al. (2013) *Experimental characterization and analytical modelling of the mechanical behaviour of fused deposition processed parts made of ABS-M30*, S. 518.

[252] Vgl. Lanzotti, A. et al. (2015) *The impact of process parameters on mechanical properties of parts fabricated in PLA with an open-source 3-D printer*, S. 617.

Zur Herstellung der multidirektionalen Zugproben wird ein dreiachsiger Fertigungsprozess genutzt. Zunächst wird der Probenfuß auf einem konventionellen MEX-Drucker mit einer gewinkelten Anstellung gefertigt. Somit weist die Trennebene den für die Grenzfläche im multidirektionalen MEX-Prozess charakteristischen Treppenstufeneffekt auf. Der Probenfuß wird dann um den Betrag der Anstellung gedreht und mithilfe einer Vorrichtung fixiert, was die Änderung der Druckrichtung im multidirektionalen Prozess nachbildet. Der Probenkopf wird schließlich auf den Probenfuß gedruckt. Sowohl der Probenfuß als auch der Probenkopf werden mit einer Fülldichte von 100 % hergestellt.

4.3.2 Versuchssystem

Die Spezifikationen der beiden eingesetzten Drucker für die Herstellung lassen sich der folgenden Tabelle 4-2 entnehmen.

Für die Bahnplanung der Zugprobenfüße wird die Software Ultimaker Cura 4.8.0 verwendet. Diese Software ermöglicht eine präzise und effiziente Planung der Bahnen für die Druckköpfe und gewährleistet eine optimale Struktur der Zugprobenfüße.

Die Bahnplanung der Zugprobenköpfe erfolgt hingegen mit Prusa Slicer 2.2.0, einer druckerkompatiblen Software, die speziell für die Anforderungen der Zugprobenköpfe angepasst ist. Durch die Verwendung dieser Software wird sichergestellt, dass die Zugprobenköpfe gemäß den erforderlichen Standards und Vorgaben präzise und zuverlässig hergestellt werden.

Tabelle 4-2: Technische Spezifikationen der verwendeten 3D-Drucker

Bezeichnung	Zugprobenfuß: Ultimaker S3	Zugprobenkopf: Prusa i3 MK3S
Technologie	Materialextrusion - Filament	Materialextrusion - Filament
Bauraum	230 x 190 x 200 mm	250 x 210 x 200 mm
Anzahl Düsen	2	1
Düsentemperatur	180 – 280 °C	Bis 300°C
Druckgeschwindigkeit	< 24 mm²/s	
Auflösung	200 bis 20 µm (bei 0,4 mm Düse)	
Filamentdurchmesser	2,85 mm	1,75 mm
Genauigkeit (X/Y/Z)	6,9 / 6,9 / 2,5 Mikrometer	
Plattformtemperatur	20 – 140°C	Bis 120°C
Umgebungstemperatur	15 – 31°C	18 – 38°C
Slicing Software	Ultimaker Cura	Prusa Slicer

Insgesamt gewährleisten die genannten Softwarelösungen eine effiziente und präzise Bahnplanung für die Herstellung sowohl der Zugprobenfüße als auch der Zugprobenköpfe auf den jeweiligen Druckern.

Die Zugproben werden mit dem Material PLA von der Firma Maertz hergestellt. Die technischen Daten der Werkstoffe werden in Tabelle 4-3 zusammengefasst.

Tabelle 4-3: Technische Datenblätter des verwendeten PLA-Werkstoffs[253]

Technische Spezifikation	Polylactide (PLA)
Hersteller	Maertz
Filamentdurchmesser	2,85 mm
Zugmodul	2346,5 MPa
Streckspannung	49,5 MPa
Bruchspannung	45,6 Mpa
Streckdehnung	3,3%
Bruchdehnung	5,2%
Glasübergangstemperatur	60°C
Schmelztemperatur	145 – 160°C

4.3.3 Verwendeter Werkstoff: Polylactide (PLA)

Die intensive Verwendung von Kunststoffen und die daraus resultierende Umweltbelastung machen nachhaltige Alternativen wie Polylactide (PLA) erforderlich. PLA besteht hauptsächlich aus Polymilchsäure und wird teilweise aus erneuerbaren Rohstoffen hergestellt. Mithilfe von Bakterien aus Stärke und Zucker kann in einem biotechnologischen Verfahren Polyactid, der Hauptbestandteil von Milchsäurekunststoffen, produziert werden. Im Vergleich zu natürlichen Polymeren wie Cellulose ermöglicht der Herstellungsprozess von PLA eine gezielte Anpassung der Eigenschaften.

Polymilchsäure, ein thermoplastischer Polyester, setzt sich aus aufgereihten Milchsäuremolekülen zusammen. PLA kann in Monomere zerlegt, neu polymerisiert und ohne Qualitätsverlust recycelt werden. Aufgrund der Möglichkeit der Milchsäure, sowohl als D- als auch als L-Isomer vorzukommen, können drei verschiedene Lactide gebildet werden: (D,D)-Lactid, (L,L)-Lactid und (D,L)-Lactid. Wenn PLA ausschließlich aus reinem (D,D)- oder (L,L)-Lactid besteht, spricht man von PDLA bzw. PLLA. Ein Kunststoff, der aus (D,L)-Lactid besteht, wird als PDLLA bezeichnet. Das handelsübliche PLA basiert in der Regel auf (L,L)-Lactid.[254]

Die Kristallstruktur von PLA variiert abhängig von den Kristallisationsbedingungen. Die α-Kristallform, die unter Schmelzkristallisationsbedingungen auftritt, ist die

[253] Vgl. Igo3D (2023) *Maertz PLA Filament*, S. 1.

[254] Vgl. Knippers, J. et al. (2010) *Atlas Kunststoffe + Membranen*, S. 63.

gängigste. Die α'-Kristallstruktur ähnelt der α-Kristallstruktur, weist jedoch eine lockerere Anordnung der Ketten auf. Zusätzlich existieren β- und γ-Kristallstrukturen.[255]

Mithilfe thermischer Analysen wie der dynamischen Differenz-Kalorimetrie (DDK) können die Glasübergangstemperatur und der Schmelzbereich von PLA bestimmt werden. Bei diesem Verfahren wird die Änderung der Wärmestromdifferenz zwischen einer Probe und einer Vergleichsprobe gemessen, während sie Temperaturänderungen ausgesetzt sind. Phasenübergänge erfordern zusätzliche Energie, was zu einer Temperaturdifferenz zwischen der Probe und der Referenzprobe führt. Die resultierende Kurve, wenn der Wärmestrom ($\Delta\dot{Q}$) gegen die Temperatur (T) aufgetragen wird, ist in Abbildung 4-10 dargestellt und charakterisiert einen teilkristallinen Thermoplasten.

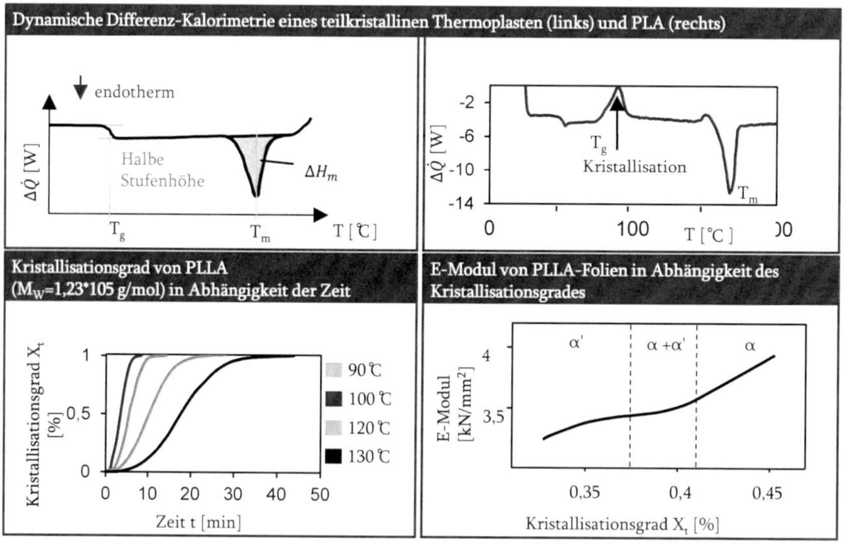

Abbildung 4-10: Dynamische Differenz-Kalorimetrie eines teilkristallinen Thermoplasten nach BONNET ET AL.; PLA nach CUIFFO ET AL.; Kristallisationsgrad von PLLA (MW=1,23*10^5 g/mol) in Abhängigkeit der Zeit für verschiedene Kristallisationstemperaturen nach SAEIDLOU ET AL.; E-Modul von PLLA-Folien in Abhängigkeit des Kristallisationsgrades nach COCCA ET AL.

[255] Vgl. Martin, O./Avérous, L. (2001) *Poly(lactic acid): plasticization and properties of biodegradable multiphase systems*, S. 6209.

Die Temperatur, bei der in der DDK-Kurve ein Effekt sichtbar wird, kennzeichnet die Glasübergangstemperatur, bei der eine Änderung in der Wärmekapazität c_p auftritt. Die Bestimmung der Glasübergangstemperatur erfolgt über die Konstruktion der halben Stufenhöhe. Bei höheren Temperaturen ist der Schmelzbereich durch einen Höchstpunkt identifizierbar. Daher wird für Kunststoffe nicht nur eine Schmelztemperatur, sondern ein Schmelzbereich angegeben. Falls eine Schmelztemperatur genannt wird, bezieht sich dies auf die Temperatur im Maximum des Peaks. Zwischen Glasübergang und Schmelzbereich kann ein Kristallisationspeak beobachtet werden, wie von CUIFFO ET AL. für PLA in Abbildung 4-10 dargestellt.[256]

Die Kristallisationsvorgänge von PLA werden spezifisch von SAEIDLOU ET AL. untersucht, um den Kristallisationsgrad gezielt einzustellen. Abbildung 4-10 illustriert exemplarisch, wie sich der Kristallisationsgrad in Abhängigkeit von Kristallisationstemperatur und Zeit für PLA einstellen lässt. Die schnellste Kristallisierung erfolgt bei etwa 100 °C, was nahe dem theoretischen Richtwert liegt, der sich aus dem Mittelwert der Glasübergangstemperatur und der Schmelztemperatur berechnet.[257]

COCCA ET AL analysieren die mechanischen Eigenschaften von PLA-Folien in Abhängigkeit von der Kristallisation. In Abbildung 4-10 wird das E-Modul in Bezug auf den Kristallisationsgrad dargestellt. Es zeigt sich, dass das E-Modul mit zunehmendem Kristallisationsgrad steigt. Ein weiterer Anstieg des E-Moduls resultiert aus der Zunahme der α-Kristallstruktur ab einer Temperatur von 105 °C, die eine dichtere Packung der Polymerketten aufweist. Eine reine α-Kristallstruktur liegt ab circa 145 °C vor. Die Forscher beobachten zudem eine stetige Abnahme der Dehnung mit zunehmendem Kristallisationsgrad.[258]

Unter Berücksichtigung unterschiedlicher Kristallisationsbedingungen sind verschiedene Morphologien zu erwarten. Bei der Kristallisation von Makromolekülen entstehen typischerweise Faltkristalle, auch als Lamellenkristalle bekannt. Ein Faltkristall besteht aus dem Kristall und den amorphen Faltflächen, die maßgeblich für die mechanischen Eigenschaften von polymeren Werkstoffen sind. Bei teilkristallinen Kunststoffen ergibt sich das E-Modul aus dem E-Modul der kristallinen Bereiche, das stark richtungsabhängig ist, und dem E-Modul der amorphen Zwischenschicht, das stark temperaturabhängig ist. Daher kann das E-Modul teilkristalliner Polymere erheblich

[256] Vgl. Cuiffo, M. Arthur et al. (2017) *Impact of the Fused Deposition (FDM) Printing Process on Polylactic Acid (PLA) Chemistry and Structure*, S. 7.

[257] Vgl. Saeidlou, S. et al. (2012) *Poly(lactic acid) crystallization*, S. 1677.

[258] Vgl. Cocca, M. et al. (2011) *Influence of crystal polymorphism on mechanical and barrier properties of poly(l-lactic acid)*, S. 1080.

variieren, abhängig von Temperatur, Kristallinität und der Orientierung der kristallinen Bereiche (vgl. Abbildung 4-11). Bei teilkristallinen Kunststoffen ergibt sich das E-Modul aus dem E-Modul der kristallinen Bereiche, das stark richtungsabhängig ist, und dem E-Modul der amorphen Zwischenschicht, das stark temperaturabhängig ist. Daher kann das E-Modul teilkristalliner Polymere erheblich variieren, abhängig von Temperatur, Kristallinität und der Orientierung der kristallinen Bereiche.[259]

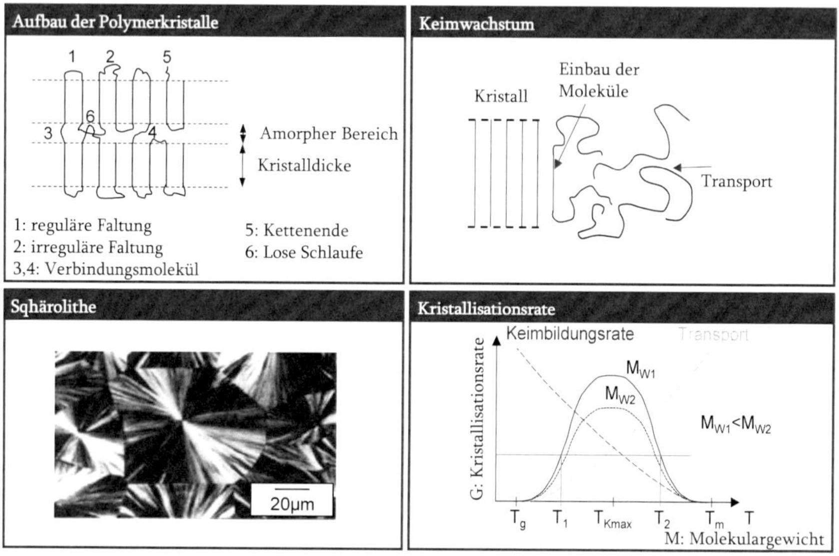

Abbildung 4-11: Schematische Darstellung von Polymerkristallen und amorphen Faltflächen; Keimwachstum; lichtmikroskopische Aufnahme eines Sphärolithen und temperaturabhängige Kristallisationsrate

Wird eine ruhende Schmelze unter die Schmelztemperatur abgekühlt, bilden sich in der Regel Sphärolithe, die Durchmesser von einem Mikrometer bis zu einigen Millimetern aufweisen (vgl. Abbildung 4-11). Von einem Kristallkeim ausgehend, wachsen die Lamellenkristalle radial in alle Richtungen. Die Anzahl und Größe der Sphärolithe hängen von den Prozessen der Keimbildung und des Keimwachstums ab. Die Keimbildung kann homogen oder heterogen an feinsten Verunreinigungen im Material erfolgen. Sobald Keime gebildet sind und eine kritische Größe überschreiten, setzt das

[259] Vgl. Bonnet, M. (2009) *Kunststoffe in der Ingenieuranwendung*, S. 14–15.

Keimwachstum ein. Dafür müssen die Moleküle durch Diffusionsprozesse zur Grenzfläche des Kristalls transportiert und dort eingebaut werden (vgl. Abbildung 4-11).

Die Kristallisationsrate G ergibt sich aus dem Produkt aus Keimbildungsrate und Transport. Die temperaturabhängige Kristallisationsrate ist in Abbildung 4-11 dargestellt. Die Temperatur, die die Kristallisation nach unten hin begrenzt, ist die Glasübergangstemperatur, da unterhalb dieser Temperatur keine Molekularbewegung und somit keine Diffusion mehr stattfindet. Die Schmelztemperatur begrenzt die Kristallisation nach oben hin, da oberhalb dieser Temperatur keine stabilen Keime entstehen. Die hellblaue, gestrichelte Linie zeigt, dass die Diffusionsgeschwindigkeit und damit der Transport mit steigender Temperatur zunimmt, während die Keimbildungsrate mit zunehmender Unterkühlung steigt. Da die Diffusionsgeschwindigkeit mit zunehmendem Molekulargewicht M_W abnimmt, verläuft die Kurve bei höherem Molekulargewicht flacher. Bei den Temperaturen T_1 und T_2 stellen sich die gleichen Kristallisationsraten ein. Bei T_1 entsteht jedoch ein Gefüge mit vielen kleinen Sphärolithen, während bei T_2 ein Gefüge aus wenigen großen Sphärolithen entsteht. Die Temperatur T_{Kmax}, bei der die maximale Kristallisationsrate auftritt, entspricht in etwa dem Mittelwert aus der Glasübergangstemperatur T_g und der Schmelztemperatur T_m.[260]

4.3.4 Optische und taktile Messsysteme

Um die Effekte der Parametervariationen untersuchen zu können, sind optische und taktile Messsysteme erforderlich. Drei Messanalysen bilden den Schwerpunkt der Untersuchung (vgl. Abbildung 4-12).

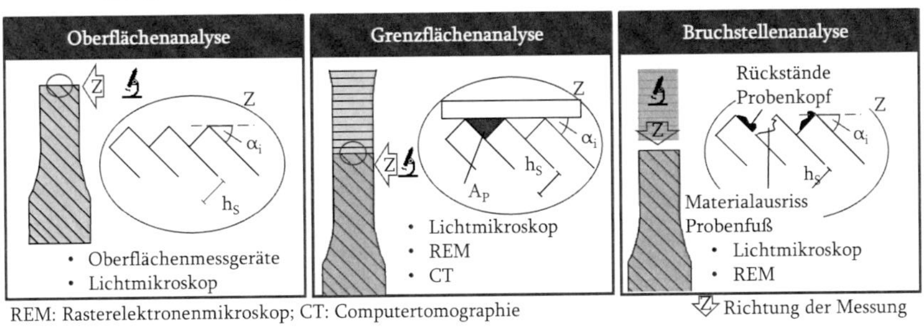

Abbildung 4-12: Messtechnische Geräte und Analysen der Zugproben

[260] Vgl. Bonnet, M. (2009) *Kunststoffe in der Ingenieuranwendung*, S. 17–19.

Die Oberflächenanalyse erfolgt durch die taktile Vermessung der oberen Fläche des intakten Zugprobenfußes mittels der Messgeräte MarSurf LD260 und Jenoptik Nanoscan 855. Darüber hinaus erfolgt eine optische Untersuchung mit dem Lichtmikroskop Keyence VHX 6000. Im Rahmen der Grenzflächenanalyse wird die entscheidende Verbindung der Zugprobe sowohl mithilfe des Lichtmikroskops als auch unter Anwendung des Rasterelektronenmikroskops (REM) Zeiss GeminiSEM 500 eingehend untersucht. Hierbei liegt das Hauptaugenmerk auf der Analyse von Poren und den Kontaktflächen zwischen Zugprobenkopf und -fuß. Um diese Aspekte auch im Inneren der Zugprobe zu analysieren, ist eine computertomographische Untersuchung (CT) mit dem Gerät Werth TomoScope HV Compact erforderlich.

Die Bruchstellenanalyse des Zugprobenfußes wird ebenfalls mit dem Lichtmikroskop und dem REM durchgeführt, nachdem die Probe durch den Zugversuch versagt hat. In diesem Szenario wird der Bruchfortschritt rekonstruiert und ausgewertet. Dies bietet Einblicke, wie viel Material aufgrund des Stoffschlusses an welcher Oberfläche abgelagert oder ausgerissen wird. Auf einer sehr detaillierten Ebene wird zusätzlich der einzelne versagte Schmelzkontakt zwischen den Schichten untersucht.

4.3.5 Material-Prüfsysteme

Die Zugprüfmaschine Zwick Roell SMT1-FR250SN.A4K wird für die Durchführung der Zugversuche verwendet (vgl. Abbildung 4-13).

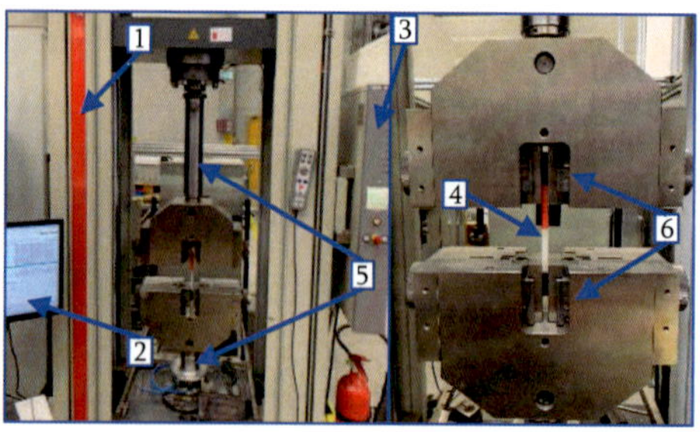

1: Lastrahmen
2: Bedienelement
3: Maschinenelektronik
4: Zugprobe
5: Transversen
6: Probenhalter

Abbildung 4-13: Verwendete Zugprüfmaschine Zwick Roell SMT1-FR250SN.A4K

Die maximale Zugkraft beträgt 250 kN, die Transversengeschwindigkeit kann zwischen 0,00005 mm/min und 600 mm/min eingestellt werden. Die Wegauflösung des Antriebs beträgt 0,0082 nm. Die Auswertung der Daten erfolgt über die zugehörige Software „testXpert II“, die die Berechnungen der Kennwerte auf Basis der Norm DIN EN ISO 527-1 (Standardprüfverfahren zur Bestimmung der Zugeigenschaften von

Kunststoffen) durchführt. Die Echtzeitdaten, die aufgenommen werden, sind die Zugbelastung sowie die Wegmessung der Zugprobenlänge in Abhängigkeit von der Zeit. Aus diesem Verlauf werden die Spannungen, Dehnungen sowie das E-Modul kalkuliert. Auf die Kennwerte wird in den folgenden Kapiteln der Versuchsauswertung genauer eingegangen. Die Zugprobe wird so eingespannt, dass die Spannbacken die Zugprobenhälse auf beiden Seiten gänzlich ummanteln, deren Länge jeweils 21,5 mm beträgt. Die Einspannlänge L beträgt demnach 107 mm. Die Zugversuche werden bei einer Zuggeschwindigkeit von 1 mm/min durchgeführt. Die Maschine befindet sich in einer Maschinenhalle bei Raumtemperatur.

4.4 Versuchsplanung, -durchführung und -ergebnisse

Die Wechselwirkungen zwischen den Prozessparametern zur Beeinflussung des Stoffschlusses von Kunststoffen im additiven Fertigungsprozess lassen sich mithilfe verschiedener numerischer Modellierungen beschreiben. Der Begriff „Screening“ steht hierbei für Methoden der Vorauswahl, die eine kostengünstige, vorläufige Bewertung ermöglichen, um Interaktionen und Vermengungen zu identifizieren. Die erforderliche Datengrundlage für die Modellierung wird durch die Herstellung von fünf identischen Zugproben, die nach dem beschriebenen Verfahren erstellt werden, geschaffen. Dabei werden zuvor ausgewählte Prozessparameter systematisch variiert. Anschließend werden die Proben einer Zugprüfung unterzogen, um ihre Zugfestigkeit zu ermitteln.

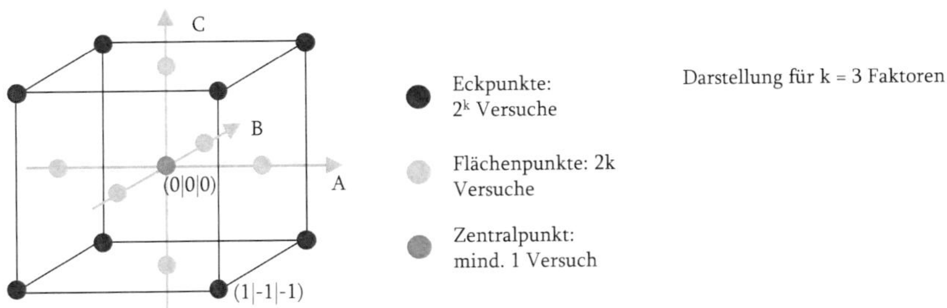

Abbildung 4-14: Schematische Darstellung des FCCCD zur Versuchsplanung

Um die Prozessparameter einzugrenzen und die Wechselwirkungen zu analysieren, werden Vorversuche durchgeführt, um sowohl lineare als auch nichtlineare Beziehungen zwischen den einzelnen Faktoren und der Zugfestigkeit zu identifizieren. Zur

Erhebung der Datengrundlage wird ein flächenzentrierter, zentral zusammengesetzter Versuchsplan (*engl.: Face-centered Central Composite Design*, kurz FCCCD) verwendet, der Daten zur Beschreibung von quadratischen Wechselwirkungen generiert. Der Aufbau eines FCCCD für drei Faktoren ist schematisch in Abbildung 4-14 dargestellt, wobei die Dimensionen des dargestellten Würfels die repräsentierten Faktoren sind. Das FCCCD umfasst einen zweistufigen, vollfaktoriellen Versuchsplan mit Flächenpunkten zur Bestimmung von Krümmungen sowie einem Zentralpunkt.[261]

4.4.1 Linearitätsüberprüfung

Vor Beginn der experimentellen Untersuchung erfolgt eine initiale Einschränkung der zuvor beschriebenen Parameter, wie in Abbildung 4-15 dargestellt. Basierend auf den Erkenntnissen aus Kapitel 2 führt das Abschalten des Kühlstroms zu einer gesteigerten Festigkeit des Bauteils. Die erhöhte Temperatur begünstigt eine intensivere Diffusion in den Grenzbereichen. Daher wird die Kühlung nicht weiter betrachtet, und die weiteren Experimente werden unter der Bedingung des abgeschalteten Kühlstroms durchgeführt. Die Anhebung der Plattformtemperatur resultiert in einem erhöhten Temperaturniveau durch Wärmeleitung.

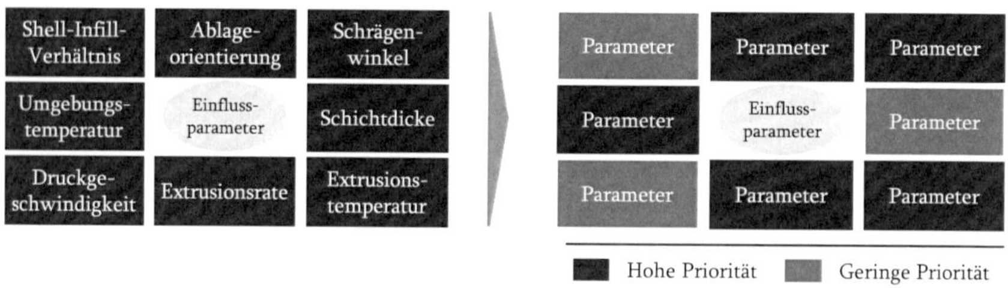

Abbildung 4-15: Eingrenzung der Einflussparameter

Dennoch ist zu beachten, dass dieser Effekt stark von der spezifischen Bauteilgeometrie abhängt und lediglich einen indirekten Einfluss auf die Festigkeit ausübt, der nicht verallgemeinerbar ist. Er beeinflusst nicht direkt die Strangablage, sondern zeigt vielmehr einen nicht einheitlichen Effekt durch verstärkte Diffusion. Aus diesem Grund wird die Plattformtemperatur nicht weiter in Betracht gezogen. Der Einfluss der Strangbreite wird als eher gering eingeschätzt, da die Effekte einer vergrößerten Flächenpressung der Strangbreite im Vergleich zur Extrusionsrate als geringfügiger betrachtet werden. Die Extrusionsrate wiederum kann das Materialdefizit infolge der

[261] Vgl. Siebertz, K. et al. (2010) *Statistische Versuchsplanung*, S. 136.

Vertiefungen auf der Grenzfläche ausgleichen, weshalb sie als maßgeblicher Faktor betrachtet wird, während die Strangbreite in den folgenden Betrachtungen unberücksichtigt bleibt.

Im Rahmen der Vorversuche werden die Effekte einzelner Einflussparameter isoliert untersucht, wobei nicht berücksichtigte Parameter konstant gehalten werden. Die Ergebnisse dieser Versuche sind in Abbildung 4-16 dargestellt.

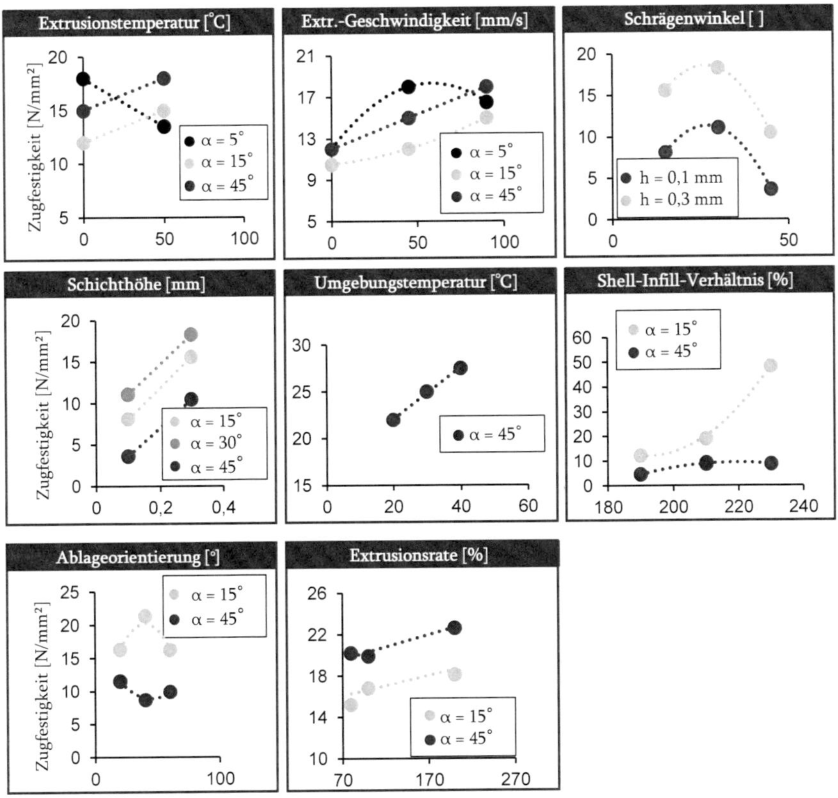

Abbildung 4-16: Festigkeitsergebnisse der Parameteranalyse (isoliert)

In Bezug auf die Parameter, die die Grenzfläche charakterisieren, zeigt sich für den Schrägenwinkel eine nicht-lineare Abhängigkeit von der Zugfestigkeit. Hinsichtlich der Schichthöhe ist zu beobachten, dass die Zugfestigkeit tendenziell mit der

Schichthöhe zunimmt. Die Ergebnisse der Ablageorientierung deuten ebenfalls auf eine nicht-lineare Abhängigkeit von der Zugfestigkeit hin. Zudem zeigt sich eine Variation des Verhaltens bei unterschiedlichen Schrägenwinkeln. In Bezug auf die Druckgeschwindigkeit zeigt sich ebenfalls eine nicht-lineare Abhängigkeit von der Zugfestigkeit. Auch für die Druckgeschwindigkeit ändert sich das Verhalten bei Variation des Schrägenwinkels. Die Ergebnisse bezüglich der Extrusionsrate zeigen, dass eine Steigerung der Extrusionsrate bis zu einem bestimmten Grenzwert zu einem Anstieg der Zugfestigkeit führt. Nach Überschreiten dieses Grenzwerts, der mit dem Schrägenwinkel variiert, ist keine weitere Steigerung der Zugfestigkeit zu beobachten. Hinsichtlich der Extrusionstemperatur deuten die Vorversuche auf einen nicht-linearen Zusammenhang mit der Zugfestigkeit hin. Auch für diesen Parameter ist eine Veränderung des Verhaltens in Abhängigkeit vom Schrägenwinkel festzustellen. Das Shell-Infill-Verhältnis zeigt anhand der Vorversuche keine klare Tendenz oder Einfluss auf die Zugfestigkeit. Abschließend ist in Bezug auf die Umgebungstemperatur ein linearer Anstieg der Zugfestigkeit bei steigender Umgebungstemperatur zu beobachten.

Die Untersuchung der einzelnen Parameter gibt grundlegende Erkenntnisse über ihren Einfluss auf die resultierende Zugfestigkeit. Allerdings werden die beschriebenen Wechselwirkungen zwischen den Parametern nicht erfasst. Durch die Vorversuche wird auch klar, dass Wechselwirkungen zwischen dem Schrägenwinkel und anderen Parametern existieren. Daher werden im nächsten Schritt weitere Versuche durchgeführt.

4.4.2 Vorauswahl

Zur Untersuchung der Einflussparameter unter Berücksichtigung von Wechselwirkungen werden Versuche zur Vorauswahl für die acht gewählten Faktoren durchgeführt, wobei diese gleichzeitig variiert werden. Experimente zur Vorauswahl dienen grundsätzlich der Identifikation der wichtigsten Effekte. Für den vorliegenden Fall wird ein teilfaktorieller 2^{8-4} Versuchsplan mit festgelegten Faktorstufen aufgestellt, wobei acht Faktoren auf jeweils zwei Stufen untersucht werden (vgl. Tabelle 4-4).

Tabelle 4-4: Faktorstufen Methoden der Vorauswahl

Stufe	α [°]	h_S [mm]	T [°C]	v [mm/s]	E [%]	Φ [°]	A_{Shell}/A_{infill} [%]	T_U [°C]
-1	15	0,1	190	20	100	45	0	20
+1	45	0,3	230	60	140	90	50	40

α: Schrägenwinkel, h_S: Schichtdicke, T: Extrusionstemperatur, v: Extrusionsgeschwindigkeit, E: Extrusionsrate, Φ: Ablageorientierung, A_{Shell}/A_{infill} : Shell-Infill-Verhältnis, T_U: Umgebungstemperatur

Daraus resultiert ein Versuchsumfang von 16 Versuchen. Der vollständige Versuchsplan mit codierten Faktorwerten ist in Anhang A.2 und A.4 zu finden.

Die Ergebnisse der Versuche sind in Tabelle 4-5 dargestellt.

Tabelle 4-5: Ergebnisse der Versuche zur Vorauswahl

Nr.	α [°]	h_S [mm]	T [°C]	v [mm/s]	E [%]	Φ [°]	A_{Shell}/A_{infill} [%]	T_U [°C]	Zugfestigkeit [N/mm²]
1	15	0,1	190	20	100	45	0	20	2,8
2	45	0,1	190	20	100	90	50	40	6,5
3	15	0,3	190	20	140	45	50	40	5,6
4	45	0,3	190	20	140	90	0	20	7,4
5	15	0,1	230	20	140	90	50	20	5,7
6	45	0,1	230	20	140	45	0	40	27,4
7	15	0,3	230	20	100	90	0	40	19,6
8	45	0,3	230	20	100	45	50	20	4,7
9	15	0,1	190	60	140	90	0	40	4,6
10	45	0,1	190	60	140	45	50	20	1,2
11	15	0,3	190	60	100	90	50	20	10,5
12	45	0,3	190	60	100	45	0	40	11,3
13	15	0,1	230	60	100	45	50	40	3,0
14	45	0,1	230	60	100	90	0	20	6,0
15	15	0,3	230	60	140	45	0	20	14,5
16	45	0,3	230	60	140	90	50	40	8,6

α: Schrägenwinkel, h_S: Schichtdicke, T: Extrusionstemperatur, v: Extrusionsgeschwindigkeit,
E: Extrusionsrate, Φ: Ablageorientierung, A_{Shell}/A_{infill} : Shell-Infill-Verhältnis, T_U: Umgebungstemperatur

Die Versuche liefern Erkenntnisse über die identifizierten Einflüsse der betrachteten Faktoren auf die Zugfestigkeit. Um die Methoden der Vorauswahl durchzuführen, ist es erforderlich, einen stabilen Prozess zu gewährleisten. Bei 4 von 16 Versuchspunkten musste aufgrund eines Prozessabbruchs wegen mangelhafter Qualität der Strangablage an der Grenzfläche eine Wiederholung der jeweiligen Versuche erfolgen. Bei der Analyse der Versuchsergebnisse fällt der vergleichsweise hohe Wert der Zugfestigkeit bei Versuchspunkt Nr. 6 auf, der teilweise dem Trend der übrigen Versuchspunkte widerspricht. Aufgrund der Prozessinstabilität und der Streuung in den Ergebnissen reicht die Begründung für die Auswahl der Parameter nicht allein auf der statistischen Auswertung der Methoden der Vorauswahl.

Zusätzlich zu den Methoden der Vorauswahl werden die Vorversuche zur Überprüfung der Linearität sowie die theoretische Betrachtung in die Begründung einbezogen. Die Ergebnisse der Vorauswahl sind in Abbildung 4-17 dargestellt. Die Extrusionstemperatur zeigt innerhalb der Vorversuche einen Einfluss auf die Zugfestigkeit und wird anhand der Methode der Vorauswahl als statistisch signifikanter Einfluss interpretiert. Die Extrusionstemperatur wirkt als treibende Kraft für die Diffusion und beeinflusst das Fließverhalten des extrudierten Materials. Daher wird die Extrusionstemperatur als Parameter für die Modellbildung herangezogen.

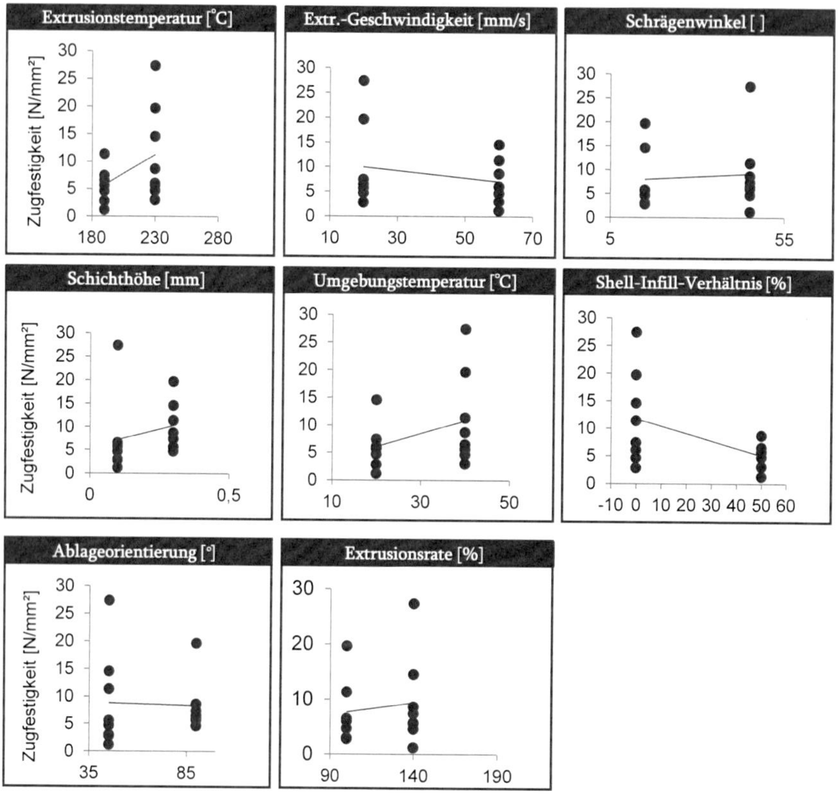

Abbildung 4-17: Graphische Darstellung der Ergebnisse der Versuche zur Vorauswahl

Bei der Auswertung der Versuche der Vorauswahl wird die Extrusionsrate ebenfalls als statistisch signifikanter Einfluss bewertet. Auf Basis der Vorversuche konnte gezeigt werden, dass eine Steigerung der Festigkeit durch Erhöhung der Extrusionsrate möglich ist. In der Theorie wird der Extrusionsrate eine hohe Bedeutung beigemessen, da sie maßgeblich die Kontaktfläche und die mechanische Adhäsion durch die Füllung der Vertiefungen auf der Grenzfläche beeinflusst. Zudem kann die Benetzung im Hinblick auf die Diffusion durch eine Erhöhung der Extrusionsrate verbessert werden.

Daher wird die Extrusionsrate als weiterer Parameter für die Modellbildung herangezogen.

Die statistische Analyse der Grenzflächenparameter zeigt auf, dass sowohl die Schichthöhe als auch der Schrägenwinkel keinen statistisch signifikanten Einfluss auf die Zugfestigkeit haben. Der Effekt der beiden Parameter auf die Festigkeit wird jedoch durch die Vorversuche gezeigt und da die Geometrie der Grenzfläche als Eingangsgröße für die spätere Optimierung der Prozessparamater dienen soll, werden sowohl der Schrägenwinkel als auch die Schichthöhe als Eingangsgröße für die Modellbildung ausgewählt.

Die Umgebungstemperatur wird im Rahmen der Vorauswahl als Parameter mit statistisch signifikantem Einfluss auf die Zugfestigkeit identifiziert. Die Vorversuche zeigen eine lineare Abhängigkeit zwischen Zugfestigkeit und Umgebungstemperatur, wobei höhere Temperaturen zu einer höheren Zugfestigkeit führen. Obwohl die Umgebungstemperatur keine Interaktion mit der Strangablage aufweist, wird sie für die Modellierung und Optimierung nicht weiter berücksichtigt. Dennoch bleibt festzuhalten, dass die Umgebungstemperatur als unabhängige Stellgröße zur Steigerung der Zugfestigkeit dient, ohne direkten Einfluss auf die Strangablage an der Grenzfläche zu nehmen. Die Druckgeschwindigkeit wird ebenfalls als statistisch signifikanter Parameter auf die Festigkeit identifiziert. Allerdings zeigen die Vorversuche und die Methoden der Vorauswahl keine eindeutige Tendenz für den Einfluss der Geschwindigkeit auf die Zugfestigkeit. Aufgrund der Prozessstabilität wird die Druckgeschwindigkeit auf einen Wert von 20 mm/s festgelegt und für die Modellbildung bzw. Optimierung nicht weiter betrachtet.

Die Parameter Shell-Infill-Verhältnis und Ablageorientierung werden weiterhin diskutiert. Zwischen den Parametern besteht eine Korrelation, wobei die Ablageorientierung nur im Bereich der Füllstruktur Einfluss auf die Strangablage hat. Der Wert des Shell-Infill-Verhältnisses bestimmt den Anteil der Füllstruktur an der Gesamtfläche. Obwohl die statistische Auswertung hinsichtlich des p-Werts keine signifikante Auswirkung der Ablageorientierung zeigt, wird aufgrund der Vorversuchsergebnisse und der theoretischen Einschätzung entschieden, die Ablageorientierung in die weitere Betrachtung einzubeziehen und das Shell-Infill-Verhältnis für die Modellbildung zu vernachlässigen.[262]

In Abbildung 4-18 ist die finale Eingrenzung der Parameter auf der Basis der vorgestellten Abbildung 4-15 dargestellt. Durch den Ausschluss der drei zuvor

[262] Vgl. Hedderich, J./Sachs, L. (2018) *Angewandte Statistik*, S. 462.

beschriebenen Parameter werden neben der Schichthöhe und dem Schrägenwinkel, welche die Grenzfläche beschreiben, die Prozessparameter Ablageorientierung, Extrusionsrate und Extrusionstemperatur als Variablen für die Modellbildung ausgewählt.

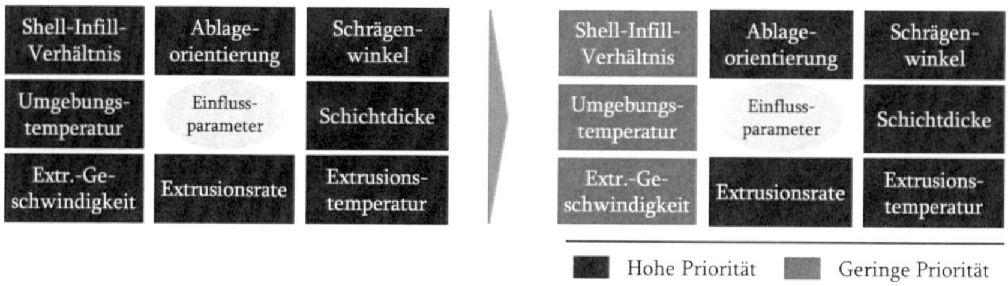

Abbildung 4-18: Finale Eingrenzung der Prozessparameter

Eine Regressionsanalyse zur Ermittlung des Einflusses der Faktoren ist erforderlich. Dazu wird der p-Wert herangezogen, welcher als Irrtumswahrscheinlichkeit bezeichnet wird. Dieser gibt an, mit welcher Wahrscheinlichkeit die Annahme, dass der betreffende Faktor einen Einfluss auf die Zielgröße hat, falsch ist. Im Allgemeinen kann für einen Wert von $p < 5\ \%$ von einem statistisch signifikanten Einfluss ausgegangen werden.[263]

Tabelle 4-6: Regressionsanalyse der Versuche zur Vorauswahl

Parameter		Koeffizienten	Standardfehler	t-Statistik	p-Wert
Konstante		-47,063	12,796	-3,678	0,010
Schrägenwinkel	α	0,125	0,063	1,982	0,095
Schichtdicke	h	1,155	9,479	0,122	0,907
Extrusionstemperatur	T	0,197	0,047	4,158	0,006
Druckgeschwindigkeit	v	-0,135	0,047	-2,850	0,029
Extrusionsrate	E	0,106	0,047	2,242	0,066
Ablageorientierung	ϕ	-0,069	0,042	-1,647	0,151
Shell-Infill-Verhältnis	$\frac{A_{shell}}{A_{infill}}$	-0,178	0,038	-4,698	0,003
Umgebungstemperatur	T_U	0,358	0,095	3,776	0,009

Tabelle 4-6 zeigt die Ergebnisse der Regressionsanalyse für die Methoden der Vorauswahl. Mit dem t-Wert wird die Größe der Differenz relativ zur Streuung in den Stichprobendaten ermittelt. Gemessen am p-Wert haben die Extrusionstemperatur, die

[263] Vgl. Siebertz, K. et al. (2010) *Statistische Versuchsplanung*, S. 31.

Druckgeschwindigkeit, das Shell-Infill-Verhältnis sowie die Umgebungstemperatur einen statistisch signifikanten Einfluss auf die Zielgröße Zugfestigkeit.

4.4.3 Ergebnisdarstellung der Wirkzusammenhänge

Die zuvor ausgewählten Prozessparameter Schichthöhe, Schrägenwinkel, Ablageorientierung, Extrusionsrate und Extrusionstemperatur ergeben sich aus den Vorversuchen. Um den Versuchsumfang im Rahmen des FCCCD zu reduzieren, wird der vollfaktorielle Versuchsplan (25) zur Beschreibung der Eckpunkte durch einen teilfaktoriellen 25–1 Versuchsplan ersetzt. Letzterer hat eine Auflösung der Stufe V, was eine Vermengung von Faktoreffekten mit 4-fach Wechselwirkungen und von 2-fach Wechselwirkungen mit 3-fach Wechselwirkungen nach sich zieht. Diese sind somit nicht voneinander zu differenzieren, was jedoch als unkritisch bewertet werden kann.[264]

Damit ergibt sich ein Versuchsplan mit 29 Versuchspunkten, wobei der Plan nach vollständigem Durchlaufen einmal repliziert wird, sodass insgesamt 58 Versuche durchgeführt werden. Der vollständige Versuchsplan mit codierten Faktorstufen ist im Anhang A3 zu finden. In Tabelle 4-7 sind die Faktorstufen der betrachteten Parameter dargestellt. Die spätere Vorhersage der Zugfestigkeit ist nur innerhalb dieser Grenzwerte des Versuchsplans gültig, da Extrapolationen nicht zulässig sind.

Tabelle 4-7: Faktorstufen FCCCD

Stufe	Schicht-höhe	Schrägen-winkel	Extrusions-temperatur	Extrusions-rate	Ablage-orientierung
-1	0,10 mm	15°	190° C	100 %	0°
0	0,20 mm	30°	210° C	130 %	45°
1	0,30 mm	45°	230° C	160 %	90°

Abbildung 4-19 veranschaulicht die Auswirkungen der Parameterkombinationen auf das resultierende Porenvolumen zur Berechnung der benötigten Extrusionsrate. Die Schichthöhe und der Schrägenwinkel dienen als Eingangsparameter und repräsentieren die Grenzfläche. Typischerweise werden bei der MEX Schichthöhen zwischen 0,1 mm und 0,3 mm verwendet, die daher als obere und untere Faktoreinstellung für das folgende Vorgehen dienen. Der Schrägenwinkel wird zwischen 15° und 45° variiert, wobei diese Werte als Grenzwerte für den Winkel der Trennebenen bei der Dekomposition betrachtet werden. In Bezug auf die Extrusionstemperatur wird die mittlere

[264] Vgl. Kleppmann, W. (2016) *Versuchsplanung*, S. 145.

Faktorstufe im Bereich der empfohlenen Bearbeitungstemperatur für das genutzte PLA-Filament festgelegt. Die oberen und unteren Werte können als Grenzen für die Verarbeitungstemperatur des PLA-Filaments betrachtet werden.

Für die Bestimmung der Faktorstufen für die Extrusionsrate wird zunächst die theoretische Porenfläche an der Grenzfläche der Zugprobe und der daraus resultierende zusätzliche Materialbedarf ermittelt. Für die betrachteten Fälle liegt die erforderliche Extrusionsrate zur Erzeugung der Schicht sowie zur gleichzeitigen Füllung des Porenvolumens zwischen 137 % und 157 %. Die Vorversuche haben gezeigt, dass ab einer Extrusionsrate von 160 % kein festigkeitssteigernder Einfluss mehr zu erwarten ist. Vielmehr kommt es zu einem Überquellen des Materials über den Rand der Grenzfläche. Dieser Wert wird als obere Grenze gewählt. Als untere Grenze wird eine Extrusionsrate von 100 % festgelegt, um einen Vergleich zum Standardprozess zu ermöglichen. Die mittlere Faktorstufe wird im Sinne einer äquidistanten Verteilung der Stufen entsprechend zu 130 % gewählt. Die Ablageorientierung umfasst die beiden Grenzfälle 0° und 90°, bei denen der Strang in Richtung der Vertiefungen auf der Grenzfläche bzw. quer dazu abgelegt wird. Des Weiteren wird eine Orientierung von 45° untersucht, bei der die Strangablage diagonal zur Richtung der Vertiefungen erfolgt.

Schicht-dicke [mm]	Schrägen-winkel [°]	Poren-fläche [mm²]	Poren-anzahl [-]	Poren-fläche Gesamt [mm²]	Poren-vol. [mm³]	Strang quer-Schnitt [mm²]	Strang-vol. [mm³]	Extru-sions-vol. [mm³]	(Strangvol.+Porenvol.)/ Strangvol. [-]
0,1	15	0,019	49	0,913	0,411	0,043	0,810	1,221	150,7%
0,1	30	0,009	95	0,818	0,368	0,043	0,810	1,178	145,5%
0,1	45	0,005	134	0,668	0,301	0,043	0,810	1,111	137,1%
0,2	15	0,075	24	1,826	0,822	0,081	1,539	2,360	153,4%
0,2	30	0,035	47	1,637	0,737	0,081	1,539	2,275	147,9%
0,2	45	0,020	67	1,336	0,601	0,081	1,539	2,140	139,1%
0,3	15	0,168	16	2,738	1,232	0,116	2,186	3,419	156,4%
0,3	30	0,078	32	2,455	1,105	0,116	2,186	3,291	150,5%
0,3	45	0,045	45	2,005	0,902	0,116	2,186	3,089	141,3%

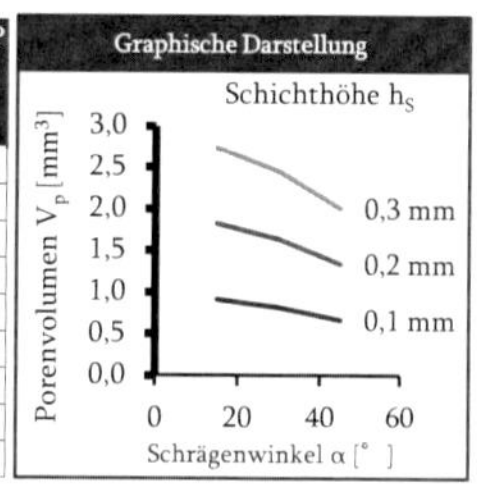

Abbildung 4-19: Berechnung der erforderlichen Extrusionsrate

Die Geschwindigkeit wird aufgrund der Erkenntnisse aus den Vorversuchen auf 20 mm/s festgelegt. Für die Grenzfläche werden zwei Konturlinien gedruckt, um eine glatte Außenkontur zu gewährleisten. Dadurch hat die Füllstruktur einen Anteil von 89 % an der Grenzfläche. Dieser Anteil wird als ausreichend betrachtet, um den Einfluss der Ablageorientierung auf die Festigkeit zu ermitteln. Eine detaillierte Auflistung der relevanten Prozessparameter findet sich im Anhang (siehe Anhang A1).

Tabelle 4-8 zeigt einen Ausschnitt der Versuchsergebnisse für die beiden Durchläufe des Versuchsplans. Alle Versuchsergebnisse sind im Anhang in Tabelle A-3 aufgeführt. Es ist zu beachten, dass für den Versuchspunkt Nr. 1 nur ein Ergebnis vorliegt, da eine der beiden Proben aufgrund einer labilen Verbindung an der Grenzfläche bereits vor dem Zugversuch gebrochen ist.

Tabelle 4-8: Auszug der Versuchsergebnisse (Nr. 8-11)

Nr.	h	α	T	E	Φ	ZF 1	ZF 2	s
	mm	°	°C	%	°	N/mm²	N/mm²	N/mm²
8	0,3	45	230	100	0	10,90	13,17	1,13
9	0,1	15	190	160	0	3,65	4,66	0,51
10	0,3	15	190	160	90	10,52	11,57	0,52
11	0,1	45	190	160	90	4,03	8,16	2,07
					Mittelwerte	7,28	9,39	

ZF: Zugfestigkeit

Die Ergebnisse der Zentralpunkte können Aufschluss über die Streuung innerhalb eines Durchlaufs geben. Im ersten Durchlauf des Versuchsplans ergibt sich für die drei Zentralpunkte (Versuche Nr. 27 – 29) eine Standardabweichung von 4,5 N/mm², während die Standardabweichung der Zentralpunkte im zweiten Durchlauf mit einem vergleichsweise geringen Wert von 0,5 N/mm² liegt. Die niedrigere Standardabweichung der Zentralpunkte deutet auf einen stabileren Prozess im zweiten Durchlauf des Versuchsplans hin. Die Betrachtung mikroskopischer Aufnahmen der Grenzfläche zeigt bei Proben aus dem ersten Block teilweise eine unzureichende Ausrichtung in Form einer Verkippung zwischen Probenfuß und Probenkopf. Dies könnte eine Ursache für die größere Streuung im ersten Block sein. Die Standardabweichung zwischen den beiden Blöcken beträgt für den gesamten Versuchsplan im Durchschnitt 1,35 N/mm².

Abbildung 4-20 veranschaulicht anhand der gemessenen Werte den Einfluss der einzelnen Faktoren auf die Zugfestigkeit.

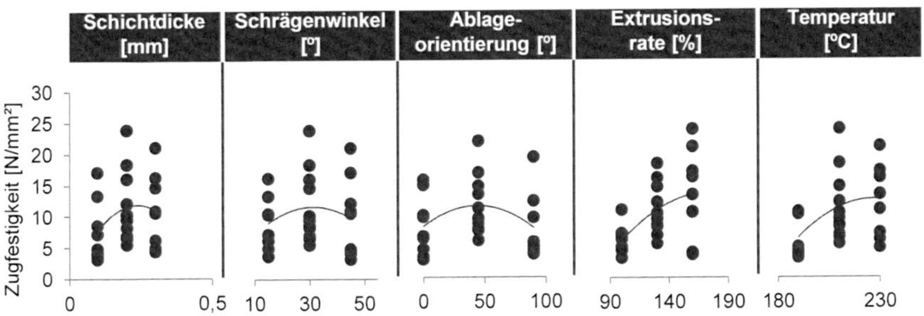

Abbildung 4-20: Einflüsse der Faktoren auf die Zugfestigkeit

Die dargestellte Trendlinie wird jeweils durch ein Polynom 2. Grades beschrieben. Die Zugfestigkeit zeigt eine breite Streuung, da der Versuchsplan Extremwerte der Faktoren abdeckt, die sowohl hohe als auch niedrige Zugfestigkeiten erwarten lassen. Dennoch bestätigt die Verteilung der Datenpunkte die Annahme, dass zwischen der Zugfestigkeit und den betrachteten Faktoren eine nicht-lineare Beziehung besteht. In Bezug auf die Schichthöhe, den Schrägenwinkel und die Ablageorientierung ist eine Tendenz erkennbar, dass die höchste Zugfestigkeit jeweils in der Mitte des betrachteten Wertebereichs liegt. Hinsichtlich der Extrusionsrate und der Extrusionstemperatur zeigt sich jeweils die Tendenz, dass eine hohe Faktoreinstellung zu einer hohen Zugfestigkeit führt.

4.5 Oberflächenanalyse

Die Beschaffenheit von Oberflächen hat eine entscheidende Bedeutung zur Interpretation von Festigkeit. Verschiedene Phänomene und Erscheinungsformen von additiv hergestellten Oberflächen können aufgrund des strangbasierten Aufbaus auftreten. Im folgenden Abschnitt werden die Strukturen und Erscheinungsformen der Oberfläche charakterisiert und analysiert. Unebenheiten an Oberflächen führen bei dem Auftragen von neuen Schichten zu Einschlüssen von Poren. Das entwickelte theoretische Modell zur Beschreibung des Porenvolumens zeigt ein Rauheitsprofil in Abhängigkeit von der Schichthöhe und dem Schrägenwinkel. Zur Überprüfung werden anschließend optische und taktile Auswertungsmethoden angewendet, um die tatsächliche Beschaffenheit zu bestimmen und somit die Unterschiede gegenüber der theoretischen Modellbeschreibung herauszuarbeiten. Auf Grundlage der Abweichungen zwischen den theoretischen und experimentellen Werten erfolgt abschließend eine Bewertung des Treppenstufengeometriemodells.

4.5.1 Linienrauheiten

Die Linienrauheiten geben erste Erkenntnisse über die tatsächliche Oberflächenbeschaffenheit der unterschiedlich geneigten Zugprobenfüße mit einer zunächst festgelegten Schichthöhe von 0,3 mm. Für die Auswertung wird das Rauheitsmessgerät MarSurf LD260 verwendet. Die Messstrecke inklusive des Vorlaufs und Nachlaufs von je 2,5 mm beträgt 15 mm, die Messgeschwindigkeit 0,50 mm/s.

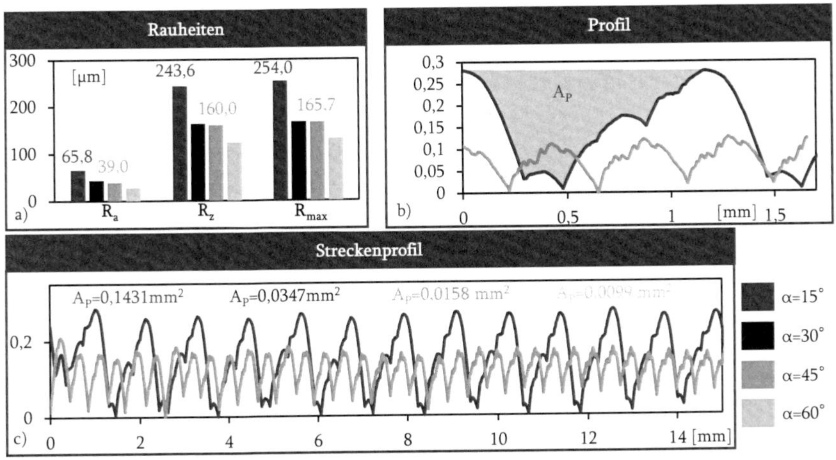

Abbildung 4-21: Ergebnisse der Rauheitsmessungen a), Teilausschnitt des Rauheitsprofils b) und gesamtes Rauheitsprofil der Messstrecke c)

Abbildung 4-21 a) präsentiert die Mittelwerte der Rauheitskennwerte R_a, R_z und R_{max}. Zusätzlich zu den 15°- und 45°-geneigten Oberflächen werden auch 30°- und 60°-Proben verwendet. Deutlich zeigt sich, dass alle Rauheitskennwerte mit zunehmender Neigung des Zugprobenfußes abnehmen. Ein Vergleich zwischen den Proben mit 15° und 45° Neigung verdeutlicht, dass die Rauheitswerte der 15°-Proben etwa 50 Prozent höher liegen als die der 45°-Proben. Diese erhöhte Rauheit könnte möglicherweise einen verbesserten Halt für den aufzudruckenden Zugprobenkopf bieten. Um die Rauheitskennwerte zu veranschaulichen, wurden die gemessenen Linienrauheiten als Datenpunkte exportiert und in Abbildung 4-21 b) exemplarisch dargestellt, während Abbildung 4-21 c) das gesamte Rauheitsprofil der Messstrecke zeigt. Die Abbildungen verdeutlichen, dass die Oberfläche mit 15° deutlich weniger Schichtenden bzw. Poren aufweist, diese jedoch breiter und tiefer sind. Die 15°-Proben weisen Poren von etwa 1,15 mm Breite auf, während die 45°-Proben Poren von etwa 0,45 mm Breite aufweisen, somit etwa 2,5-fach kleinere Poren.

Zusätzlich werden die Porenflächen A_P über die taktil bestimmten Datenpunkte berechnet, wie in Abbildung 4-21 b) dargestellt. Die berechnete Porenfläche A_P der 15°-Probe beträgt 0,1431 mm² und nähert sich dem theoretischen Wert von 0,1679 mm2 gut an. Bei den 30°-Proben sinkt die taktile Porenfläche auf 0,0347 mm². Die taktil berechnete Porenfläche der 45°-Proben beträgt 0,0158 mm² und unterschreitet den theoretischen Wert von 0,0450 mm² stärker. Dies liegt an der Abweichung des realen Treppenstufeneffekts vom idealen. Bei einer weiteren Neigung der Oberfläche auf 60° beträgt die taktil ermittelte Porenfläche nur noch 0,0099 mm². Zusammenfassend nimmt die taktil ermittelte Porenfläche mit steigendem Schrägungswinkel ab, was mit dem theoretischen Modell übereinstimmt. Jedoch muss die Porenfläche, wie auch bei der theoretischen Berechnung, mit der Anzahl an Poren multipliziert werden, um einen aussagekräftigen Vergleich zu ziehen. Die 15°-Probe weist 15 Poren und somit insgesamt eine Fläche von 2,1465 mm² auf, während die 45°-Probe mit 43 Poren insgesamt 0,6794 mm² aufweist. Auf Basis der taktilen Untersuchung zeigen die 15°-Proben aufgrund der größeren Rauheitswerte und größeren Poren bessere Voraussetzungen für die Verbindung mit dem nachfolgenden Segment.

4.5.2 Oberflächenrauheiten & 3D-Topologie

Neben den Linienrauheiten wurden die Oberflächenrauheiten Sa, Sz und Sq mithilfe des Geräts Jenoptik Nanoscan 855 gemäß der Norm DIN EN ISO 25178 ausgewertet, wobei die Topologie der Oberfläche in einem Messbereich von 4x4 mm² untersucht wurde. Das Ergebnis ist in Abbildung 4-22 dargestellt.

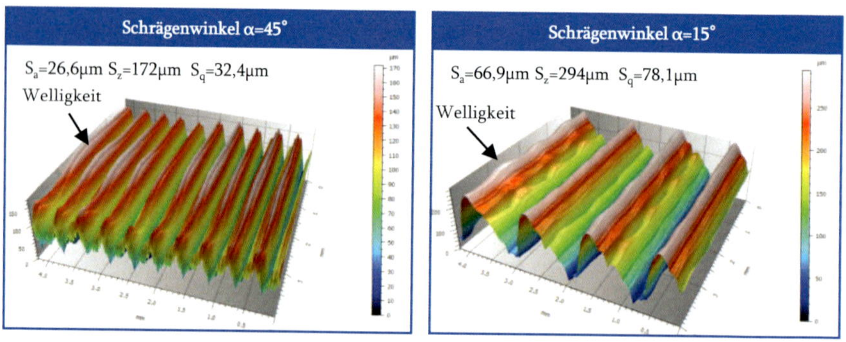

Abbildung 4-22: Topologie der 45°- und 15°-Probe

Der Parameter S_a beschreibt die mittlere arithmetische Höhe, also den Betrag des Höhenunterschieds eines jeden Punkts im Vergleich zum arithmetischen Mittel der Oberfläche. Der Sa-Wert der 15°-Probe beträgt 66,9 µm und übersteigt damit den Sa-Wert der 45°-Probe (26,6 µm) um etwa 150 %. Der S_z-Wert, definiert als die Summe aus dem Höhenwert der höchsten Spitze und dem Höhenwert der stärksten Vertiefung innerhalb des Definitionsbereichs, beträgt bei der 15°-Probe 294 µm, etwa 71 % mehr als der Wert von 172 µm bei der 45°-Probe. S_q beschreibt die Standardabweichung der

Höhen, wobei der Wert der 15°-Probe (78,1 µm) den der 45°-Probe (32,4 µm) um 141 % übertrifft.

Insgesamt wird deutlich, dass die Rauheiten der Oberflächen durch die Berücksichtigung der dritten Dimension noch größere Unterschiede zwischen den unterschiedlich geneigten Oberflächen aufweisen als die Linienrauheiten. Beim Vergleich der Topologien lassen sich dieselben Aussagen bezüglich der Anzahl, Breite und Tiefe der Poren treffen. Zusätzlich zeigt sich in der Topologie eine leichte Welligkeit der Schichten, die auf Schwingungen der Achsen des Druckers zurückzuführen ist.

4.5.3 Lichtmikroskopische Untersuchung

Für die Analyse der Probenoberfläche wurden nicht nur taktile Messsysteme, sondern auch optische Systeme über lichtmikroskopische Bilder verwendet, die mithilfe des Digitalmikroskops Keyence VHX-6000 aufgenommen wurden. Abbildung 4-23 zeigt mikroskopische Aufnahmen verschiedener Probenmodifikationen mit Neigungen zwischen 15° und 60° von der Seitenansicht. Dies ermöglicht einen direkten Vergleich der Oberflächenbeschaffenheit und des Treppenstufeneffekts, der sich in Abhängigkeit des Schrägenwinkels einstellt.

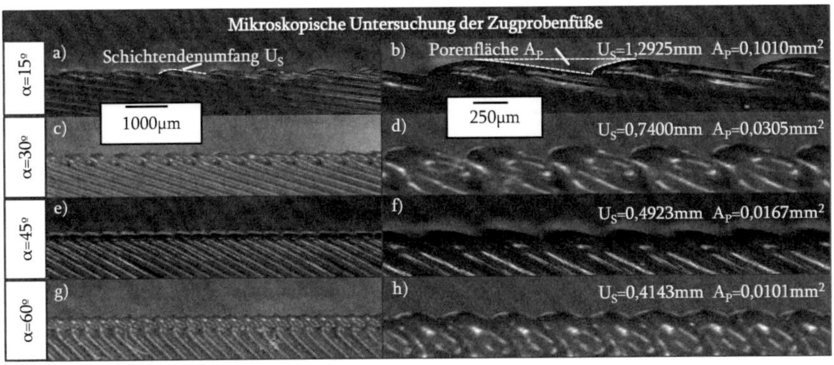

Abbildung 4-23: Lichtmikroskopische Untersuchung der Zugprobenfußoberflächen

Bezüglich der Grenzschichtgeometrie ist festzustellen, dass die Schichtenden entgegen der Darstellung nicht eckig, sondern abgerundet sind. Diese Erkenntnis wird durch Vergrößerungen besonders deutlich. Die Ausrundung der Schichtenden ist auf das Fließverhalten und die Oberflächenspannung des Kunststoffs bei Temperaturen über der Schmelztemperatur zurückzuführen. Die wahre Porenfläche, die Platz für das nächste Segment bietet, weicht daher aufgrund dieser abgerundeten Form von der theoretischen Porenfläche ab.

Die Software ImageJ wird verwendet, um die Porenflächen in den mikroskopischen Bildern auszumessen. In Abbildung 4-23 a) und b) wird durch gestrichelte weiße Linien schematisch dargestellt, wie die Porenfläche A_P und der Schichtendenumfang US bestimmt sind. Bei den 15° geneigten Proben wird optisch eine Porenfläche von 0,1010 mm² ermittelt, die unter dem theoretisch berechneten Wert von 0,1679 mm² liegt. Mit einer Neigung von 30° sinkt die ermittelte Porenfläche auf 0,0305 mm². Bei den 45° geneigten Proben wird eine Fläche von 0,0167 mm² gemessen. Die theoretisch berechnete Porenfläche übersteigt diesen Wert deutlich und beträgt 0,0450 mm². Bei einem Schrägenwinkel von 60° sinkt die Porenfläche weiter auf 0,0101 mm².

Wie zuvor angedeutet, liegt die Abweichung der theoretischen von den optisch und auch taktil bestimmten Werten darin begründet, dass die reale Treppenstufengeometrie durch ausgerundete Schichtenden charakterisiert ist. Schematisch ist der flächenmäßige Unterschied in Abbildung 4-24 dargestellt. Das Schaubild verdeutlicht, warum die theoretisch berechnete Porenfläche über allen experimentell gemessenen Werten liegt. Der berechnete Flächeninhalt des weißen Dreiecks A_P ist durch die zu hoch angesetzte Porenhöhe h (294 µm gegenüber 206 µm) überdimensioniert.

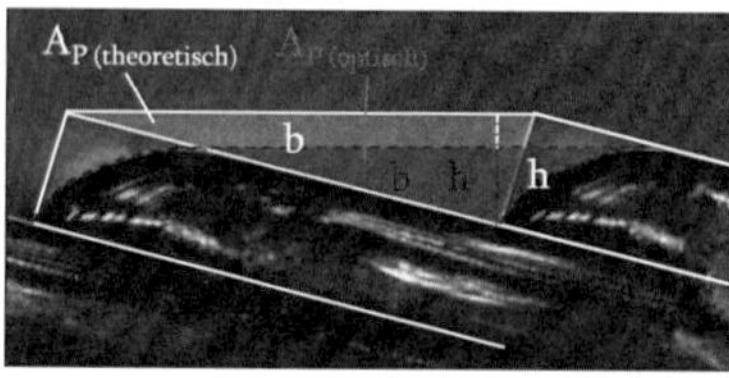

α_i [°]	A_P [mm²]		
	theoretisch	*optisch*	*Differenz*
15	0,1679	0,1010	0,0669
30	0,0779	0,0305	0,0474
45	0,0450	0,0167	0,0283
60	0,0260	0,0101	0,0159

Abbildung 4-24: Optischer Abgleich der theoretisch berechneten Porentiefe

Zusammenfassend zeigen die realen Daten, dass die Poren der 15° geneigten Proben größer sind als diejenigen der 45°-Proben. Es ist jedoch zu betonen, dass die experimentell gemessene Porenfläche einer einzelnen Pore, wie zuvor erläutert, nicht allein aussagekräftig ist. Vielmehr ist die summierte experimentelle Porenfläche der gesamten Zugprobenoberfläche von Interesse. Mikroskopisch lässt sich beobachten, dass bei den 15° geneigten Proben 16 Schichten an der Grenzschicht herausragen, die 15 Poren bilden. Im Gegensatz dazu sind bei den 45° geneigten Proben 44 Schichten an der Oberfläche erkennbar, die 43 Poren bilden, was nahezu der theoretischen Porenanzahl entspricht.

Insgesamt weisen die 15° geneigten Zugprobenfüße basierend auf der optischen Untersuchung eine Fläche von 1,5150 mm² auf, während die 45° geneigten Proben nur eine Fläche von 0,7181 mm² bieten. Die 15°-Proben bieten also eine mehr als doppelt so große Porenfläche im Oberflächenquerschnitt und, multipliziert mit der Dicke der Probe, ein mehr als doppelt so großes Porenvolumen für den Probenkopf. Dieses größere Porenvolumen könnte einen besseren Grenzflächenkontakt für das angrenzende Drucksegment bewirken.

Der zweite ermittelte Kennwert des Schichtendenumfangs zeigt einen monoton abnehmenden Trend bei Erhöhung des Schrägenwinkels. Während die 15°-Probe einen Schichtendenumfang von 1,2925 mm aufweist, beträgt der Wert für eine 45° Probe nur noch 0,4923 mm. Multipliziert mit der Anzahl von 16 bzw. 44 Schichtenden und der Probendicke von 12 mm, ergibt sich eine Oberfläche von 248,16 mm² für die 15°-Probe und 259,93 mm² für die 45°-Probe. Damit erhöht sich die Oberfläche im Vergleich zum CAD-Modell aus Abbildung 4 23, das eine Breite von 18,9 mm, eine Tiefe von 12 mm und somit eine Fläche von 226,8 mm² aufweist. In der Grenzflächenanalyse muss jedoch weiterhin ermittelt werden, wie diese vergrößerte Grenzfläche gegenüber dem CAD-Modell tatsächlich durch den aufzudruckenden Zugprobenkopf ausgenutzt werden kann.

4.5.4 Bewertung des Treppenstufengeometriemodells

Abschließend erfolgt auf Basis der taktilen und optischen Porenvermessung, die Aufschlüsse über die tatsächliche Porengeometrie und -größe gibt, eine Bewertung des Treppenstufenmodells. Zunächst ist festzuhalten, dass das Modell wertvolle Aussagen über die einzelne Porenfläche, die Anzahl der Poren auf der Oberfläche sowie das Profil der Oberfläche in Abhängigkeit des Schrägenwinkels liefert. Bei einem Vergleich der theoretisch berechneten Werte einer einzelnen Porenfläche (A_P) mit den taktil und optisch ermittelten Werten zeigt sich, dass das Modell im untersuchten Bereich (15° bis 60° Neigung) als recht aussagekräftig einzustufen ist (vgl. Abbildung 4-25). Es ist jedoch zu beachten, dass die theoretisch berechneten Werte über den experimentell ermittelten liegen. Wie in den vorherigen Kapiteln erläutert, ist dies auf die Abweichung der realen, ausgerundeten Schichtendenform von der angenommenen rechteckigen Schichtendenform zurückzuführen. Durch die Anwendung eines Faktors von 0,6 auf die theoretische Kurve kann eine starke Annäherung an die experimentellen Kurven erzielt werden. Es ist wichtig zu betonen, dass der Faktor 0,6 für eine Schichthöhe von 0,3 mm gilt. Mit zunehmender Schichthöhe sollte der Faktor angepasst werden, da sich entsprechend stärkere Ausrundungen an den Schichtenden im Vergleich zur theoretischen, eckigen Form ergeben.

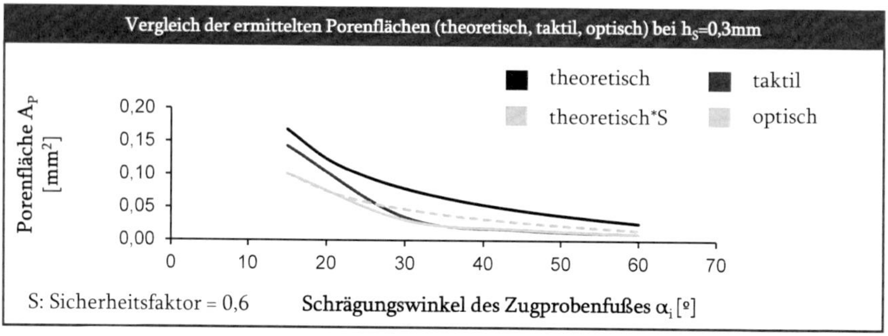

Abbildung 4-25: Vergleich der ermittelten Porenflächen (theoretisch (S), taktil und optisch) bei h_S=0,3mm

Stellt man die summierte Porenfläche der drei vorgestellten Herangehensweisen gegenüber, zeigt sich eine recht starke Abweichung des theoretischen Wertes von den beiden experimentell ermittelten Werten. Da mit steigendem Schrägenwinkel auch die Anzahl der Poren auf der Zugprobenfußoberfläche zunimmt, nimmt der Fehler zwischen der wahren und der theoretisch berechneten Porenfläche mit steigendem Schrägenwinkel zu.

Tabelle 4-9: Vergleich der gesamten Porenfläche (theoretisch (S), taktil und optisch) bei h_S=0,3mm

α_i [°]	$A_{P,gesamt}$ [mm²]	$A_{P,gesamt,taktil}$ [mm²]	$A_{P,gesamt,optisch}$ [mm²]
15	2,7384	2,1465	1,5150
45	2,0046	0,6794	0,7181

Zusammenfassend konnte mit allen Auswertungsmethoden bewiesen werden, dass die 15°-Proben wesentlich weniger Poren, aber dafür deutlich größere Poren als die 45°-Proben aufweisen. Die summierte Porenfläche ist gerade bei den experimentellen Auswertungsmethoden aufgrund der realen Schichtgeometrie bei den 15° geneigten Proben wesentlich größer und bietet vermutlich vorteilhaftere Voraussetzungen für die Grenzflächenverbindung (vgl. Tabelle 4-9).

4.6 Grenzflächenanalyse

Die Grenzflächenanalyse zielt darauf ab, die Kontaktflächen zu untersuchen und ein parameterabhängiges Phänomen im kritischen Grenzbereich aufzuzeigen. Hierbei werden mikroskopische Verfahren eingesetzt, um den Grenzbereich zunächst von der Seitenansicht darzustellen. Zusätzlich werden computertomographische Aufnahmen und Dünnschliffbilder angefertigt, die Aufschluss über die innere Beschaffenheit der Verbindung liefern sollen.

4.6.1 Lichtmikroskopische Untersuchung

Die lichtmikroskopische Auswertung der Grenzfläche zwischen beiden Segmenten umfasst die Bestimmung und Analyse der Porenfläche A_P sowie der Kontaktlängen L_K. In Abbildung 4-26 b) wird schematisch durch gestrichelte weiße Linien veranschaulicht, wie die Porenflächen und Kontaktlängen ermittelt werden. Dabei kommt die Software ImageJ zum Einsatz, um präzise Werte zu erhalten. Die Grenzflächen der repräsentativen 45°-Probe werden dabei zunächst bei zwei verschiedenen Temperaturen untersucht.

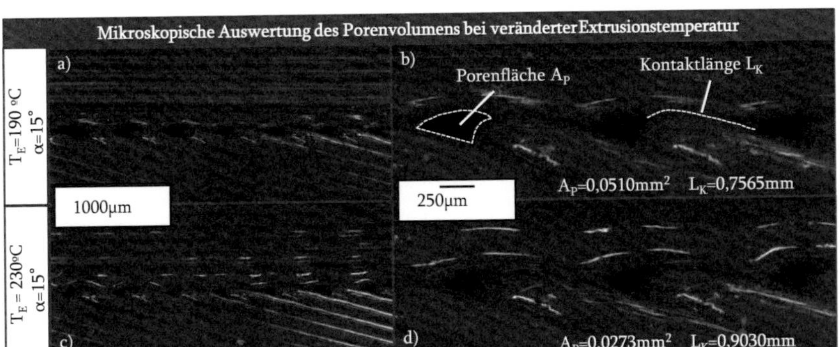

Abbildung 4-26: Mikroskopie der Grenzfläche bei Variation der Extrusionstemperatur bei α=15°

Im Vergleich der Extremwerte der Temperaturvariation zwischen 190 °C und 230 °C fällt auf, dass die Porenfläche mit zunehmender Temperatur signifikant abnimmt (vgl. Abbildung 4-26 b) und d)). Bei einer Temperatur von 190 °C beträgt die Porenfläche 0,0510 mm², während sie bei 230 °C auf 0,0273 mm² reduziert wird, was einer Reduktion um fast die Hälfte entspricht. Im Gegensatz dazu korrelieren die

Kontaktlängen positiv mit steigender Temperatur und erhöhen sich von 0,7565 mm auf 0,9030 mm. Eine weitere wichtige Erkenntnis ist, dass die charakteristische abgerundete Form der Enden der angewinkelten Schichten des Zugprobenfußes bei höheren Temperaturen, wie in Abbildung 4-26 b) bei 190 °C zu sehen ist, verloren geht und sich abflacht (vgl. Abbildung 4-26 d)).

Die Schlussfolgerung lautet, dass erst bei hohen Temperaturen von 230 °C ein erneutes Aufschmelzen der Schichtenden des Zugprobenfußes stattfindet und stärkere Bindungsprozesse ablaufen können. Bei einer Temperatur von lediglich 190 °C erstarrt die erste Schicht des Zugprobenkopfes, ohne wesentlich mit dem Zugprobenfuß zu verschmelzen. In diesem Fall entspricht die Oberflächengeometrie des Zugprobenfußes derjenigen vor dem Druckprozess. Hinsichtlich der im Stand der Technik erläuterten Bindungsprozesse zeigt sich, dass bei 190 °C die Phasen der Oberflächenkontaktierung und Nackenausbildung in geringerem Maße stattfinden als bei 230 °C. Die Untersuchung der Phasen der Diffusion in der Grenzfläche sowie der Polymerkettenverflechtung erfolgt in den folgenden Kapiteln. Die Ursache für die kleineren Poren, erhöhten Kontaktlängen und Formänderungen der Schichten lässt sich auf die starke Abhängigkeit des PLA als Thermoplast von der Temperatur zurückführen. Bei höheren Temperaturen wird das PLA fließfähiger und kann sich besser den vorgegebenen Geometrien des Zugprobenfußes anpassen.

Zusammenfassend lässt sich feststellen, dass die Erhöhung der Porenflächen eine Zunahme der Kontaktlängen bewirkt. Die steigende Temperatur führt maßgeblich zu einem verlängerten Kontakt und einer Verkleinerung der Poren. Das ursprünglich vermutete Absenken der gesamten ersten Schicht um den Weg x sowie eine vollständige Verschweißung des Segments sind nicht zu erkennen. Die eingebrachte Energiemenge in Form von Wärme reicht hierfür nicht aus. Eine klare Trennung zwischen den Drucksegmenten ist erkennbar. Trotz der leicht abgeflachten Schichtenden bei hohen Temperaturen lässt sich die Treppenstufengeometrie klar identifizieren.

Die Extrusionsgeschwindigkeit wird im Bereich von 20 mm/s bis 60 mm/s variiert, wobei die Extremwerte in Abbildung 4-27 visualisiert sind. Die Haupterkenntnis aus den Bildern ist, dass unterschiedliche Geschwindigkeiten zu unterschiedlichen Kontaktmustern führen. Bei einer niedrigen Extrusionsgeschwindigkeit von 20 mm/s kann sich das Material in gewissem Maße in die Poren eingeben, wodurch die Kontaktfläche zwischen den Segmenten an der langen Seite der Pore entsteht (vgl. Abbildung 4-27 a) und b)). Im Gegensatz dazu zeigt sich bei einer hohen Extrusionsgeschwindigkeit von 60 mm/s keine vertikale Verformung der ersten Schicht des Zugprobenkopfes. Die

Kontaktfläche zwischen den Segmenten entsteht hier an der Spitze der abgeschrägten Schichten (vgl. Abbildung 4-27 c) und d)).

Diese qualitativen Erkenntnisse spiegeln sich in den quantitativen Werten wider. Bei niedriger Geschwindigkeit ergibt sich eine Porenfläche von 0,0770 mm², was geringer ist als die Porenfläche bei höheren Geschwindigkeiten mit einem Wert von 0,0880 mm². Die Differenz ist jedoch nicht so groß wie erwartet, da sich der extrudierte Werkstoff bei sinkender Geschwindigkeit nicht wesentlich besser in die Treppenstufengeometrie einlagert. Die Kontaktlänge zeigt bei Variation der Geschwindigkeit stärkere Änderungen. Bei einer Geschwindigkeit von 20 mm/s weisen die Proben eine Kontaktlänge von 0,5270 mm auf, die wesentlich größer ist als jene bei hohen Geschwindigkeiten mit einem Wert von 0,3257 mm.

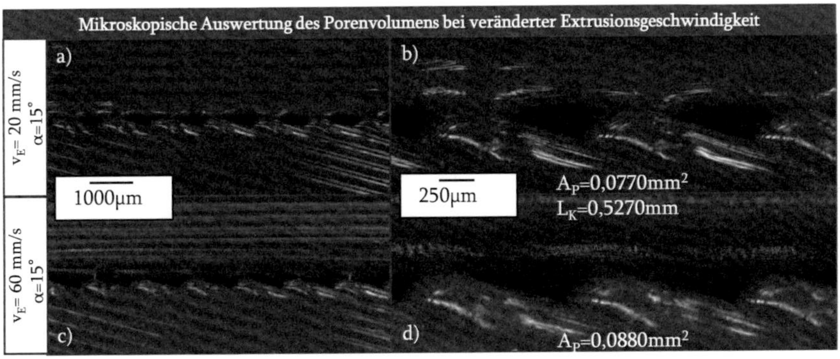

Abbildung 4-27: Mikroskopie der Grenzfläche bei Variation der Extrusionsgeschwindigkeit

Insgesamt lassen sich die aufgestellten Thesen verifizieren. Die Kontaktflächen werden mit steigender Geschwindigkeit stark verringert, und die Poren vergrößern sich entsprechend. Weitere Erkenntnisse zeigen, dass durch die Variation der Extrusionsgeschwindigkeit im Vergleich zur Extrusionstemperatur kein Einfluss auf die Schichtgeometrie des untenliegenden Segments ausgeübt werden kann. Die Düse selbst ist also nicht als bedeutende Wärmequelle einzustufen, die durch geringe Geschwindigkeiten den Wärmeeintrag pro Fläche wesentlich erhöht. Die These, dass die Düse eine signifikante Wärmequelle durch Wärmestrahlung darstellt, wird widerlegt. Zudem bewirkt die niedrige Geschwindigkeit nicht, dass wesentlich mehr Material in die Poren gepresst wird. In Bezug auf die mikroskopischen Bilder der Temperaturvariation scheint eine Temperaturerhöhung wesentlich effektiver zu sein, um die Poren mit Material zu füllen und den Kontakt zwischen den Segmenten zu verbessern.

Die Temperatureinbringung in die Oberfläche erfolgt also hauptsächlich durch Wärmeleitung durch die extrudierte erste Schicht und nicht durch Wärmestrahlung der Düse. Eine allgemein zu beobachtende Tendenz bezüglich der 15° geneigten Proben ist, dass sich die Kontaktflächen vornehmlich an der langen Seite der abgeschrägten Schichten befinden.

Abschließend werden die quantitativen Werte für die durchschnittlichen Porenflächen und Kontaktlängen in Abbildung 4-28 a) und b) dargestellt. Als festigkeitssteigernde Maßnahmen kann somit abgeleitet werden, dass die Extrusionstemperatur hohe Werte und die Extrusionsgeschwindigkeit niedrige Werte annehmen sollte, um die Porosität zu reduzieren und die Kontaktfläche zu erhöhen.

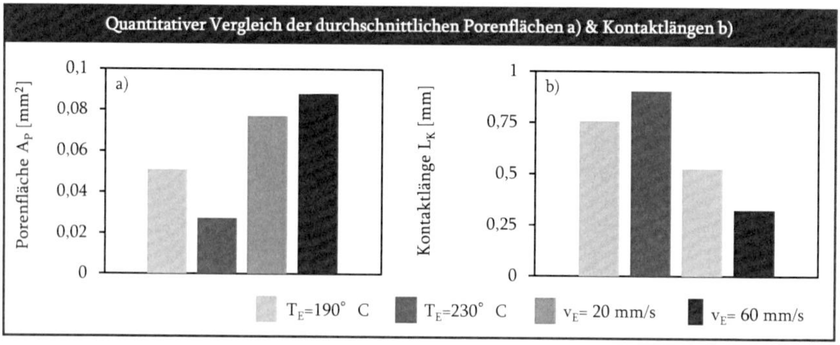

Abbildung 4-28: Quantitativer Vergleich der durchschnittlichen Porenflächen a) und durchschnittlichen Kontaktlängen b) bei Variation der Extrusionstemperatur, -geschwindigkeit bei α=15°

Nach der Analyse der Grenzflächen von Zugproben mit einer Neigung von 15° werden nun die Grenzflächen bei 45° untersucht. Beim Vergleich der mikroskopischen Bilder verschiedener Parametervariationen zeigt sich, dass die Grenzflächen nahezu unverändert sind. Dies wird exemplarisch anhand der Grenzflächen bei Temperaturvariationen in Abbildung 4-29 dargestellt.

Die geringe Veränderung der Grenzfläche lässt sich auf die deutlich kleinere Porengröße und -breite der 45° geneigten Zugprobenfüße zurückführen. Die erste extrudierte horizontale Schicht kann sich aufgrund dieser schmalen Poren nicht biegen und somit keinen stabilen Kontakt in der Pore herstellen. Die Schicht legt sich vorwiegend an den Spitzen ab und bildet Kontakt an den Spitzen der Schichtenden der Probe. Durch eine optische Auswertung mittels Lichtmikroskopie lässt sich kein aussagekräftiger Vergleich der Porengrößen und Kontaktlängen der parametrisierten Proben durchführen. Daher kann eine valide Bewertung der Parameteränderungen von Extrusionsgeschwindigkeit und Temperatur nur auf Grundlage der Ergebnisse der Zugversuche erfolgen. Es wird vermutet, basierend auf den sehr ähnlichen mikroskopischen Bildern, dass die Festigkeitswerte über allen Parametervariationen bei den 45° geneigten Proben wesentlich näher beieinander liegen als bei den 15° geneigten Proben, da die Änderungen in Temperatur und Geschwindigkeit die Morphologie der Grenzschicht nicht wesentlich beeinflussen.

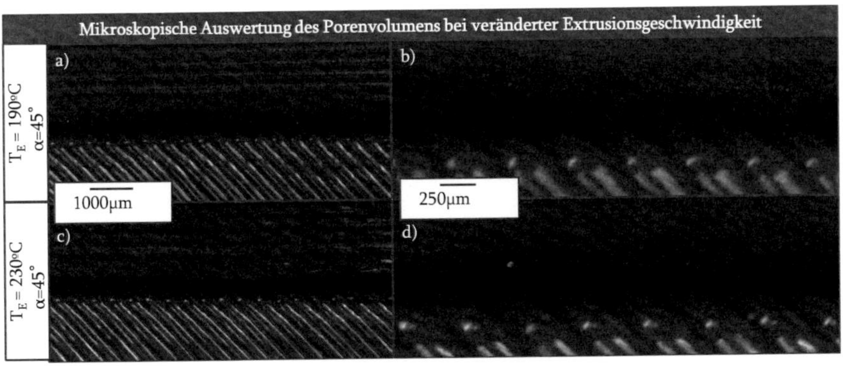

Abbildung 4-29: Mikroskopie der Grenzfläche bei Variation der Temperatur bei α=45°

Zusammenfassend sei darauf hingewiesen, dass die mikroskopische Grenzflächenanalyse zwar Aufschlüsse und Anhaltspunkte für die Verbindungsqualität liefert, jedoch nicht als abschließender Beweis gilt, da die Grenzfläche bei der Untersuchung lediglich von außen betrachtet wird. Es liegt nahe, dass sich das Infill bei der Parameteränderung ähnlich wie die Konturen verhält, die von außen sichtbar sind. Allerdings bleibt dies vorerst eine Vermutung. Die Kontakte im Inneren der Grenzfläche werden daher in den folgenden Kapiteln durch computertomographische Untersuchungen, Dünnschliff- und Bruchstellenanalysen genauer untersucht. Außerdem ist zu beachten, dass das Ergebnis der Grenzkontakte von der Genauigkeit der Positionierung des neuen Drucksegments zum vorherigen Drucksegment abhängt.

4.6.2 Rasterelektronenmikroskopische Untersuchung

Für eine detailliertere Untersuchung der Kontaktflächen wurden neben den lichtmikroskopischen Untersuchungen auch Aufnahmen mit dem Rasterelektronenmikroskop (REM) gemacht. Dabei wurde die Grenzfläche unter Hochvakuum gesetzt und durch Elektronenbeschuss in der Grenzfläche abgebildet. Die Wechselwirkung der Elektronen mit dem Werkstoff ermöglicht die Erstellung eines Bildes. Ein zusätzlicher wertvoller Aspekt, den die REM-Aufnahmen im Vergleich zu den lichtmikroskopischen Bildern liefern, ist die Morphologie der Kontaktfläche. In Abbildung 4-30 sind Grenzflächen bei Variation der Geschwindigkeit dargestellt. Bei hohen Geschwindigkeiten (v_E=60 mm/s) kann in den Randbereichen der Kontaktflächen eine poröse Struktur beobachtet werden (vgl. Abbildung 4-31 c) und d)).

Diese Struktur lässt sich damit erklären, dass bei sehr hohen Geschwindigkeiten nur das erste Stadium der Oberflächenkontaktierung erreicht wird. Die folgenden Phasen der Nackenausbildung, Diffusion in der Grenzfläche sowie Polymerkettenverflechtung werden nicht durchlaufen. Aufgrund der unzureichenden Verbindung können sich die Stränge der aufzutragenden Schicht beim Abkühlprozess von denen der Oberfläche des ersten Drucksegments abheben, was zu den porösen Strukturen im Grenzbereich des Schmelzkontaktes führt. In den Zugversuchen werden die Proben, die mit hoher Geschwindigkeit gedruckt wurden, wahrscheinlich geringere Festigkeiten aufweisen. Die restlichen Parameterkombinationen zeigen diese porösen Kontakte nicht.

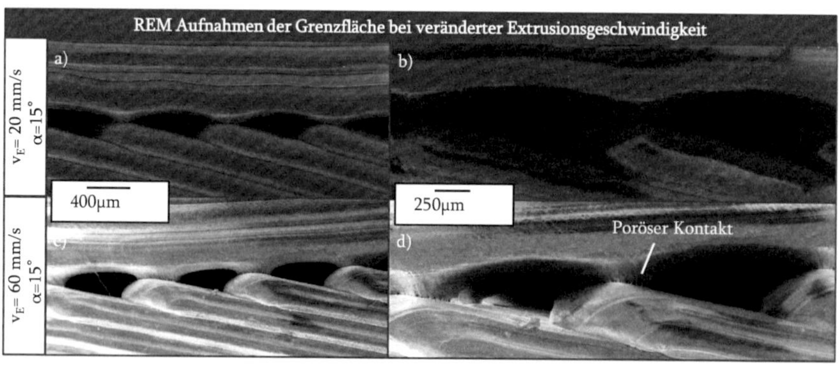

Abbildung 4-30: REM-Aufnahmen der Grenzfläche bei Variation der Geschwindigkeit

MAZUR UND PLAZEK haben in ihren Experimenten ähnliche fransige Strukturen beobachtet, wenn eine Polymerkugel auf einer Polymerplatte platziert wird. Wenn die Temperatur der Polymerkugel unterhalb der Glasübergangstemperatur liegt, bilden sich fransige Strukturen konzentrisch um den Kontaktbereich. Wenn die Temperatur über die Glasübergangstemperatur erhöht wird, wird das Polymer weicher, es entsteht eine Nackenbildung, und die fransigen Randbereiche verschmelzen und verschwinden.[265]

Wenn dieses Wissen auf den vorliegenden Fall übertragen wird, kann davon ausgegangen werden, dass bei Experimenten mit einer Extrusionsgeschwindigkeit von 60 mm/s geringfügige Kontakte entstehen. Diese werden durch den raschen Abkühlprozess des Probenkörpers auf Raumtemperatur so schnell abgekühlt, dass im Randbereich der Kontakte plötzlich Temperaturen unterhalb der Glasübergangstemperatur entstehen. Als Folge entstehen die fransigen, porösen Kontakte, sodass das zweite Stadium der Nackenausbildung nicht erreicht wird. Bei den anderen Parametervariationen wird jedoch mindestens das zweite Stadium erreicht, da solche porösen Kontaktstellen nicht identifizierbar sind.

Abschließend wird die Parameterkombination (v_E= 60 mm/s bei α=45°) vorgestellt (vgl. Abbildung 4-31). Die erste Schicht kann infolge der hohen Extrusionsgeschwindigkeit und der schmalen Porenbreite nicht in das Treppenprofil infiltrieren. In Abhängigkeit von der Neigung stellen sich also verschiedene Kontaktmuster in der Grenzfläche ein. Während sich der Kontakt bei den 15°-Proben in der langen Poreninnenseite befindet, kann der Kontakt bei den 45°-Proben an der obersten Stelle des ersten Drucksegments lokalisiert werden. Der Kontakt beschränkt sich zusätzlich auf eine sehr kleine Fläche.

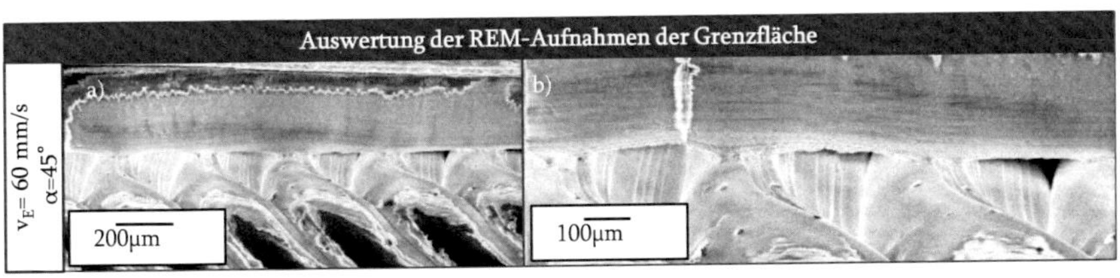

Abbildung 4-31: Mikroskopie (REM) der Grenzfläche bei α=45°

4.6.3 Computertomographische Untersuchung

Die computertomographische Untersuchung (CT) ermöglicht im Vergleich zu vorherigen Methoden, die die Grenzfläche nur von außen betrachten, eine zerstörungsfreie Untersuchung der Zugprobe in beliebigen Schnittebenen. Hierfür wird das Gerät

---

[265] Vgl. Mazur, S./Plazek, D. J. (1994) *Viscoelastic effects in the coalescence of polymer particles*, S. 236.

Werth TomoScope HV Compact verwendet. In Abbildung 4-32 sind die Grenzflächenübergänge für ausgewählte Parameterkombinationen jeweils in niedriger und hoher Detailstufe mittig im Längsschnitt dargestellt.

Die CT-Bilder verdeutlichen zunächst sehr gut die generelle Porosität der gesamten Zugprobe und somit gleichzeitig das grundlegende Problem von additiv hergestellten Bauteilen im Vergleich zu anderen Fertigungsverfahren. Die hohe Porosität führt zu verringerten und richtungsabhängigen mechanischen Festigkeiten. Im Folgenden werden die Porosität und die grenzflächenabhängigen Parameter analysiert.

Die erste Kategorie (v_E=20 mm/s bei α=45°) zeigt vor allem in der Detailansicht in Abbildung 4-32 b), dass die Kontaktstellen zwischen den Segmenten an der Oberseite des ersten Drucksegements lokalisiert sind. Eine Einlagerung des Materials in die Poren erfolgt trotz einer niedrigen Extrusionsgeschwindigkeit in sehr geringem Maß, was durch die weiß gestrichelte Linie veranschaulicht werden soll.

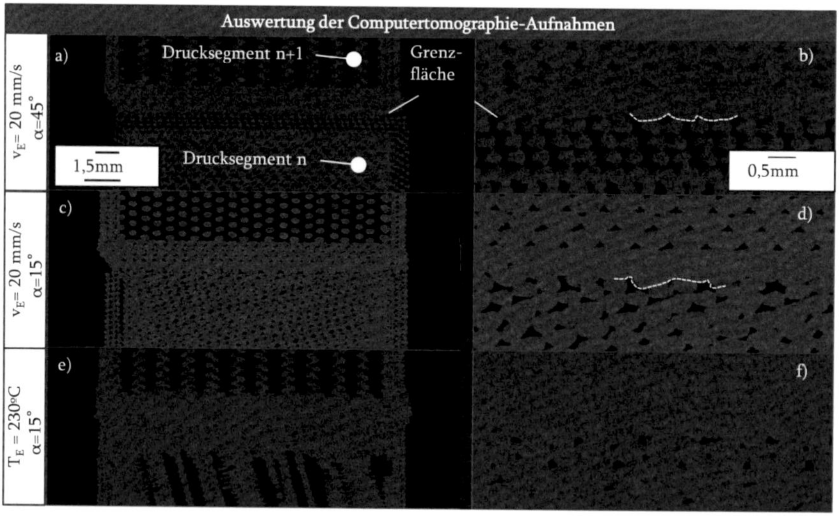

Abbildung 4-32: CT-Aufnahmen von Grenzflächen

Diese Erkenntnis stimmt mit den REM-Bildern der zweiten Kategorie (v_E=60 mm/s bei α=45°) überein, bei der keine Einlagerung in die Treppenstufengeometrie beobachtet wird (vgl. Abbildung 4-32 d)). Es kann geschlussfolgert werden, dass bei stark geneigten Oberflächen unabhängig von der Parameterwahl aufgrund der niedrigen Porenbreite ein Materialeintrag in die Pore vernachlässigbar klein ist. Ein Vergleich der

Grenzfläche zwischen der ersten und zweiten Kategorie (v_E=20 mm/s bei α=45° und v_E=20 mm/s bei α=15°) zeigt, dass sich das Material bei einem leichten Schrägenwinkel stark in die Poren einlagern kann (vgl. Abbildung 4-32 c) und d)).

Das lässt sich vor allem auf die größere Porenbreite zurückführen. Die Verbindung beschränkt sich also nicht nur auf die Kontaktstellen an der Spitze der Schichten des geneigten ersten Drucksegments, sondern es wird vor allem eine breite Kontaktfläche an der Poreninnenseite aufgebaut. Bei der dritten Parameterkombination (T_E=230 °C bei α=15), bei der in den mikroskopischen Untersuchungen die hochwertigsten Verbindungen identifiziert wurden, sind enorme Verschmelzungen zu beobachten (vgl. Abbildung 4-32 e) und f)). Eine genaue Charakterisierung der einzelnen Schichten ist nicht mehr möglich. Der Wärmetransfer der erhitzten ersten Schicht scheint so stark zu sein, dass sich die Porosität der darunterliegenden Schichten ebenfalls stark reduziert. Diese Beobachtung befindet sich im Einklang mit den Ergebnissen von KUZNETSOV ET AL., die mit steigender Extrusionstemperatur einen Anstieg der Temperatur im Subbereich der extrudierten Schicht, eine Verringerung der Porengröße sowie eine Veränderung der Porenform feststellen. Während in den ersten beiden Kategorien eine runde Querschnittsform der einzelnen Stränge zu beobachten ist, ist in der dritten Kategorie keine runde Form mehr zu erkennen, da rundherum Bindungsprozesse stattgefunden haben. Die aufgestellte Hypothese der reduzierten Porosität mit steigender Extrusionstemperatur und des erhitzten Volumens in die darunterliegenden Bereiche des Bauteils kann bestätigt werden. Aufgrund der starken Verschmelzungen und der geringen Porosität im Grenzbereich wird erwartet, dass diese Parameterkombination in der Festigkeitsanalyse die stärksten Zugfestigkeiten aufweist.

4.6.4 Dünnschliffuntersuchung

Neben der computertomographischen Untersuchung kann auch die Dünnschliffuntersuchung Aufschluss über die innere Beschaffenheit der Zugprobe bringen. Hierzu wird der Teilbereich, der die kritische Grenzfläche beinhaltet, aus der Probe mechanisch entfernt und im Vakuumverfahren in eine Harzmatrix eingebettet. Anschließend wird die Probe zu einem lichtoptisch durchstrahlbaren Dünnschliff mit einer Dicke von circa 30 µm präpariert. Vorteilhaft bei dieser Methode ist, dass die Strukturen des erstarrten Kunststoffs sichtbar werden, sodass das Fließverhalten oder mögliche kristalline Strukturen identifiziert werden können. In Abbildung 4-33 bestätigt sich der enorme Einfluss der Temperatur auf die Beschaffenheit der Grenzfläche.

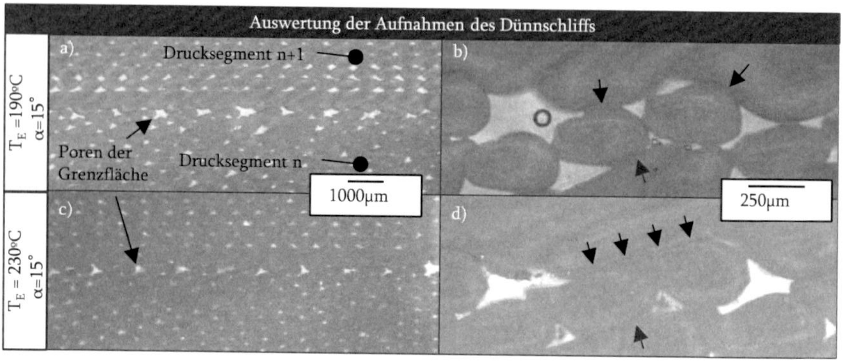

Abbildung 4-33: Dünnschliffaufnahmen von Grenzflächen bei variabler Extrusionstemperatur

Die Poren der Grenzfläche sind bei einer niedrigen Temperatur von 190 °C wesentlich größer als bei einer hohen Temperatur von 230 °C (vgl. Abbildung 4-33 a) und c). In den mikroskopischen Bildern auf höherer Detailstufe lassen sich weitere Erkenntnisse ableiten. Zum einen werden in der kritischen Grenzschicht, dargestellt durch die schwarzen Pfeile, und zum anderen im Subbereich der Grenzschicht, dargestellt durch die blauen Pfeile, flächige Kontakte deutlich (vgl. Abbildung 4-33 b) und d). Die Schmelzkontakte in der Grenzschicht vergrößern sich mit steigender Temperatur. Bei hohen Temperaturen bewirkt die eingebrachte Wärme einen großflächigen Kontakt zwischen den Poren beider Drucksegmente (vgl. Abbildung 4-33 d). Hier finden die entscheidenden Phasen der Diffusion in der Grenzfläche und eine Polymerkettenverflechtung statt. Bei niedrigen Temperaturen passt sich die erste Schicht des neuen Drucksegments aufgrund zu geringer Fließfähigkeit nicht an die Treppenstufengeometrie der Oberfläche an, und es entstehen geringflächige Kontakte (vgl. Abbildung 4-33 b). Hier laufen die Bindungsphasen der Oberflächenkontaktierung und Nackenausbildung ab.

Der Einfluss der eingebrachten Wärme lässt sich durch zwei weitere Beobachtungen untermauern. Die Querschnittsform der Stränge verliert seine definierte, rundliche Form und baut Kontakt zu allen umliegenden Strängen auf. Beachtenswert ist, dass die Wärme, die durch die erste Schicht eingebracht wird, Verschmelzungen im Subbereich der Grenzfläche bewirkt. Die blauen Pfeile in Abbildung 4-33 d) zeigen verbesserte Verschmelzungen zwischen den Schichten, was bereits in den computertomographischen Bildern beobachtet werden konnte.

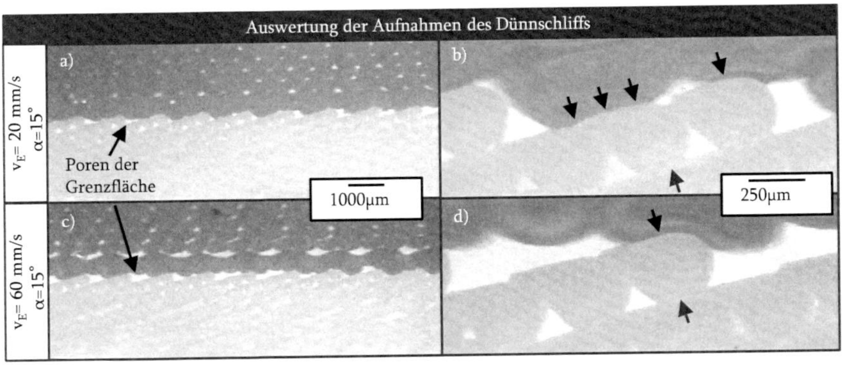

Abbildung 4-34: Dünnschliffaufnahmen von Grenzflächen bei variabler Extrusionsgeschwindigkeit

Die Extrusionsgeschwindigkeit hat ebenfalls signifikante Auswirkungen auf die Grenzfläche der multidirektionalen Zugprobe. Eine zunehmende Geschwindigkeit führt zu einer erheblichen Steigerung der Porosität in der Grenzfläche (vgl. Abbildung 4-34 a) und c)). Bei niedriger Extrusionsgeschwindigkeit erfolgt der Kontakt großflächig entlang der langen Poreninnenseite, während bei hohen Extrusionsgeschwindigkeiten lediglich geringe Kontakte an der Oberseite der Schichten des ersten Drucksegments aufgebaut werden. Dies wird durch die schwarzen Pfeile in Abbildung 4-34 b) und d) veranschaulicht.

Die Geschwindigkeit stellt somit ein wirksames Mittel dar, um das Material in die Treppenstufengeometrie einzulagern. Bei genauer Analyse des Teilbereichs der Grenzfläche (blaue Pfeile) kann jedoch keine wesentlich verbesserte Verschmelzung bei Verringerung der Geschwindigkeit beobachtet werden. Der Wärmeeintrag pro Fläche kann durch Reduzierung der Geschwindigkeit nicht signifikant verstärkt werden.

In Abbildung 4-35 werden verschiedene Schrägenwinkel (α=15° und α=45°) des ersten Drucksegments bei derselben Temperatur von 230 °C untersucht. Zunächst lässt sich feststellen, dass die Poren in der Kategorie mit leichter Neigung (α=15°) in der Grenzfläche größer sind als in der Kategorie mit hoher Neigung (α=45°) (vgl. Abbildung 4-35 a) und c)). Bei näherer Betrachtung auf höherer Detailstufe zeigt sich jedoch, dass bei den leicht geneigten Proben wesentlich weniger Poren entstehen. Das Material verschmilzt an der Innenseite der Pore und bildet einen großflächigen Kontakt. Bei den 45°-Proben entstehen viele Kontakte, jedoch vornehmlich auf der Oberseite der Schichten. Bemerkenswert ist, dass sich das Material selbst bei einer Temperatur von

230 °C, bei der das PLA sehr fließfähig ist, nicht tiefer in die Zwischenräume der Stränge des Zugprobenfußes absenkt.

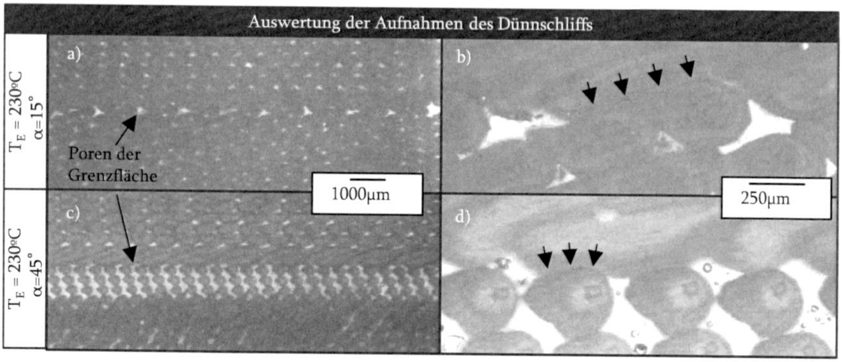

Abbildung 4-35: Mikroskopie der Dünnschliffproben T_E=230 °C, α=15° und T_E=230 °C, α=45°

Abschließend lässt sich sagen, dass niedrige Extrusionsgeschwindigkeiten sowie hohe Extrusionstemperaturen als wirksame Mittel dienen können, um die Kontaktflächen in der Grenzfläche der Proben zu vergrößern. Nur bei hohen Temperaturen in Verbindung mit den 15°-Proben sind Veränderungen in der Porosität im Subbereich der Grenzfläche zu beobachten, was auf die verstärkte Einbringung von Wärme in das Bauteil zurückzuführen ist. Bei den 45°-Zugproben zeigt sich keine Veränderung der Porosität im Subbereich der Grenzfläche bei hohen Temperaturen, da der Wärmeeintrag über die zahlreichen, jedoch geringen Kontaktflächen zu schwach ist und somit nicht in die unteren Schichten gelangt. Die Parametervariationen entfalten demnach bei den 45°-Proben eine geringere Wirkung im Vergleich zu den 15°-Proben.

Je nach Neigung der Oberfläche können unterschiedliche Kontaktmuster in der Grenzfläche beobachtet werden, weshalb sich der Kontakt bei den 15°-Proben an der Poreninnenseite und der Kontakt bei den 45°-Proben auf der Oberseite der Schichten befindet. In den Dünnschliffen können insgesamt keine klaren kristallinen Strukturen im Inneren der Stränge identifiziert werden. Dies liegt daran, dass das erste Drucksegment in einem kalten Zustand bedruckt wird und das Bauteil nach dem Ablegen der Schichten zu schnell abkühlt, bevor der Kunststoff kristallisieren kann.

4.6.5 Zwischenfazit zur Grenzflächenanalyse

Grenzflächenstudien zeigen, dass die Auswahl der Parameterwerte einen erheblichen Einfluss auf die Verbindung zwischen den Drucksegmenten hat. Hinsichtlich der Temperaturerhöhung lässt sich zusammenfassen, dass die Porosität an der Grenzfläche verringert und die Kontaktbereiche vergrößert werden können. Die Temperaturerhöhung führt nicht zu einer idealen Verbindung zwischen den Materialien, aber bei einer Temperatur von 230 °C kann es durch Wärmeleitung zum Schmelzen der Enden der Schichten des ersten Drucksegments und zum Füllen der Treppenstufengeometrie kommen. Durch den Einsatz von CT und die Analyse von Dünnschliffen kann gezeigt werden, dass die Zufuhr von Wärme bei hohen Temperaturen an der Oberfläche relevant ist. In der Unterregion der Grenzfläche können eine Verringerung der Porosität, eine Veränderung der Porenform und ein leichtes Schmelzen identifiziert werden.

Die Auswirkungen der Extrusionsrate sind weniger signifikant. Während in den lichtmikroskopischen Bildern keine deutliche Verbesserung der Einlagerung des Materials in die gestufte Geometrie zu erkennen ist, zeigen die Dünnschnittbilder eine starke Einlagerung bei niedrigen Geschwindigkeiten. Das Schmelzen des ersten Drucksegments wird selbst bei der niedrigsten Geschwindigkeit nicht erreicht. Daher ist die Wärmeübertragung durch Wärmestrahlung von der Düse vernachlässigbar. Darüber hinaus wird bei der höchsten Geschwindigkeit von 60 mm/s durch REM-Untersuchung ein poröser Verbundstoff identifiziert.

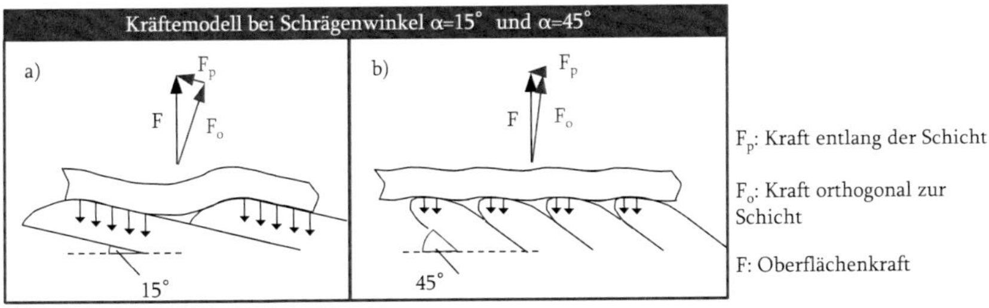

Abbildung 4-36: Kräftemodell bei variablen Schrägenwinkeln

Insgesamt sind somit hohe Extrusionstemperaturen und geringe Extrusionsgeschwindigkeiten für eine effektive Grenzflächenverbindung zu empfehlen. Hinsichtlich der Grundlagen sind die 15°-Proben deutlich überlegen, da sie breitere Poren aufweisen und das Material sich in die lange Seite einlagern kann. Bei den 45°-Proben hingegen kann unabhängig von der Parametereinstellung nahezu keine Einlagerung erzielt werden. Auf Grundlage sämtlicher Ergebnisse der Grenzflächenuntersuchungsmethoden wird schematisch ein Modell der Grenzschicht entworfen, das sich der realen Situation im Vergleich zu dem theoretischen Kräftemodell weiter annähern soll (vgl. Abbildung 4-36).

Es wird deutlich, dass die Grenzschicht bei leicht geneigten Oberflächen durch weniger, aber deutlich größere Kontaktlängen charakterisiert ist, die in der langen Seite der Pore lokalisiert sind (vgl. Abbildung 4-36 a)). Stärker geneigte Oberflächen weisen deutlich mehr Kontaktstellen auf, die sich an der Oberseite der angeschrägten Schichten befinden und flächenmäßig kleiner sind (vgl. Abbildung 4-36 b)).

4.7 Bruchstellenanalyse

Bei der Analyse der Bruchstellen können aus den Parametern nach dem Zugversuch weitere Anhaltspunkte für die Qualität der mechanischen Verbindung abgeleitet werden. Die fehlerhaften Oberflächen des Fußes und des Kopfes der Zugprobe werden systematisch untersucht. Die Untersuchung erfolgt sowohl auf der makroskopischen Ebene der gesamten Oberfläche als auch auf der mikroskopischen Ebene der einzelnen Schmelzkontakte, um wesentliche Informationen über die Qualität der Grenzflächenverbindung abzuleiten und den Versagensverlauf nachzuvollziehen.

4.7.1 Mikroskopische Untersuchung

Zunächst werden die Auswirkungen der Extrusionsgeschwindigkeit beurteilt. In der Kategorie v20w15 (v_E= 20 mm/s bei α=15°), bei der die Extrusion mit einer niedrigen Geschwindigkeit von 20 mm/s erfolgt, werden im Kopf der Zugprobe an der Basis der Probe nach dem Bruch großflächige Materialrückstände gefunden (vgl. Abbildung 4-37 a) bis f)). Die Rückstände befinden sich in der Mitte der Zugprobe, was wahrscheinlich auf die Temperaturverteilung während des Kompressionsprozesses zurückgeführt werden kann. Die äußeren Bereiche erfahren aufgrund der Umgebungstemperatur eine stärkere Abkühlung als das Zentrum, sodass der Bruch der Verbindung in den äußeren Bereichen abrupt und ohne Materialrückstände erfolgt. Im Gegensatz dazu ist der Bruchprozess im Zentrum durch ein langsames und konstantes Wachstum der Risse in den Materialinseln gekennzeichnet (vgl. Abbildung 4-37 b) und d)), bevor schließlich die gesamte Probe versagt. Der letzte Kontaktbereich vor dem plötzlichen Bruch des Prüfstücks ist wahrscheinlich die weiße Front in Abbildung 4-37 d). Dagegen bleibt der Abdruck der Zugprobe während des Bruchprozesses intakt (vgl. Abbildung 4-37 a) und c)). Die Geometrie der Treppenstufe ändert sich nicht, sodass der Fuß der Zugprobe bei 15° als stabiles Fundament für die Verbindung interpretiert werden kann. Diese Annahme kann durch die Tatsache gestützt werden, dass im Zugprobenfuß noch Materialinseln verbleiben, die eine beträchtliche Fläche einnehmen.

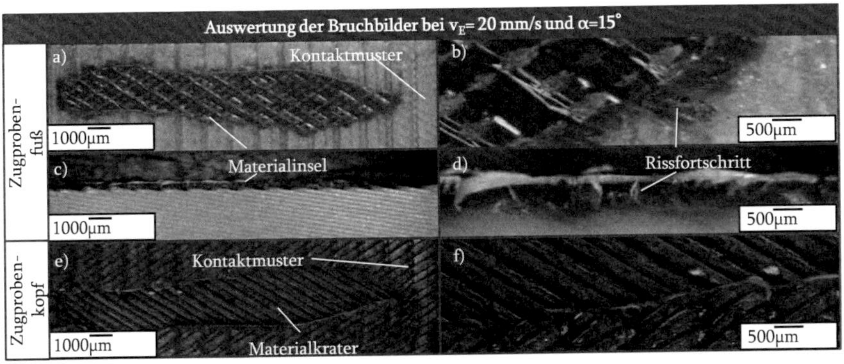

Abbildung 4-37: Bruchbilddarstellungen der versagten Grenzflächen (Typ: v_E=20 mm/s und α=15°)

Während einige Probenoberflächen innerhalb dieser Kategorie lediglich kleine Materialinseln aufweisen, zeigen andere Proben bereits keine Materialinseln mehr. Diese Erkenntnis verdeutlicht, dass die Verbindungsqualität mit steigender Geschwindigkeit abnimmt, die Schmelzkontakte bei Belastung leicht aufbrechen und kein starkes Risswachstum in verschmolzenen Bereichen stattfindet. In Abbildung 4-38 a), b) und e) können zusätzliche Strangausbrüche aus dem Zugprobenfuß identifiziert werden. Hierbei handelt es sich um die Schichtenden des Zugprobenfußes. Der Grund für die Anhaftung der Stränge ist womöglich, dass die Kontaktstellen bei erhöhter Extrusionsgeschwindigkeit vermehrt an den Spitzen der angeschrägten Schichtenden des Zugprobenfußes entstehen und nicht die tiefliegenden Konturen erreichen. Der verringerte Flächenkontakt verursacht bei gleicher Kraft höhere Spannungen an den Spitzen der Treppenstufen. Als Resultat werden vermehrt die Spitzen des Zugprobenfußes herausgerissen. Die Sichtbarkeit der Kontaktmuster ist geringer gegenüber den Kontaktmustern bei Extrusionsgeschwindigkeiten von 20 mm/s, wodurch sich die Annahme bestätigt, dass eine leicht herabgesetzte Verbindungsqualität vorliegt.

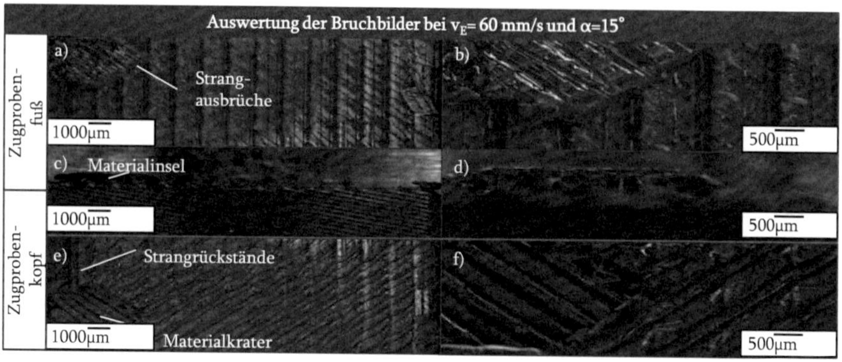

Abbildung 4-38: Bruchbilddarstellungen der versagten Grenzflächen (Typ: v_E=60 mm/s und α=15°)

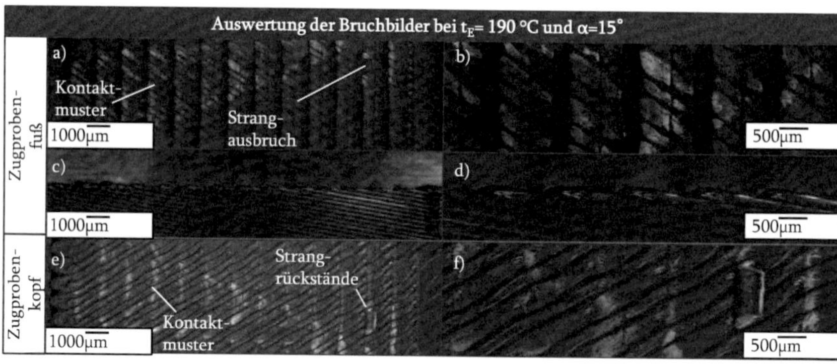

Abbildung 4-39: Bruchbilddarstellungen der versagten Grenzflächen (Typ: t_E=190°C und α=15°)

Nun werden die Effekte der Extrusionstemperatur auf die Versagensoberflächen untersucht. Diese versprechen aufschlussreiche Ergebnisse, da mit erhöhten Temperaturen deutliche Festigkeitssteigerungen erreicht werden sollen. Abbildung 4-39 zeigt die Bruchbilder von Zugproben, hergestellt mit einer Extrusionstemperatur von 190 °C. Die empfohlene Extrusionstemperatur für PLA beträgt circa 210 °C, weshalb die Temperatur von 190 °C den unteren Grenzbereich darstellt. Auf den versagten Zugprobenfüßen sind keine Materialinseln zu beobachten, sondern lediglich vereinzelt Strangausbrüche, die an den Zugprobenköpfen haften (vgl. Abbildung 4-39 a) und e)).

Diese Beobachtung ist wieder ein Hinweis für eine eingeschränkte, eher punktuelle Verbindung im Grenzflächenbereich, sodass keine wesentlichen Verschmelzungen zwischen Zugprobenkopf und -fuß herrschen. Die Treppenstufengeometrie ist demnach lediglich an den Schichtenden leicht beeinträchtigt (vgl. Abbildung 4-39 c) und d)). Das Kontaktmuster ist sowohl auf dem Zugprobenfuß als auch auf dem Zugprobenkopf optisch gut erkennbar (vgl. Abbildung 4-39 a), b) e) und f).

Abschließend werden die Bruchbilder der Proben mit einer erhöhten Extrusionstemperatur von 230 °C untersucht. Die Ergebnisse der Festigkeitsuntersuchung zeigen, dass diese Parameterkombination die höchsten Zugfestigkeiten aufweist. Folglich ist die Untersuchung der versagten Grenzfläche von besonderem Interesse. Die Oberfläche des Zugprobenfußes zeigt in Abbildung 4-40 a) keine Materialinseln, sondern lediglich Kontaktmuster und Strangausbrüche. Die Kontaktmuster weisen im Vergleich zu vorherigen Parameterkombinationen sehr definierte Konturen auf, was auf stärkere Verschmelzungen hinweist (vgl. Abbildung 4-40 b)).

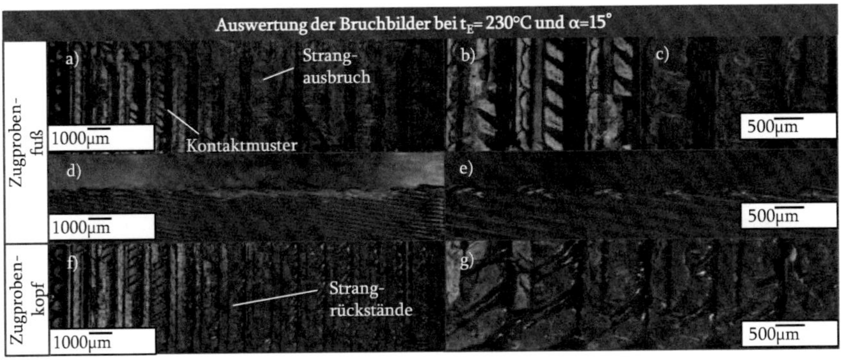

Abbildung 4-40: Bruchbilddarstellungen der versagten Grenzflächen (Typ: t_E=230 °C und α=15°)

Die Stellen, an denen die Schichtenden aus dem Zugprobenfuß herausgerissen sind, werden in Abbildung 4-40 c) vergrößert dargestellt. Die Breite der herausgebrochenen Stränge verdeutlicht, dass nicht nur die Spitzen der Treppenstufengeometrie, wie in anderen Kategorien, herausgerissen werden, sondern nahezu die gesamte Treppenstufe. Dies spricht für eine sehr gute Verbindungsqualität zwischen Zugprobenfuß und -kopf und bestätigt, dass bei der hohen Temperatur von 230 °C ein signifikantes Verschmelzen stattfindet und auch eine Wärmeleitung in tiefere Bereiche des Zugprobenfußes, also den Subbereich der Grenzfläche, stattfindet. Es ist anzunehmen, dass in

Bezug auf die Bindungsprozesse der Polymerstränge die entscheidenden, finalen Phasen der Diffusion in der Grenzfläche und der Polymerkettenverflechtung durchlaufen werden. In der Seitenansicht des Zugprobenfußes lassen sich die Ausbrüche nicht identifizieren, da diese zentral auf der Oberfläche erfolgen und nicht am Rand der Probe (vgl. Abbildung 4-40 d) und e)). In Abbildung 4-40 f) und g) sind die Strangrückstände der ausgerissenen Treppenstufengeometrie am Zugprobenkopf jedoch zu sehen. Speziell in Abbildung 4-40 g) lässt sich die Breite der ausgerissenen Treppenstufen veranschaulichen.

In nahezu allen Kategorien besteht das Bruchverhalten im Wesentlichen aus dem schlagartigen Sprödbruch der Schmelzkontakte zwischen Zugprobenfuß und -kopf. Eine Ausnahme bilden die Proben, die mit sehr niedriger Geschwindigkeit gefertigt werden (v_E= 20 mm/s). Die Verbindung ist so stabil, dass das Risswachstum vom Zugprobenfuß auf den Zugprobenkopf übergeht und Materialinseln auf der Zugprobenoberfläche zurückbleiben. Eine weitere Ausnahme stellen die Proben dar, die mit hoher Temperatur gedruckt werden (t_E= 230 °C). Eine Erhöhung der Temperatur zeigt gegenüber den anderen Parametern die besten Festigkeitswerte. Wie schon zuvor erwähnt, kann nach dem Versagen der Zugprobe in den lichtmikroskopischen Bildern ein Ausreißen gesamter Treppenstufenbereiche beobachtet werden (vgl. Abbildung 4-40 c)). Da hier also nicht ein einfaches Trennen der Schmelzkontakte zwischen Zugprobenfuß und -kopf erfolgt, wird über rasterelektronenmikroskopische Bilder der Bruchfortschritt genauer untersucht (vgl. Abbildung 4-41).

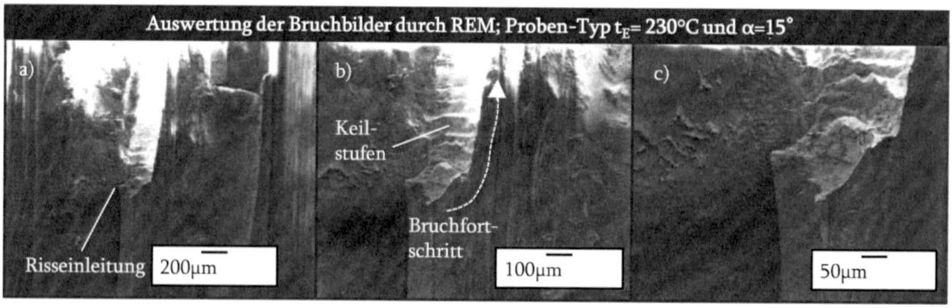

Abbildung 4-41: Aufnahme des Bruchverhaltens durch Rasterelektrononenmikroskopie (REM)

Die REM-Bilder der Versagensoberfläche ermöglichen die Lokalisierung der Stellen, an denen der Riss senkrecht zum extrudierten Strang in die Schicht eingeleitet wird (vgl. Abbildung 4-41 a)). Von dort aus breitet sich der Riss entlang der Schicht aus, was sich an den Keilstufen identifizieren lässt (vgl. Abbildung 4-41 b)). Im Kontext der vorgestellten Brucharten im Stand der Technik handelt es sich somit um einen Reißbruch. Dieser entsteht durch eine ungleichmäßig verteilte Normalspannung, hervorgerufen durch die geneigten Schichten des Zugprobenfußes. Das Einreißen beginnt an einer inneren Oberfläche und der Bruch kann als spröde klassifiziert werden, da nur sehr wenige kurze Ausbrüche in der Bruchfläche zurückbleiben. Nachdem sich starke Risse in der Grenzfläche ausgebreitet haben und die Kraft weiter ansteigt, versagt die Probe letztendlich schlagartig. Dabei werden die verbliebenen Schmelzkontakte zwischen Zugprobenfuß und -kopf aufgebrochen. Auf Grundlage von Abbildung 4-41 a) liegt die Vermutung nahe, dass der Rissbeginn und das Ausreißen der Treppenstufengeometrie aufgrund der homogenen Temperaturverteilung vorwiegend zentral auf der Oberfläche stattfinden.

Zusammenfassend lässt sich feststellen, dass das Bruchverhalten stark von der Intensität der Verschmelzung an der Grenzfläche abhängt. Bei einer starken Verschmelzung erfolgt der Riss zentral in der geneigten Schicht des Zugprobenfußes (vgl. Abbildung 4-42 a)). Bei geringer Verschmelzung hingegen entstehen die Risse an den Schmelzkontakten. Dies führt dazu, dass diese aufbrechen und eine deutliche Trennung zwischen Zugprobenfuß und Zugprobenkopf entsteht (vgl. Abbildung 4-42 b)).

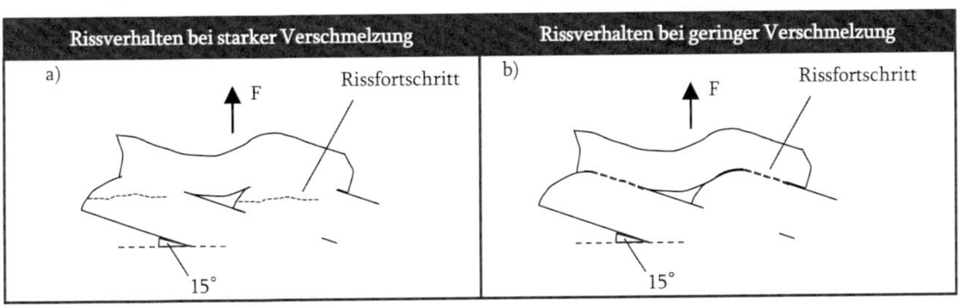

Abbildung 4-42: Rissverhalten bei starker Verschmelzung a) und geringer Verschmelzung b)

Während Zugproben mit geringer Rauheit akzeptable Festigkeitswerte in der Analyse aufweisen, zeigen Zugproben mit hoher Rauheit bis zu 5,57-fach niedrigere Festigkeitswerte. Eine Erhöhung der Extrusionsgeschwindigkeit führt, ähnlich wie bei einem Schrägungswinkel von 15°, zu einer Verringerung von Materialinseln auf den Bruchoberflächen (vgl. Abbildung 4-43 a)). Die Schmelzkontakte sind bei niedrigen Geschwindigkeiten sowohl am Zugprobenfuß als auch am -kopf deutlich ausgeprägter. Diese Beobachtungen bestätigen die vorherigen Ergebnisse und zeigen, dass mit steigender Extrusionsgeschwindigkeit die Qualität der Grenzflächenverbindung abnimmt.

Darüber hinaus bestätigt sich, dass sich die Schmelzkontakte bei einem Neigungswinkel von 45° zentral auf der Schichtoberseite des Zugprobenfußes befinden und keine Einlagerung in die Pore erfolgt.

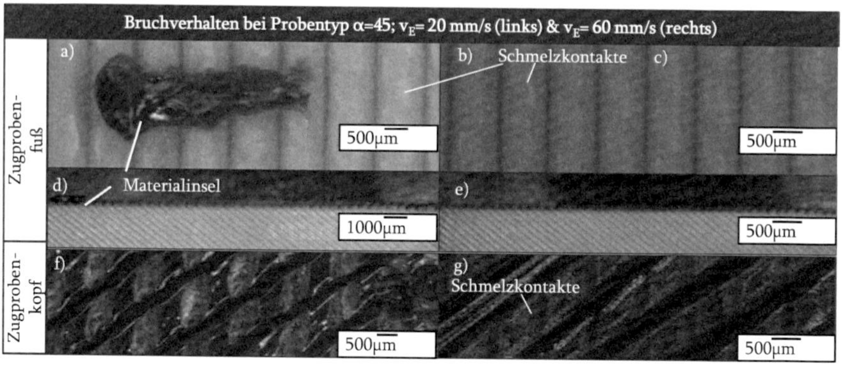

Abbildung 4-43: Bruchbilddarstellungen der versagten Grenzflächen (Typ: vE=20 und 60 mm/s bei α=45°)

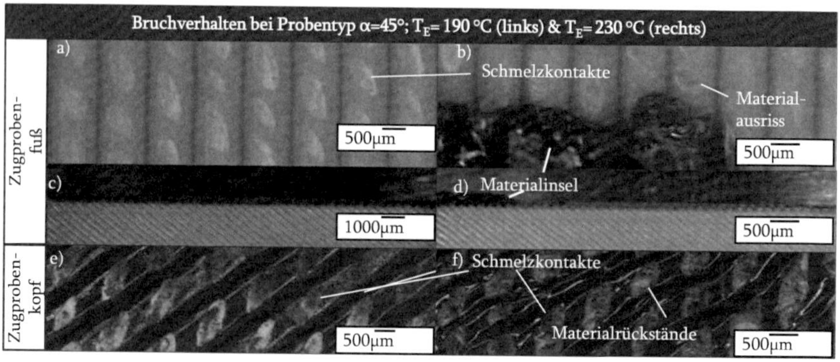

Abbildung 4-44: Bruchbilddarstellungen der versagten Grenzflächen (Typ: tE=190 °C und 230 °C und α=45°)

Mit steigender Extrusionstemperatur häufen sich die Materialinseln auf dem Zugprobenfuß, was auf eine verbesserte Verbindung hinweist (vgl. Abbildung 4-44 b) und d)). Die Schmelzkontakte sowohl am Zugprobenfuß als auch am -kopf sind bei höheren Temperaturen leicht vergrößert. Des Weiteren lassen sich bei erhöhten Temperaturen an den Schmelzkontakten am Zugprobenkopf Materialrückstände beobachten (vgl. Abbildung 4-44 f)).

Die beobachteten Trends, die von den Parametern abhängig sind, entsprechen im Allgemeinen denen, die auch bei einem Schrägungswinkel von α=15° zu beobachten sind. Geringe Extrusionsgeschwindigkeiten und hohe Extrusionstemperaturen führen zu Bruchflächen, die auf eine verbesserte mechanische Verbindungsqualität hinweisen. Die Kategorien v60w45 (v_E= 60 mm/s und α=45°) und t190w45 (t_E= 190 °C und α=45°) zeigen dementsprechend eine unveränderte Treppenstufengeometrie nach dem Zugversuch, die auf geringfügige Verschmelzungen zwischen den Segmenten zurückzuführen ist.

4.7.2 Schmelzkontaktuntersuchung

Angesichts der erheblichen Auswirkungen der Temperaturerhöhung auf die Festigkeiten und Bruchflächen erfolgt eine detaillierte Untersuchung der einzelnen aufgebrochenen Schmelzkontakte, die in diesem Kontext den kritischen Zwischenschichtverbindungen entsprechen und die mechanische Festigkeit des Bauteils maßgeblich beeinflussen sollen.

In Abbildung 4-45 sind mikroskopische Aufnahmen der korrespondierenden Schmelzkontakte an Zugprobenfuß und -kopf bei drei verschiedenen Extrusionstemperaturen dargestellt.

Auffällig ist, dass der einzelne Schmelzkontakt mit zunehmender Temperatur an Größe gewinnt. Bei 190 °C ist dieser aufgrund der rauen Oberfläche der Treppenstufe in zwei Teilbereiche unterteilt. In Abbildung 4-45 a) ist der linke Bereich als Kontakt an der Spitze der Treppenstufe zu identifizieren, während der rechte Bereich einen tieferliegenden Kontakt in die Pore repräsentiert und schwächer ausgeprägt ist. Die Tatsache, dass der Schmelzkontakt keine durchgängige Fläche aufweist, legt nahe, dass die Temperatur von 190 °C zu niedrig ist, um eine vollständige Schmelzung des Rauheitsprofils der Treppenstufeninnenseite zu bewirken. Bei einer Temperatur von 210 °C hingegen ist ein durchgängiger Kontaktbereich zu erkennen (vgl. Abbildung 4-45 c)), der zudem an Flächeninhalt gewonnen hat. Obwohl anzunehmen ist, dass die Fläche des Schmelzkontakts mit weiterer Temperaturerhöhung auf 230 °C weiter zunimmt, kann dies nicht definitiv nachgewiesen werden, da ein beträchtlicher Teil der Treppenstufe durch den Zugversuch herausgerissen wird (vgl. Abbildung 4-45 e)).

Bei genauer Betrachtung der temperaturspezifischen Erscheinung wird deutlich, dass die Kontur des Schmelzkontaktes mit steigender Temperatur schärfer wird. Während der Randbereich der Verbindungsstelle bei 190 °C noch leicht diffus erscheint, zeigen sich bei erhöhten Temperaturen von 210 °C und 230 °C klar definierte Ränder. Neben der Kontur verändert sich auch die Farbe im Inneren der versagten Kontaktbereiche. Mit zunehmender Temperatur nimmt die weißliche Erscheinung an Intensität zu.

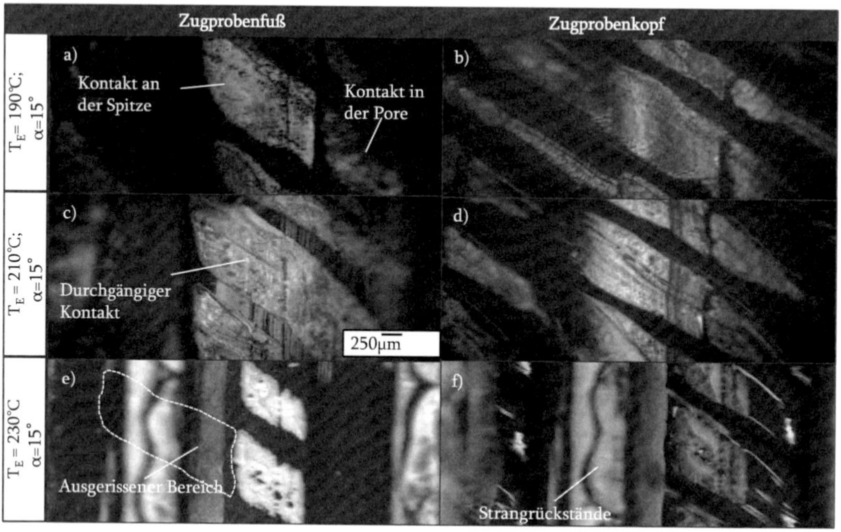

Abbildung 4-45: Mikroskopie der Schmelzkontakte bei Variation der Extrusionstemperatur

Die kräftigeren weißen Bereiche deuten auf stärkere Verschmelzungsprozesse hin und könnten auf die Bildung von Kristallen sowie Gasen zurückzuführen sein, die während der Aufschmelzvorgänge entstehen und bei der Abkühlung des Grenzbereichs eingeschlossen werden. Bei der Untersuchung der zugehörigen, versagten Kontaktflächen an den Zugprobenköpfen sind die Effekte bei Variation der Temperatur nicht so stark ausgeprägt (vgl. Abbildung 4-45 b), d) und f)). Dies könnte möglicherweise darauf zurückzuführen sein, dass der Zugprobenkopf auf einen „kalten" Zugprobenfuß aufgedruckt wird, wodurch der Zugprobenfuß abrupt erhitzt bzw. aufgeschmolzen wird.

Der Schmelzkontakt bei höheren Temperaturen wird in höherer Detailstufe in Abbildung 4-46 dargestellt, um die temperaturabhängige Morphologie zu untersuchen. Bei einer Temperatur von 210 °C ist eine kristalline Struktur erkennbar (vgl. Abbildung 4-46 a) und b)). Es bilden sich viele kleine Kristalle, die ein sphärolithisches Gefüge erzeugen (vgl. Abbildung 4-46 c)). Bei einer erhöhten Temperatur von 230 °C entstehen deutlich größere Kristalle. Diese Beobachtung stimmt mit der Theorie aus dem Stand der Technik überein, die besagt, dass mit steigender Temperatur weniger, dafür aber größere Kristalle entstehen. Bei 230 °C sind ausgeprägte Kristallgrenzen sowie lange, nadelförmige Kristalle zu beobachten (vgl. Abbildung 4-46 d) bis f)). Diese stärker ausgeprägten Kristalle tragen zu einer höheren Festigkeit im Zugversuch bei. Zusammenfassend kann festgehalten werden, dass bei höheren Temperaturen kristalline Strukturen in der Grenzfläche gebildet werden. Die Art der kristallinen Gefügearten variiert abhängig von der Temperatur und den unterschiedlich langen Abkühlzeiten, was wiederum die mechanischen Festigkeitseigenschaften beeinflusst.

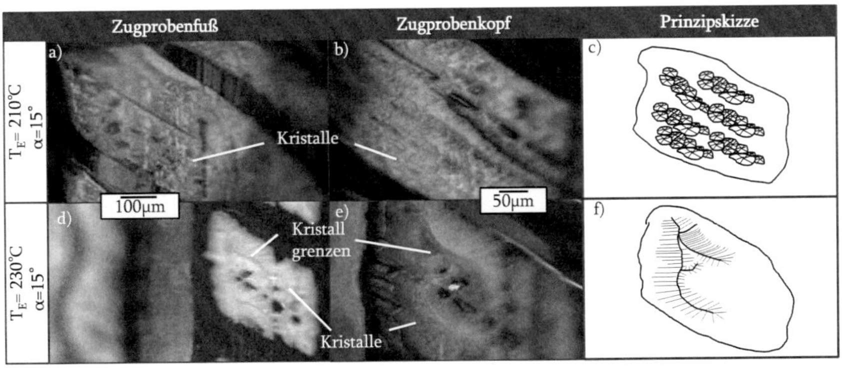

Abbildung 4-46: Morphologie der Schmelzkontakte bei hoher Temperatur

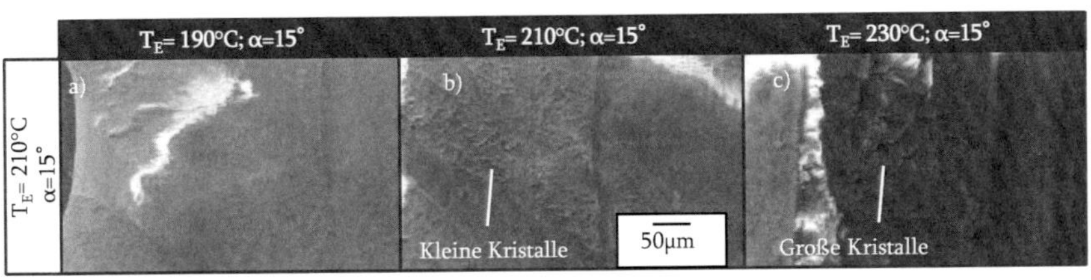

Abbildung 4-47: Aufnahme des Bruchverhaltens durch Rasterelektrononenmikroskopie (REM) bei Variation der Extrusionstemperatur

Weitere REM-Aufnahmen in Abbildung 4-47 bieten detaillierte Einblicke in die Konturen der Schmelzkontakte, die eine Analyse ermöglichen. Auch hier lassen sich ähnliche Schlussfolgerungen ziehen wie bei den lichtmikroskopischen Aufnahmen. Bei 190 °C entsteht ein schwacher Kontakt, der durch eine unauffällige, flache Morphologie gekennzeichnet ist (vgl. Abbildung 4-47 a)). Die Schmelzkontakte, die bei 210 °C gebildet werden, weisen viele kleine Kristalle auf (vgl. Abbildung 4-47 b)). Bei der höchsten Temperatur von 230 °C sind große Kristalle mit erhabenen Kristallgrenzen identifizierbar (vgl. Abbildung 4-47 c)).

Des Weiteren zeigt Abbildung 4-48, dass die Bruchoberfläche im Bereich der Bruchkrater einen weißlichen Schimmer aufweist. Zur Untersuchung dieser weiß schimmernden Oberfläche sind in Abbildung 4-48 mikroskopische Aufnahmen im Bereich der Bruchkrater dargestellt. Die mittlere Aufnahme verdeutlicht, dass die weiß schimmernden Bereiche klar von der eigentlichen Probenfarbe abgegrenzt sind. Dabei treten die Bereiche der Probenfarbe, in Abbildung 4-48 dunkel dargestellt, an der Grenze der Druckschichten auf, während die weiß schimmernden Bereiche in der Mitte der Druckschichten erkennbar sind. Im rechten Bild der mikroskopischen Nahaufnahme ist die weiß schimmernde Oberfläche genauer dargestellt. Aus dieser Nahaufnahme ist zu erkennen, dass sich auf der weiß schimmernden Oberfläche eine Vielzahl von feinen Kunststofffasern befindet.

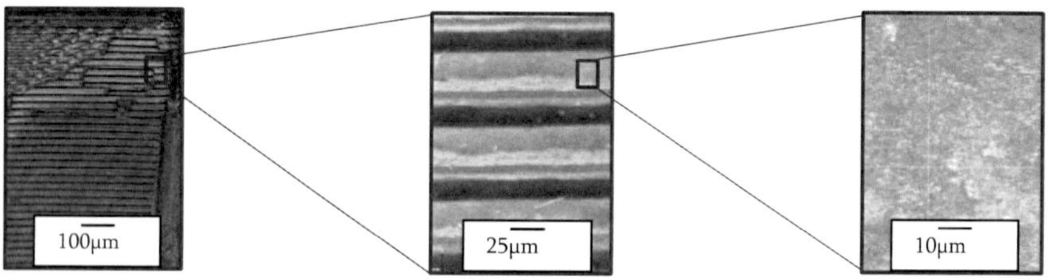

Abbildung 4-48: Mikroskopische Aufnahmen der weißlich schimmernden Oberfläche im Bereich der Bruchkrater

Die fibrillenartige Struktur auf der Bruchoberfläche weist auf Haarrisse bzw. sogenanntes Crazing hin. Crazing ist ein Phänomen, das bei der Rissbildung auftritt. Initiator für die Entstehung von Crazing sind Gefügefehler, wie beispielsweise Einschlüsse im Polymer. Hohe lokale Spannungen und die resultierenden Deformationen im Bereich der Gefügefehler führen zu fibrillenartigen Strukturen durch eine plastische Verstreckung der verschlauften Polymerketten.[266] Werden diese fibrillenartigen Strukturen durch äußere Belastungen weiter gestreckt, kommt es zur Rissbildung durch den sogenannten Fibrillenbruch. Der dominierende Bruchmechanismus dabei ist das gegenseitige Abgleiten der Polymerketten aneinander.[267] Die fibrillenartige Struktur des

[266] Vgl. Beerbaum, H. (2000) *Ermittlung strukturbezogener bruchmechanischer Werkstoffkenngrößen an Polyethylen-Werkstoffen*, S. 13.

[267] Vgl. Beerbaum, H. (2000) *Ermittlung strukturbezogener bruchmechanischer Werkstoffkenngrößen an Polyethylen-Werkstoffen*, S. 38.

Polymers besitzt einen geringeren Lichtbrechungsindex als das ungestörte Polymer, wodurch die fibrillierte Oberflächenstruktur stark reflektiert. Dies führt dazu, dass die fibrillierte Oberfläche weiß erscheint.[268]

4.8 Thermische Einflüsse an Grenzflächen

Die Temperatur der Bauplattform beeinflusst das Temperaturniveau am Drucksegment durch Wärmeleitung und hat somit Auswirkungen auf den Diffusionswiderstand an der Verbindungsstelle. Man erwartet, dass die Intensität dieses Effekts in Relation zur Raumposition der Grenzfläche zur Bauplattform steht. Je weiter die Grenzfläche von der Bauplattform entfernt ist, desto geringer ist der Einfluss der Plattformtemperatur auf den Widerstand. Es wird auch angenommen, dass die Geometrie des Bauteils die Wärmeleitung beeinflusst. Ein Anstieg der Umgebungstemperatur führt zu einem höheren Temperaturniveau im Raum. Durch die Abkühlung des extrudierten Strangs wird das Temperaturniveau jedoch gesenkt, was proportional weniger Zeit für die Bildung einer intermolekularen Bindung durch Diffusion bedeutet. Daher erwartet man, dass die Verbundfestigkeit bei aktiver Kühlung geringer ist.

Um den Einfluss von Temperaturen auf die Festigkeit von Grenzflächen zu untersuchen, werden thermografische Aufnahmen des Druckprozesses an Grenzflächen analysiert. Zunächst wird der Einfluss der Eingangsparameter, wie Umgebungstemperatur (T_U) und Haltezeit (t_H), auf die Grenzflächentemperatur des Probenfußes untersucht. Die Haltezeit beschreibt die Dauer, für die die Extrusionseinheit auf die Grenzfläche gerichtet ist und somit lokal auf die Oberflächentemperatur wirkt. Anschließend wird der Einfluss dieser Eingangsparameter auf die Wärmeeindringtiefe auf der Oberfläche des Drucksegments ausgewertet. Abschließend erfolgt die Analyse der Temperaturentwicklung während der Ablage der ersten Druckschicht im Bereich der Grenzfläche bei variierender Haltezeit. Für die thermografischen Aufnahmen kommt die VarioCamHD des Herstellers InfraTec zum Einsatz, und die Auswertung erfolgt mithilfe der Software Irbis 3.1 Professional.

4.8.1 Global und lokal wirkende Temperaturfelder

Die Zielsetzung der thermischen Untersuchungen besteht darin, ein Verständnis für den Einfluss global und lokal wirkender Temperaturfelder auf die Grenzflächenfestigkeit von multirektional gedruckten Bauteilen zu entwickeln. Auf Basis der

---

[268] Vgl. Kambour, R. P. (1967) *Die Rolle des „Crazing" beim Bruchmechanismus von glasartigen Polymeren*, S. 400.

gewonnenen Erkenntnisse sollen Entscheidungskriterien für oder gegen die Integration global bzw. lokal wirkender Temperaturfelder in das Herstellungsverfahren des multirektionalen additiven Fertigens abgeleitet werden.

Als Wärmequellen für das lokal wirkende Temperaturfeld können sowohl die abgestrahlte Restwärme der Extrusionseinheit als auch die beheizte Bauplattform genutzt werden, um die stoffliche Anbindung zweier Drucksegmente zu verbessern. Die Haltezeit als Eingangsparameter beeinflusst dabei das lokale Temperaturfeld im Bereich der Grenzfläche des Probenfußes. Im Folgenden werden die Anwendung der beiden Wärmequellen

- *Abstrahlungswärme der Extrusionseinheit und*
- *beheizte Bauplattform*

im Rahmen der Probenherstellung vorgestellt, sowie Vor- und Nachteile diskutiert.

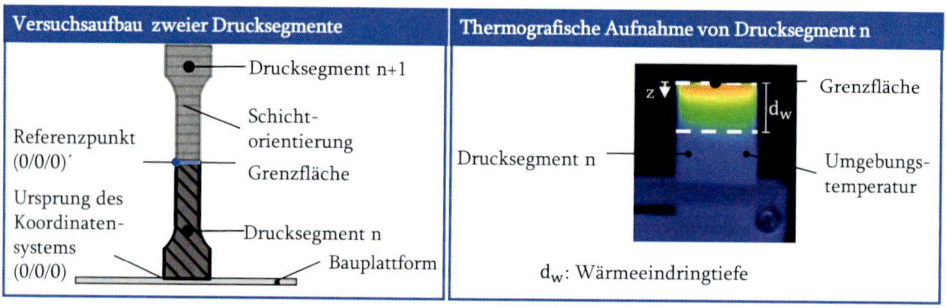

Abbildung 4-49: Versuchsaufbau für die Thermographie und Darstellung der Wärmeeindringtiefe d_W

Eine Erhöhung der Umgebungstemperatur und der Haltezeit lässt auf eine Steigerung der Wärmeeindringtiefe (d_W) schließen. In dieser Untersuchung dient die Wärmeeindringtiefe als ein Orientierungswert, der die Wärmeaufnahmefähigkeit multirektional gedruckter Bauteile im Bereich der Grenzfläche charakterisiert. Die Wärmeeindringtiefe wird linear in die negative z-Richtung gemessen und ist definiert durch die maximale Distanz zwischen der Grenzfläche und dem Punkt auf der Oberfläche eines Drucksegments, ab dem die Oberflächentemperatur des Probenfußes die Umgebungstemperatur erreicht und ein Temperaturgradient von Null erreicht wird (vgl. Abbildung 4-49). Es ist ersichtlich, dass die Analyse der Wärmeeindringtiefe stark von der Auflösung der verwendeten Thermografiekamera abhängt.

Abbildung 4-50 veranschaulicht die Temperaturveränderungen auf der Grenzfläche des Probenfußes bei experimentellen Untersuchungen mit variierender Haltezeit t_H

und einer Umgebungstemperatur von $T_U \approx 20$ °C. Die gewählten Betriebspunkte für die Haltezeit sind $t_H = 0$ min, $t_H = 5$ min und $t_H = 10$ min und die gewählten Betriebspunkte der Umgebungstemperatur sind $T_U \approx 20$ °C, $T_U = 30$ °C und $T_U = 40$ °C. Der Betriebspunkt $T_U \approx 20$ °C und $t_H = 0$ min wird bei der Auswertung der Versuchsergebnisse als Referenzwert verwendet, um die Notwendigkeit der lokalen Grenzflächenerwärmung hinsichtlich der Festigkeitsoptimierung multidirektional gedruckter Bauteile zu bewerten.

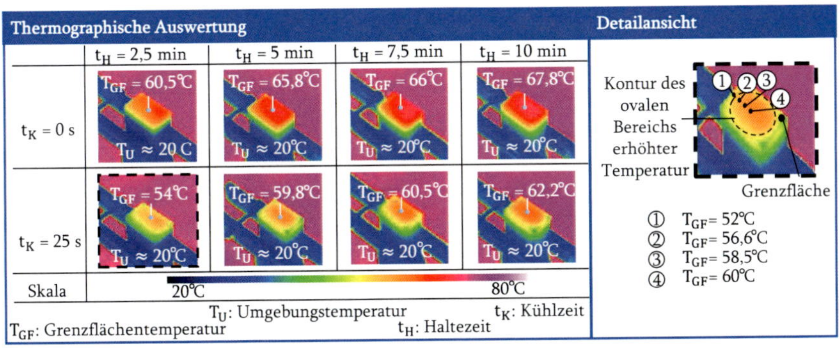

Abbildung 4-50: Oberflächentemperatur der Grenzfläche bei variierenden Haltezeiten t_H & Kühlzeiten t_K

Das Temperaturprofil auf der Grenzfläche des Probenfußes ist bei einer Kühlzeit $t_K = 0$ s und $t_K = 25$ s dargestellt. Die Kühlzeit ist durch den Zeitraum definiert, in dem die Grenzfläche bei einer konstanten Umgebungstemperatur T_U abkühlt. Die maximale Grenzflächentemperatur ($T_{GF,max}$) liegt bei 68,1 °C und wird bei einer Haltezeit von $t_H = 10$ min erreicht. Es wird die Annahme bestätigt, dass je länger die Haltezeit gewählt ist, desto größer ist die maximale Grenzflächentemperatur.

Aus Abbildung 4-50 geht hervor, dass die maximale Grenzflächentemperatur in der Mitte der Grenzfläche des Probenfußes vorliegt. Ausgehend von der Mitte der Grenzfläche nimmt die Grenzflächentemperatur in Richtung des Grenzflächenrands radial ab. Als Resultat ergeben sich bei der Kühlzeit $t_K = 25$ s – ausgehend von der Grenzflächenmitte – ovale Bereiche erhöhter Temperatur, dessen Größe bei steigender Haltezeit zunimmt.

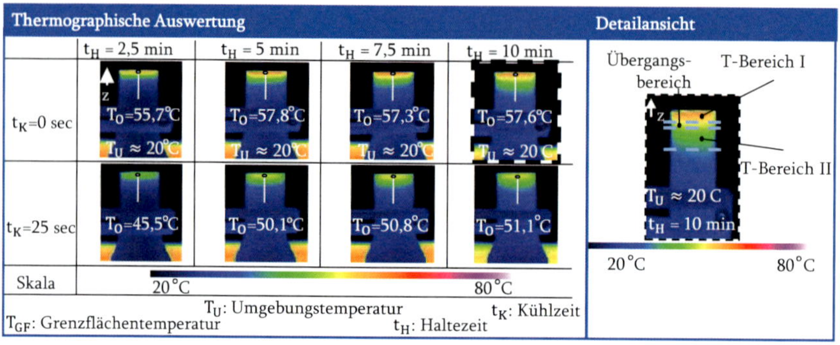

Abbildung 4-51: Auswirkung der Haltezeit t_H auf die Wärmeeindringtiefe d_w im Bereich der Grenzfläche des Probenfußes bei der Umgebungstemperatur $T_U \approx 20$ °C

Um die Wärmeaufnahmefähigkeit des PLAs im Bereich der Grenzfläche des Probenfußes zu untersuchen, wird im Folgenden die Wärmeeindringtiefe betrachtet. In Abbildung 4-51 sind thermografische Aufnahmen von der Seite des Probenfußes bei verschiedenen Haltezeiten bzw. Kühlzeiten dargestellt, um den Einfluss der Haltezeit auf die Wärmeeindringtiefe zu untersuchen. Neben den festgelegten Betriebspunkten der Haltezeit werden zusätzlich die Haltezeiten $t_H = 2{,}5$ min und $t_H = 7{,}5$ min betrachtet. Die Umgebungstemperatur $T_U \approx 20$ °C wird zunächst konstant gehalten. Die Oberfläche des Probenfußes wird durch die Oberflächentemperatur (T_O) repräsentiert. Der Zugprobenfuß kann in zwei Bereiche unterteilt werden. Abbildung 4-51 verdeutlicht die Einteilung der Probenfußoberfläche in die zwei Temperaturbereiche, wobei der erste Temperaturbereich durch eine hohe Oberflächentemperatur nahe der Grenzfläche gekennzeichnet ist und nahezu konstant ist. Der zweite Temperaturbereich wächst mit zunehmender Haltezeit in negativer z-Richtung.

Die maximal auftretenden Oberflächentemperaturen ($T_{O,max}$) im ersten Temperaturbereich sind für die Kühlzeit $t_K = 0$, unabhängig von der gewählten Haltezeit, sehr ähnlich und liegen bei $T_{O,max} = 57$ °C. Der zweite Temperaturbereich beginnt nach einem schmalen Übergangsbereich. Charakteristisch für den zweiten Temperaturbereich sind geringere Oberflächentemperaturen des Probenfußes im Vergleich zum ersten Temperaturbereich und ein gleichmäßiges Temperaturgefälle in negativer z-Richtung mit kleinem Temperaturgradienten. Der Übergangsbereich zwischen dem ersten und zweiten Temperaturbereich ist durch eine kleine Fläche, aber einen großen Temperaturgradienten gekennzeichnet.

Abbildung 4-52 zeigt analog zu Abbildung 4-51Abbildung 4-51, dass sich Zugprobenfüße in zwei Temperaturbereiche einteilen lassen. Die Größe des ersten Bereichs ist unabhängig von der Umgebungstemperatur gleichbleibend. Wie bereits aus den Beobachtungen des Einflusses der Umgebungstemperatur auf die Grenzflächentemperatur ersichtlich wurde, beeinflusst die Umgebungstemperatur die Oberflächentemperatur nahe der Grenzfläche unmittelbar nach dem Aufwärmprozess (t_K = 5 sec) kaum.

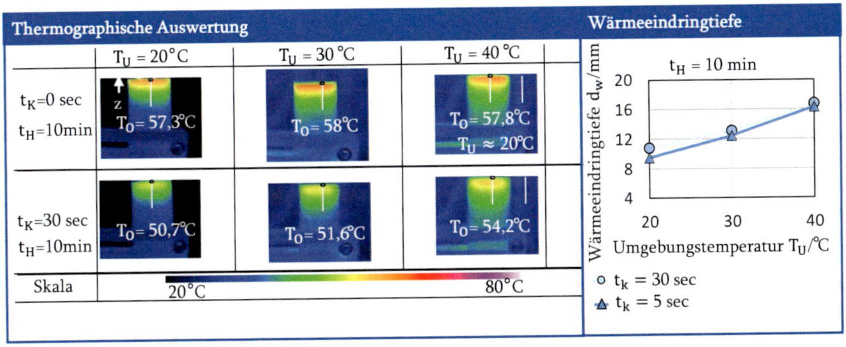

Abbildung 4-52: Auswirkung der Umgebungstemperatur T_U auf die Wärmeeindringtiefe d_w im Bereich der Grenzfläche des Probenfußes bei der Haltezeit $t_H \approx 10$ min

Im Unterschied zur Haltezeit beeinflusst die Umgebungstemperatur die Größe des zweiten Temperaturbereichs. Je höher die Umgebungstemperatur gewählt wird, desto stärker nimmt die Größe des zweiten Temperaturbereichs in negativer z-Richtung zu. Gleichzeitig verschwimmt die untere Grenze des zweiten Temperaturbereichs mit steigender Umgebungstemperatur, da die Oberflächentemperatur des Probenfußes in negative z-Richtung ein gleichmäßiges Temperaturgefälle mit einem kleinen Temperaturgradienten aufweist. Der Übergangsbereich zwischen dem ersten und zweiten Temperaturbereich zeigt bei der Kühlzeit t_K = 5 sec ein hohes Temperaturgefälle mit großem Temperaturgradienten. Bei fortlaufender Kühlzeit verschmelzen die Temperaturbereiche. Bei einer Kühlzeit von t_K = 30 sec stellt sich ausgehend von der Grenzfläche zunehmend ein gleichmäßiges Temperaturgefälle der Oberflächentemperatur des Probenfußes in negative z-Richtung ein. Um den Einfluss der Umgebungstemperatur auf die Wärmeeindringtiefe des Probenfußes zu erfassen, ist in Abbildung 4-52 die Wärmeeindringtiefe über der Umgebungstemperatur bei variierender Kühlzeit aufgetragen. Die Haltezeit beträgt t_H = 10 min. Es geht hervor, dass bei steigender Umgebungstemperatur die Wärmeeindringtiefe zunimmt. Die Zunahme der

Wärmeeindringtiefe erfolgt bei steigender Umgebungstemperatur progressiv, wie aus den Kurven der Kühlzeiten t_K = 5 sec und t_K = 30 sec hervorgeht. Gleichzeitig nähert sich die Kurve der Kühlzeit t_K = 30 sec mit steigender Umgebungstemperatur der Kurve der Kühlzeit t_K = 5 sec, sodass die Differenz der Wärmeeindringtiefe zwischen der Kühlzeit t_K = 5 sec und t_K = 30 sec mit steigender Umgebungstemperatur sinkt. Somit ergibt sich in Analogie zu den Beobachtungen des Einflusses der Umgebungstemperatur auf die Grenzflächentemperatur das Phänomen, dass eine steigende Umgebungstemperatur den Abkühlprozess des Probenfußes im Bereich der Grenzfläche bei fortlaufender Kühlzeit verlangsamt.

Im Folgenden werden Lösungshypothesen mithilfe der Versuchsergebnisse diskutiert. Zunächst wird im Rahmen der ersten Lösungshypothese die unterschiedliche Auswirkung der Eingangsparameter Umgebungstemperatur und Haltezeit auf das Temperaturprofil des Probenfußes im Bereich der Grenzfläche erläutert und begründet. Im Anschluss wird im Rahmen der zweiten Lösungshypothese eine Verknüpfung zwischen der Grenzflächentemperatur und der -festigkeit erarbeitet und ein Erklärungsansatz zwischen der Entwicklung der Grenzflächenfestigkeit und der Temperatur formuliert.

Zusammengefasst geht es in der ersten Lösungshypothese um die Wärmeeindringtiefe, die mit zunehmender Haltezeit t_H bzw. Umgebungstemperatur T_U steigt. Zur Überprüfung der Lösungshypothese werden die Ergebnisse der Thermografie herangezogen. Aus den Versuchsergebnissen wird die Aussage der ersten Lösungshypothese verifiziert, indem die Wärmeeindringtiefe mit zunehmender Umgebungstemperatur ansteigt. Im Folgenden wird eine differenzierte Betrachtung des Einflusses der Umgebungstemperatur und der Haltezeit auf die Entwicklung des Temperaturprofils im Bereich der Grenzfläche des Probenfußes vorgenommen. Zur Quantifizierung der Temperaturentwicklung im Bereich der Grenzflächen des Probenfußes werden die Zielgrößen Wärmeeindringtiefe und Oberflächentemperatur in die Diskussion einbezogen.

In Abbildung 4-53 sind die Temperaturverläufe für die Umgebungstemperaturen T_U ≈ 20 °C und T_U = 40 °C bei einer Haltezeit t_K = 10 min für verschiedene Kühlzeiten dargestellt. Die unterschiedliche Wirkungsweise der Eingangsparameter Umgebungstemperatur und Haltezeit wird durch das Temperaturprofil des Probenfußes verdeutlicht. Der Eingangsparameter Haltezeit beeinflusst ausschließlich das lokal wirkende Temperaturfeld, das auf die Grenzfläche des Probenfußes gerichtet ist. Es ist erkennbar, dass durch das lokal wirkende Temperaturfeld hohe Oberflächentemperaturen im Bereich der Grenzfläche des Probenfußes, repräsentiert durch T_O = 57,3 °C, erzeugt werden, die über der Glasübergangstemperatur des PLAs (T_G = 55 °C) liegen. Die

Überschreitung der Glasübergangstemperatur im Bereich der Grenzfläche ist relevant, da dies die Festigkeit zwischen zwei thermoplastischen Fügepartnern durch Temperaturen oberhalb der Glasübergangstemperatur steigert. Die zugeführte Wärme im Bereich der Grenzfläche des Probenfußes wird durch den Mechanismus der Wärmeleitung in den Probenfuß geleitet.

Aufgrund der geringen Wärmeleitfähigkeit λ des PLAs, die $\lambda = 0{,}195$ (W/(m*K)) beträgt, erfolgt die Wärmeleitung im Bereich der Grenzfläche nur langsam in den Probenfuß, wodurch im Temperaturbereich I ein Wärmestau entsteht. Es wird deutlich, dass infolge der geringen Wärmeleitfähigkeit des PLAs ein starkes Temperaturgefälle zwischen den Temperaturbereichen I und II im Übergangsbereich mit hohem Temperaturgradienten entsteht. Die resultierenden hohen Oberflächentemperaturen nahe der Grenzfläche des Probenfußes werden bereits nach kurzer Kühlzeit an die Umgebung abgegeben. Die Temperaturdifferenz der Oberflächentemperatur im Bereich der Grenzfläche des Probenfußes beträgt bei der Umgebungstemperatur $T_U \approx 20$ °C nach einer Kühlzeit von $t_K = 30$ sec bereits $\Delta T_O = 6{,}6$ °C. Als Erkenntnis lässt sich festhalten, dass durch das lokal wirkende Temperaturfeld im Bereich der Grenzfläche des Probenfußes hohe Oberflächentemperaturen erzeugt werden, die aufgrund der geringen Wärmeleitfähigkeit des PLAs nur langsam in den Probenfuß geleitet werden. Da die hohen Oberflächentemperaturen aufgrund des Wärmestaus im Temperaturbereich I nahe der Grenzfläche des Probenfußes auftreten, werden sie nach kurzer Kühlzeit größtenteils an die Umgebung abgegeben. Im Unterschied zur Haltezeit beeinflusst der Eingangsparameter Umgebungstemperatur das globale Temperaturfeld des Druckerbauraums.

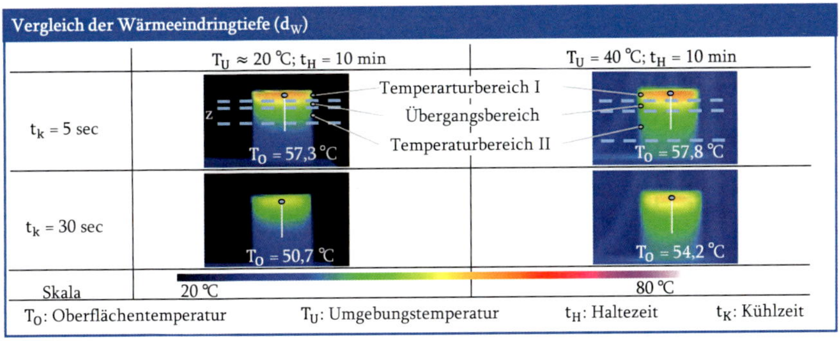

Abbildung 4-53: Vergleich der Temperaturentwicklung auf der Oberfläche des Probenfußes bei variierender Umgebungstemperatur

Es zeigt sich, dass eine Erhöhung der Umgebungstemperatur nicht unmittelbar nach dem Aufwärmprozess (t_K = 5 sec) des Probenfußes nahe der Grenzfläche zu einer Steigerung der Oberflächentemperatur beiträgt. Jedoch bewirkt die Erhöhung der Umgebungstemperatur von T_U = 20 °C auf T_U = 40 °C bei der Kühlzeit t_K = 5 sec eine Zunahme der Wärmeeindringtiefe von Δd_W = 5,9 mm. Diese Zunahme der Wärmeeindringtiefe mit steigender Umgebungstemperatur wird durch eine größere am Wärmeeintrag beteiligte Oberfläche während der Erwärmung des Probenfußes durch ein global wirkendes Temperaturfeld begründet. Im Vergleich zum lokal wirkenden Temperaturfeld, bei dem der Wärmeeintrag nur an der Grenzfläche des Probenfußes erfolgt, erstreckt sich der Wärmeintrag bei der Erwärmung des Probenfußes durch ein global wirkendes Temperaturfeld über die gesamte Oberfläche des Probenfußes. Diese Vergrößerung der am Wärmeeintrag beteiligten Oberfläche gleicht die geringe Wärmeleitfähigkeit des PLAs aus, wodurch die Wärmeeindringtiefe steigt. Die Zunahme der Wärmeeindringtiefe ist eine Konsequenz des erhöhten Wärmeenergieeintrags in den Probenfuß und nimmt mit steigender Umgebungstemperatur progressiv zu.

Durch die höhere Wärmeeindringtiefe aufgrund eines höheren Wärmeenergieeintrags bleiben die hohen Oberflächentemperaturen im Bereich der Grenzfläche bei fortschreitender Abkühlzeit erhalten. Zudem wird der Abkühlprozess der Grenzfläche durch die höheren Umgebungstemperaturen verlangsamt. Nach einer Kühlzeit von t_K = 30 sec und einer Umgebungstemperatur von $T_U \approx$ 20 °C beträgt die Temperaturdifferenz der Oberflächentemperatur nahe der Grenzfläche des Probenfußes ΔT_O = 6,6 °C, während die Temperaturdifferenz der Oberflächentemperatur nahe der Grenzfläche des Probenfußes bei der Umgebungstemperatur von T_U = 40 °C lediglich ΔT_O = 3,6 °C beträgt. Es lässt sich zusammenfassen, dass die Differenz der Wärmeeindringtiefe unmittelbar nach dem Aufwärmprozess und nach einer Kühlzeit von t_K = 30 sec von Δd_W = 1,3 mm bei der Umgebungstemperatur von $T_U \approx$ 20 °C auf Δd_W = 0,4 mm bei der Umgebungstemperatur von T_U = 40 °C abnimmt. Diese Beobachtung untermauert den Erhalt der eingebrachten Wärmeenergie bei fortschreitender Kühlzeit im Bereich der Grenzfläche des Probenfußes bei steigender Umgebungstemperatur. Als Erkenntnis lässt sich formulieren, dass ein global wirkendes Temperaturfeld die Oberflächentemperatur im Bereich der Grenzfläche des Probenfußes nicht erhöht, jedoch dem Abkühlprozess der Grenzfläche entgegenwirkt. Dadurch bleiben hohe Oberflächentemperaturen im Bereich der Grenzfläche bei fortschreitender Kühlzeit erhalten. Zusammenfassend lässt sich feststellen, dass durch das lokal wirkende Temperaturfeld hohe Temperaturen im Bereich der Grenzfläche des Probenfußes induziert werden, die über der Glasübergangstemperatur des PLAs liegen. Durch das global wirkende

Temperaturfeld bleiben diese hohen Oberflächentemperaturen im Bereich der Grenzfläche bei fortschreitender Kühlzeit erhalten.

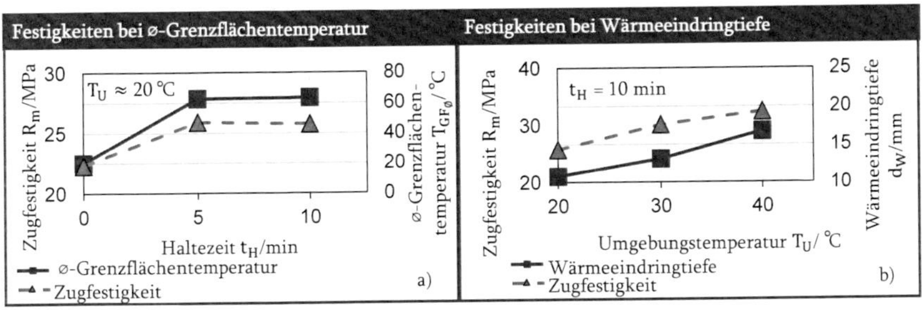

Abbildung 4-54: Gegenüberstellung der Grenzflächenfestigkeit bei variierender Grenzflächentemperatur und Wärmeeindringtiefe

Um den Zusammenhang zwischen der Erhöhung der Grenzflächentemperatur und der Steigerung der Grenzflächenfestigkeit zu erforschen, wird im Folgenden die zweite Lösungshypothese erörtert. Zusammengefasst besagt die zweite Lösungshypothese, dass die Grenzflächenfestigkeit mit zunehmender Umgebungstemperatur und Haltezeit steigt. In Abbildung 4-54 b) werden die Entwicklungen der Grenzflächenfestigkeit und der Grenzflächentemperatur für verschiedene Haltezeiten bei der Umgebungstemperatur $T_U \approx 20$ °C gegenübergestellt. Die Darstellung in Abbildung 4-54 b) verdeutlicht, dass die Zunahme der Grenzflächenfestigkeit mit der Erhöhung der Grenzflächendurchschnittstemperatur korreliert. Die Diskussion der ersten Lösungshypothese ergibt, dass sowohl die Zunahme der Umgebungstemperatur als auch der Haltezeit nach kurzer Kühlzeit zu einer Erhöhung der Grenzflächentemperatur führen, was die Aussage der zweiten Lösungshypothese bestätigt. Die Zunahme der Grenzflächendurchschnittstemperatur des Probenfußes und die Steigerung der Grenzflächenfestigkeit werden durch den Mechanismus der Autohäsion zwischen den Drucksegmenten erklärt. Eine Grenzflächentemperatur über der Glasübergangstemperatur des PLAs stimuliert die Diffusion zwischen den Polymerketten der Grenzfläche des Probenfußes und der ersten Druckschicht des Probenkopfes, was zu molekularen Verflechtungen führt. Diese molekularen Verflechtungen stärken die Bindungen im Bereich der Grenzfläche und resultieren in einer höheren Grenzflächenfestigkeit. Im Weiteren wird die Entwicklung der Grenzflächenfestigkeit mit zunehmender Haltezeit und steigender Umgebungstemperatur differenziert betrachtet.

Die Diskussion der Lösungshypothesen zeigt, dass sowohl ein lokal wirkendes Temperaturfeld, beeinflusst durch den Eingangsparameter Haltezeit, als auch ein global wirkendes Temperaturfeld, beeinflusst durch den Eingangsparameter Umgebungstemperatur, die Grenzflächenfestigkeit multidirektional gedruckter Bauteile steigern. Um den Einfluss der lokal bzw. global wirkenden Temperaturfelder zu vergleichen, zeigt Abbildung 4-55 die prozentuale Zunahme der Grenzflächenfestigkeit für die Erhöhung der Umgebungstemperatur bzw. der Haltezeit. Aus Abbildung 4-55 wird ersichtlich, dass die Steigerung der Grenzflächenfestigkeit durch das lokal wirkende Temperaturfeld im Vergleich zum global wirkenden Temperaturfeld stärker beeinflusst wird.

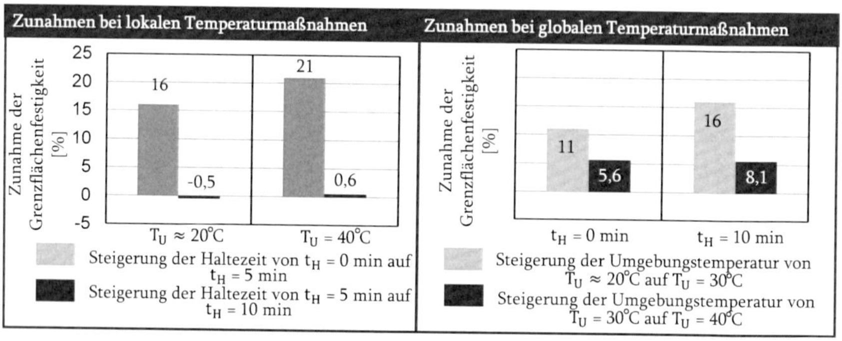

Abbildung 4-55: Vergleich des Einflusses eines lokal bzw. global wirkenden Temperaturfelds auf die Steigerung der Grenzflächenfestigkeit

Eine Erhöhung der Haltezeit von 0 min auf 5 min führt zu einer Erhöhung der Grenzflächenfestigkeit bei Raumtemperatur von 20 °C um 16 % und bei einer Umgebungstemperatur von 40 °C um 21 %. Eine weitere Erhöhung der Haltezeit von 5 min auf 10 min zeigt keine nennenswerte Zunahme der Grenzflächenfestigkeit. Daher führt eine Zunahme der Haltezeit zunächst zu einer deutlichen Steigerung der Grenzflächenfestigkeit, die jedoch bei weiterer Zunahme der Haltezeit stagniert. Betrachtet man den Einfluss eines global wirkenden Temperaturfelds, so bewirkt eine Erhöhung der Umgebungstemperatur von $T_U \approx 20$ °C auf $T_U = 30$ °C, ohne die lokale Erwärmung der Grenzfläche ($t_H = 0$ min), eine Steigerung der Grenzflächenfestigkeit von 11 % und bei einer Haltezeit von 10 min von 16 %. Dies untermauert den geringeren Einfluss des global wirkenden Temperaturfelds auf die Steigerung der Grenzflächenfestigkeit im Vergleich zu einem lokal wirkenden Temperaturfeld. Im Gegensatz dazu ergibt sich bei einer weiteren Erhöhung des global wirkenden Temperaturfelds von 30 °C auf 40 °C bei der Haltezeit von 10 min eine Steigerung der Grenzflächenfestigkeit um 8,1 %.

Somit wird die Grenzflächenfestigkeit bei zunehmender Umgebungstemperatur im Unterschied zur Haltezeit kontinuierlich gesteigert. Gleichzeitig wird deutlich, dass die Kombination eines global und lokal wirkenden Temperaturfelds im Bereich der Grenzfläche die größte Steigerung der Grenzflächenfestigkeit sowohl für die Zunahme der Umgebungstemperatur als auch für die Zunahme der Haltezeit bewirkt.

Im Allgemeinen ermöglicht ein lokal wirkendes Temperaturfeld die Erzeugung hoher Oberflächentemperaturen an der Grenzfläche der Drucksegmente beim multidirektionalen 3D-Drucken, welche über der Glasübergangstemperatur liegen. Diese Grenzflächentemperatur über der Glasübergangstemperatur ist relevant, da sie die Autohäsion zwischen den Drucksegmenten stimuliert. Die Realisierung einer Grenzflächentemperatur oberhalb der Glasübergangstemperatur wird ermöglicht, da die Wärmequelle des lokal wirkenden Temperaturfelds ausschließlich auf die Grenzfläche der Drucksegmente gerichtet ist. Bei der Wahl einer Temperatur über der Glasübergangstemperatur des verwendeten Thermoplasts für das global wirkende Temperaturfeld besteht hingegen die Gefahr, dass die Geometrie des Bauteils während des Druckprozesses durch Einflüsse der Schwerkraft unerwünscht verändert wird. Daher ist ein lokal wirkendes Temperaturfeld für die Erzeugung von Grenzflächentemperaturen oberhalb der Glasübergangstemperatur des verwendeten Thermoplasts unerlässlich.

In der praktischen Anwendung ist die Nutzung der beheizten Bauplattform als Wärmequelle für ein lokal wirkendes Temperaturfeld durch manuellen Eingriff in den Aufwärmprozess nicht praktikabel, besonders im Kontext der Entwicklung der multidirektionalen additiven Fertigung hin zu einer automatisierbaren Fertigungstechnologie. In Studien von GUAN ET AL. wird ein CO_2-Laser als Wärmequelle für ein lokal wirkendes Temperaturfeld im Bereich der Grenzfläche der Drucksegmente eingesetzt. Durch die Erwärmung der Grenzfläche mittels eines CO_2-Lasers wird die Grenzflächenfestigkeit zwischen den Drucksegmenten gesteigert. Die Erkenntnisse dieser Arbeit zeigen, dass aufgrund der geringen Wärmeleitfähigkeit von Thermoplasten die hohen Oberflächentemperaturen im Bereich der Grenzfläche lediglich lokal erzeugt werden und nach kurzer Kühlzeit an die Umgebung abgegeben werden.[269]

Daher ist es erforderlich, die konzentrierte Erwärmung der Grenzfläche unmittelbar vor der Extrudatablage durchzuführen. Zusätzlich besteht aufgrund des konzentrierten Wärmeeintrags im Grenzflächenbereich die Gefahr, dass das Gefüge in diesem Bereich aufgeschmolzen wird und unerwünschte Veränderungen in der Bauteilgeometrie auftreten. Dieses Problem resultiert aus einem Wärmestau im Grenzflächenbereich

[269] Vgl. Guan, Y. et al. (2019) *Multi-directional 3D Printing with Strength Retention*, S. 2.

aufgrund der geringen Wärmeleitfähigkeit thermoplastischer Kunststoffe. Daher ist eine Temperaturregelung zur Erwärmung der Grenzfläche notwendig.

4.9 Zwischenfazit

Das zu untersuchende Modell zum Festigkeitsverhalten multidirektionaler additiver Fertigung erforderte im ersten Teil die Strukturierung des Modells, wie in Kapitel 4 beschrieben, bevor eine detaillierte Festigkeitsvorhersage nach STACHOWIAK ermöglicht wird. Um die zweite Forschungsfrage (UFF2) zu beantworten, ist die Erhebung einer experimentellen Grundlage unerlässlich.

UFF2: Welche Auswirkungen haben Änderungen von Prozessparametern auf die Festigkeit an Grenzflächen?

Diese Grundlage dient dazu, die Auswirkungen von Variationen relevanter Prozessparameter auf die Festigkeit zu dokumentieren und zu interpretieren.

Die experimentelle Analyse verdeutlicht, dass die Wahl der Abstufungen von Parametern signifikante Effekte auf die Leistungsfähigkeit additiv hergestellter Kunststoffbauteile hat. Unter Berücksichtigung der aufgestellten Theorien und formulierten Hypothesen (vgl. Kapitel 4.2) werden die Auswirkungen der untersuchten Parameter auf das Leistungsprofil der additiv hergestellten Bauteile interpretiert.

Die erste Theorie besagt, dass die Erhöhung der Extrusionsrate eine Erhöhung der Festigkeit bedingt, was nach der Darstellung der Ergebnisse zunächst verifiziert werden kann. Die mechanische Kontaktierung am Rauheitsprofil wird durch das Einbringen von Material begünstigt, wobei aufgrund der Viskosität der Schmelze ein vollständiges Ausfüllen des Porenvolumens nicht garantiert werden kann.

Eine vollständige Verifizierung der zweiten Theorie ist nicht möglich, da eine höhere Festigkeit durch ein paralleles Ablegen von extrudierten Strängen in die Täler nicht fortlaufend gegeben ist. Die hohe Standardabweichung der Festigkeitswerte verhindert die eindeutige Verifizierung der Hypothese. Dennoch zeigt sich, dass eine parallele Ausrichtung der Stränge gegenüber einem orthogonalen Ablegen häufig zu einer höheren Festigkeit führt.

Die Hypothese zur Erhöhung der Extrusionstemperatur innerhalb der ermittelten Grenzen kann nach der Interpretation der Ergebnisse verifiziert werden. Die Erhöhung der Temperatur steigert die thermische Vernetzung des Extrudats mit der meist erkalteten unteren Schicht. Diese Temperaturerhöhung muss jedoch innerhalb der Arbeitstemperatur des Materials gewählt werden, um Zersetzungseffekten vorzubeugen.

Die vierte Theorie lässt sich nach einer theoretischen Betrachtung falsifizieren, da sie im Vergleich zu anderen Parametereffekten einen geringen Einfluss auf das Festigkeitsprofil hat. Basierend auf den Versuchsergebnissen wird eine Empfehlung zur Parameteroptimierung der Eingangsparameter Haltezeit und Umgebungstemperatur für die Herstellung eines multidirektional gedruckten Bauteils formuliert.

Es ist erkennbar, dass eine Zunahme der Haltezeit von 5 min auf 10 min die größte Steigerung der Grenzflächenfestigkeit bewirkt. Um den Zeitaufwand und den maschinentechnischen Aufwand für die Erwärmung der Grenzfläche möglichst gering zu halten, empfiehlt sich die Wahl einer Haltezeit von 5 min bei Raumtemperatur. Soll die Festigkeit darüber hinaus gesteigert werden, zeigt sich, dass die Erhöhung der Haltezeit kein geeignetes Mittel zur weiteren Steigerung der Grenzflächenfestigkeit ist. Stattdessen wird eine Erhöhung der Umgebungstemperatur, insbesondere in Kombination mit einer gewählten Haltezeit, empfohlen. Aufgrund der kontinuierlichen Zunahme der Grenzflächenfestigkeit bei steigender Umgebungstemperatur empfiehlt sich auf Basis der Versuchsergebnisse die Wahl einer Haltezeit von 5 min und einer Umgebungstemperatur von 40 °C, um eine hohe Grenzflächenfestigkeit zu erreichen. Im Vergleich dazu wird die Grenzflächenfestigkeit durch die Erhöhung der Haltezeit von 5 min auf 10 min bei einer Umgebungstemperatur von 40 °C lediglich um 0,6 % gesteigert.

Generell empfiehlt es sich zur Steigerung der Grenzflächenfestigkeit zwischen den Drucksegmenten, die Temperatur des lokal wirkenden Temperaturfelds im Bereich der Grenzfläche jenseits der Glasübergangstemperatur des verwendeten Thermoplasts zu wählen. Die Temperatur des global wirkenden Temperaturfelds sollte so gewählt werden, dass sie möglichst nahe an der Glasübergangstemperatur des verwendeten Thermoplasts liegt, diese jedoch während des Druckprozesses nicht überschreitet. Die aus der experimentellen Untersuchung gewonnene Datengrundlage ermöglicht nun eine detaillierte Ausgestaltung des Modells zur Festigkeitsprofilangabe und sollte anschließend für die Auswahl optimierter Parameter innerhalb des multidirektionalen Aufbaus genutzt werden.

5 Detaillierung des Modells

Die Gewährleistung der mechanischen Produkteigenschaften stellt die Grundvoraussetzung für einen zuverlässigen Einsatz der Produkte in ihren Anwendungsbereichen dar. Additiv gefertigte Bauteile sehen sich der Herausforderung gegenüber, den mechanischen Eigenschaftsprofilen konventionell hergestellter Bauteile gerecht zu werden. Die Modellierung und Optimierung des mechanischen Verhaltens durch Prozessparametrisierung und die Anwendung numerischer Methoden ermöglichen eine Vorhersagbarkeit von Produkteigenschaften durch anpassbare Prozessgestaltung. Das Ziel dieses Kapitels besteht darin, das mechanische Verhalten von additiv hergestellten Kunststoffkomponenten zu modellieren und durch die Interpretation der Parametereffekte eine Korrektur der Prozessparameter zu erzielen. Zu diesem Zweck wird die Zugfestigkeit an kritischen Übergangsflächen mithilfe eines empirischen Modells vorhergesagt. Dadurch können die Prozessparameter im Bereich der kritischen Übergangsflächen auf Grundlage von Trainingsdaten optimiert werden. Das Kapitel ist in die Nutzung der experimentellen Datenbasis, die Modellierung des mechanischen Verhaltens, die Optimierung der Prozessparameter sowie deren Validierung gegliedert.

5.1 Modellierung des Festigkeitsprofils

Im Kontext der Modellentwicklung werden zunächst die Ansätze zur Vorhersage des mechanischen Verhaltens präsentiert. Darauf aufbauend erfolgt die Erläuterung der Modellbildung unter Verwendung der zuvor erfassten experimentellen Daten.

5.1.1 Bewertung der Modellierungsansätze für die Festigkeitsvorschrift

Basierend auf der Bewertung von MOHAMED ET AL. werden für die Modellentwicklung die Ansätze der Response Surface Methodology (RSM) sowie Künstliche Neuronale Netze (KNN) herangezogen. Diese gelten aufgrund ihrer hohen Vorhersagegenauigkeit als vielversprechend und sind im Bereich der Modellierung und Optimierung von Prozessparametern bei der Materialextrusion weit verbreitet (vgl. Kapitel 2.4.1).[270]

Bewertung der Response Surface Methodology

Im Rahmen der Response Surface Methodology (RSM) werden die Regressionskoeffizienten (vgl. Gleichung 14) mithilfe einer linearen Regression bestimmt. Zusätzlich zur linearen Regression sollen im Kontext des in Kapitel 2.4.3 beschriebenen Verzerrung-Varianz-Dilemmas auch die Regularisierungsansätze der Ridge-Regression sowie der LASSO-Regression in die Bewertung einfließen. Bei der Ridge-Regression wird der Regressionsgleichung ein Regularisierungsterm in Form der L2-Norm, also der quadrierten Regressionskoeffizienten, hinzugefügt. Die Konstante λ wird als Regularisierungsstärke bezeichnet und dämpft die Regressionskoeffizienten des Modells.

$$y = \sum_{i=1}^{n} (y_i - x_i\beta)^2 + \lambda \sum_{j=1}^{p} \beta_j^2 \tag{14}$$

x = abhängige Variable

y = unabhängige Variable

β = Regressionskoeffizient

λ = Regularisierungsstärke

In der LASSO-Regression (*engl. Least Absolute Shrinkage and Selection Operator*) wird hingegen die L1-Norm als Fehlerterm verwendet, wodurch der Betrag der Regressionskoeffizienten zur Dämpfung herangezogen wird. Im Gegensatz zur Ridge-Regression können die Regressionskoeffizienten in der LASSO-Regression den Wert Null annehmen und somit aus dem Modell eliminiert werden.

$$y = \sum_{i=1}^{n} (y_i - x_i\beta)^2 + \lambda \sum_{j=1}^{p} |\beta_j| \tag{15}$$

Ein zu hoher Wert von λ kann in beiden Fällen zu einer Unteranpassung des Modells führen, wodurch beispielsweise ein tatsächlich nicht-lineares Verhalten als linear beschrieben wird. Die Regularisierungsstärke λ ist ein sogenannter Hyperparameter, der

[270] Vgl. Mohamed, O. A. et al. (2015) *Optimization of fused deposition modeling process parameters: a review of current research and future prospects*, S. 53.

den Lernprozess kontrolliert und im Rahmen der Modellvalidierung durch Versuch und Irrtum ermittelt wird. Die Regularisierung erfordert, dass die Eingangsdaten in einer vergleichbaren Größenordnung vorliegen, was durch eine Standardisierung der Eingangsdaten erreicht wird (vgl. Gleichung 15).[271]

Bewertung Künstliches Neuronales Netz (KNN)

Zusätzlich zu den genannten Varianten der linearen Regression wird auch ein Künstliches Neuronales Netz (KNN) in den Vergleich einbezogen. Hierbei wird das in Kapitel 2.4.2 vorgestellte Multilayer Perceptron (MLP) verwendet. Die Architektur des KNN ergibt sich entsprechend der Anzahl der zu betrachtenden Parameter mit einer Eingabeschicht von n Neuronen. Die Ausgabeschicht besteht aus einem Neuron zur Beschreibung der Zugfestigkeit als Zielgröße. Die Struktur der Zwischenschicht wird im Rahmen der Modellvalidierung durch Versuch und Irrtum ermittelt. Als Aktivierungsfunktion wird in dieser Arbeit die Tangens-Hyperbolicus-Funktion verwendet. Zur Anpassung der Gewichte kommt die Methode Stochastic Gradient Descent zum Einsatz. [272] Die Implementierung der Modelle erfolgt mithilfe der Open-Source Software-Bibliothek Scikit-learn, die auf der Programmiersprache Python basiert.[273]

5.1.2 Ermittlung der Modellparameter

Abbildung 5-1 veranschaulicht den Prozess der Modellbildung. Bei der Modellanpassung werden zunächst die Hyperparameter der jeweiligen Modelle für die zuvor vorgestellten Ansätze angepasst. Im Rahmen der Leistungsbewertung wird daraufhin die erwartete Vorhersagequalität der Modelle ermittelt, und basierend darauf wird ein Ansatz für die Modellierung des mechanischen Verhaltens ausgewählt. Dieses Modell wird dann anhand der zuvor ermittelten experimentellen Daten (vgl. Kapitel 4.4) trainiert und bildet die Grundlage für die Optimierung der Prozessparameter. Die finale Evaluation des Modells erfolgt im Rahmen der Überprüfung und Anwendung (vgl. Kapitel 6.1). Die Eingangsparameter der Validierungsversuche ergeben sich aus der in Kapitel durchgeführten Optimierung und sind somit nicht Teil der Trainingsdatenmenge.

Der für die Ermittlung der empirischen Datengrundlage gewählte FCCCD-Versuchsplan ist darauf ausgelegt, dass anhand der Gesamtheit der Versuchspunkte ein nicht-

[271] Vgl. Raschka, S./Mirjalili, V. (2021) *Machine learning mit Python und Keras, TensorFlow 2 und Scikit-learn*, S. 132.

[272] Vgl. Schröder, D./Buss, M. (2017) *Intelligente Verfahren*, S. 90–91.

[273] Vgl. Scikit-learn: Machine Learning in Python (2011) *Pedregosa, Fabian; Varoquaux, Gael; Gramfort, Alexandre; Michel, Vincent; Thirion, Bertrand*, S. 1.

lineares Regressionsmodell aufgestellt werden kann. Daher ist das Zurückhalten einer Teilmenge als Testdatensatz kritisch, da grundsätzlich jeder Versuchspunkt dem Zweck der Beschreibung des nicht-linearen Verhaltens dient. Daher wird für die Modellanpassung und Leistungsbewertung eine Kreuzvalidierung durch Auslassen (Leave-one-out cross-validation, kurz LOOCV) genutzt, welche mit den gesamten Daten aus den FCCCD-Versuchen durchgeführt wird. Für die Zentralpunkte wird je Block der Mittelwert gebildet, sodass sich insgesamt 53 Datenpunkte ergeben (zweimal 27 abzüglich eines fehlerhaften Versuchs). Die Daten werden zufällig durchmischt und dann vom LOOCV-Algorithmus durchlaufen. Vor der Durchführung von Modellanpassung und Leistungsbewertung müssen die Daten vorbereitet werden. Für die drei Varianten der linearen Regression werden den Eingangsdaten die Wechselwirkungen sowie die nicht-linearen Terme hinzugefügt. Dieser Schritt ist für das neuronale Netz nicht erforderlich. Darüber hinaus werden für alle Ansätze die Eingangsdaten standardisiert.

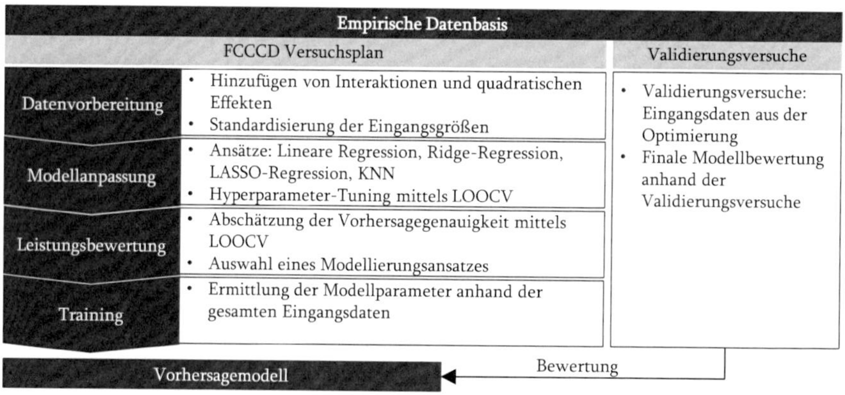

Abbildung 5-1: Vorgehen bei der Modellbildung

In Tabelle 5-1 sind die Ergebnisse der Modellanpassung, der Leistungsbewertung und des Trainings für die betrachteten Ansätze aufgeführt. Der für die Ergebnisse verwendete Programmcode ist teilweise in Anhang A4 dargestellt. Während der Modellanpassung werden verschiedene Modelle mit unterschiedlichen Hyperparametern oder Kombinationen davon getestet, und die jeweilige Leistung wird anhand des CV-Scores bewertet. Dabei handelt es sich um die mittlere nicht-lineare Abweichung. Ein kleinerer CV-Score entspricht einer geringeren Abweichung zwischen Messung und Vorhersage und somit einer besseren Leistungsfähigkeit des Modells. Der in der Tabelle angegebene Wert ist der CV-Score für die beste Hyperparameter-Kombination des jeweiligen Ansatzes. Die einfache lineare Regression erfordert keine Hyperparameter, daher ist in der Spalte „Modellanpassung“ kein Wert dafür angegeben.

Die Vorgehensweise während der Leistungsbewertung ist analog. Für die Ansätze, nun auch einschließlich der linearen Regression, wird mittels LOOCV die durchschnittliche Leistung des Ansatzes bewertet. Dabei wird die Kennzahl R^2 betrachtet. Der aus den Iterationen des LOOCV gemittelte Wert von R^2 wird als $R^2_{Prediction}$ bezeichnet und kann als konservative Abschätzung für die Fähigkeit des Modells betrachtet werden, eine Vorhersage für bis dato ungesehene Datenpunkte zu treffen. Zusätzlich wird die Kennzahl $RMSE_{Prediction}$ betrachtet, welche ebenfalls über die Iterationen gemittelt wird.

Entscheidend für die Auswahl ist das Ergebnis der Leistungsbewertung. Diese zeigt, dass gemessen an den Metriken R^2_{pred} und $RMSE_{Prediction}$ für den Ansatz der Ridge-Regression die beste Vorhersagegenauigkeit zu erwarten ist. Daher wird die Ridge-Regression als Ansatz für das weitere Vorgehen ausgewählt und anhand aller 53 verfügbaren Datenpunkte trainiert. Die während der Modellanpassung durch Versuch und Irrtum ermittelte Regularisierungsstärke für die Ridge-Regression beträgt $\lambda = 0{,}011$.

Tabelle 5-1: Ergebnisse des Modellvergleichs

Ansatz	Modellanpassung CV Score (*MSE*)	Leistungsbewertung R^2_{pred}	 $RMSE_{pred}$
Ridge-Regression	8,381	0,725	2,895
Neuronales Netz	7,886	0,721	2,916
LASSO-Regression	8,538	0,719	2,922
Lineare Regression	-	0,709	2,978

5.1.3 Ergebnisse und Diskussion

Die ausgewählte Ridge-Regression wird mit sämtlichen Versuchsdaten trainiert. Die daraus resultierende Regressionsgleichung lautet:

$$\begin{aligned} f(\alpha,h,T,E,\Phi) = &-6{,}22\,\alpha - 1{,}05\,h + 0{,}17\,T - 28{,}77\,E + 6{,}40\,\Phi + 0{,}51\,\alpha h \\ &+ 5{,}30\,\alpha T + 0{,}72\,\alpha E - 1{,}14\,\alpha\Phi - 1{,}07\,hT + 1{,}60\,hE \\ &+ 0{,}24\,h\Phi + 13{,}04\,TE + 0{,}12\,T\Phi + 3{,}04\,E\Phi + 1{,}21\,\alpha^2 \\ &+ 1{,}71\,h^2 - 3{,}14\,T^2 + 18{,}42\,E^2 - 8{,}89\,\Phi^2 \end{aligned} \tag{16}$$

Da das Modell mit standardisierten Eingangsdaten trainiert wird, ist für die Anwendung der Funktion ebenfalls das Einsetzen standardisierter Werte erforderlich, wobei die Standardisierung auf Basis der Trainingsdaten erfolgen muss. Die Vorhersage der Zugfestigkeit ist nur innerhalb der Grenzwerte des Versuchsplans gültig (vgl. Kapitel 4.4).

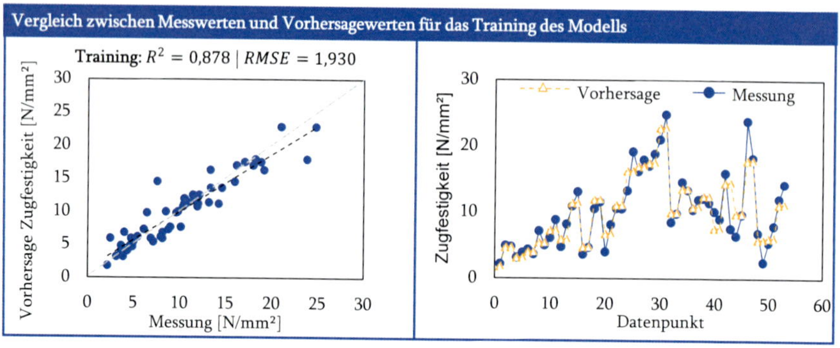

Abbildung 5-2: Ergebnisse der Regression

Abbildung 5-2 zeigt den Vergleich zwischen Messwerten und Vorhersagewerten für das Training des Modells, wobei der Inhalt der beiden Darstellungen äquivalent ist. Im linken Teil der Abbildung sind die Vorhersagewerte über den Messwerten aufgetragen. Der ermittelte Wert von $R^2 = 0{,}878$ bedeutet, dass 87,8 % der Streuung der Zielgröße durch das Modell erklärt werden können. Im Falle einer perfekten Vorhersage beträgt $R^2 = 1$ und alle Punkte liegen auf einer Ursprungsgeraden mit der Steigung 1. Im rechten Teil der Abbildung sind die Messwerte und die Vorhersagewerte über die jeweiligen Versuchspunkte aufgetragen. Der vertikale Abstand zwischen den beiden Werten je Datenpunkt ist das Residuum, also der Fehler in der Vorhersage. Im Hinblick auf den durchschnittlichen Fehler wird für den RMSE ein Wert von 1,930 ermittelt.

Die während des Trainings berechneten Werte für R^2 und $RMSE$ beziehen sich auf den gesamten Trainingsdatensatz und geben dementsprechend keinen Aufschluss über die Genauigkeit der Vorhersage bei unbekannten Eingangsdaten. Dennoch dienen diese beiden Metriken an dieser Stelle als Indikator dafür, wie gut das Regressionsmodell die Trainingsdaten beschreibt. Die eigentliche Validierung des Modells unter Verwendung unbekannter Daten wird in Kapitel 6 durchgeführt.

Zur Bewertung der Bedeutung der Regressionskoeffizienten sind diese nach ihrem Absolutwert absteigend sortiert und in Abbildung 5-3 graphisch dargestellt.

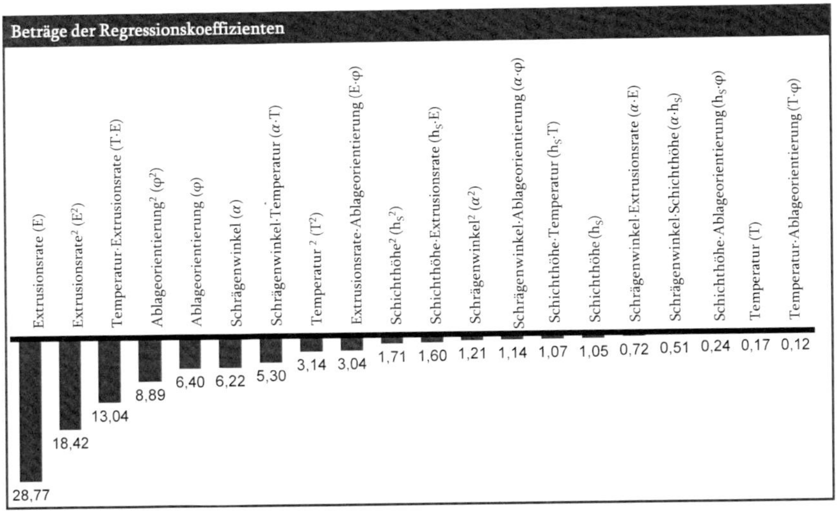

Abbildung 5-3: Regressionskoeffizienten

Die Interpretation der Regressionskoeffizienten gestaltet sich als nicht intuitiv, da die Faktoreffekte in Verbindung mit Interaktionen und quadratischen Effekten betrachtet werden müssen. Zum Beispiel deutet ein negatives Vorzeichen des quadratischen Effekts darauf hin, dass die Parabel, welche das Verhalten aufgrund des Faktors beschreibt, nach unten geöffnet ist. Dies könnte darauf hinweisen, dass das Maximum der Zielgröße bezogen auf den betrachteten Faktor tendenziell in der Mitte des Betrachtungsraums liegt und nicht, wie bei einem positiven Vorzeichen, an den Rändern. Der Koeffizient des einfachen Effekts beschreibt dann die Verschiebung der Parabel. Die standardisierten Regressionskoeffizienten mit dem größten Betrag beziehen sich auf die Extrusionsrate und deren quadratischen Effekt, was auf einen erheblichen Einfluss der Extrusionsrate auf die Zielgröße der Zugfestigkeit hindeutet. Diese physikalische Erklärung ist plausibel, da eine höhere Extrusionsrate zu einer besser ausgeprägten Füllung der Vertiefungen auf der Grenzfläche führt, was sowohl eine verbesserte mechanische Kontaktierung als auch eine effizientere Diffusion zwischen Strang und Grenzfläche erwarten lässt. Ein weiterer hoch bewerteter Koeffizient ist derjenige, der die Interaktion zwischen Extrusionsrate und Extrusionstemperatur beschreibt. Dies lässt sich physikalisch begründen, da höhere Temperaturen zu einer verringerten Viskosität des Materials führen, was den positiven Effekt der Extrusionsrate verstärkt. Unter der Voraussetzung geeigneter Bedingungen für die Diffusion über die Grenzfläche hinweg führt eine höhere Extrusionstemperatur grundsätzlich zu einer stärker ausgeprägten Diffusionsaktivität. Ein weiterer bedeutender Einfluss, gemessen am Betrag der Regressionskoeffizienten, ist die Ablagerichtung und deren quadratischer Effekt. Dies ist nachvollziehbar, da die Ablagerichtung die Länge zwischen zwei Spitzen der Vertiefungen auf der Grenzfläche bestimmt und somit beeinflusst, wie stark der abgelegte Strang durchhängt und folglich die Vertiefung ausfüllt.

5.2 Modelloptimierung zur Maximierung der Festigkeit

Die Optimierung der Prozessparameter erfolgt auf Grundlage des zuvor entwickelten Regressionsmodells. Zunächst wird das vorliegende Optimierungsproblem präzisiert, bevor die eigentliche Optimierung der Prozessparameter durchgeführt wird.

5.2.1 Definition des Optimierungsproblems

Die Optimierung erfolgt vor dem Hintergrund, dass die optimierten Prozessparameter zukünftig als Bestandteil einer Slicer-Software für das multidirektionale MEX dienen sollen. In diesem Zusammenhang wird die Geometrie der Grenzfläche, die durch die Schichthöhe und den Schrägenwinkel beschrieben wird, durch die Dekomposition des Bauteils vorgegeben. Das Ziel der Optimierung besteht darin, diejenigen Prozessparameter zu bestimmen, die unter Berücksichtigung einer gegebenen Grenzflächengeometrie gemäß dem zuvor erstellten Vorhersagemodell zu einer maximalen Festigkeit führen. Ein Optimierungsproblem in Form einer Minimierung lässt sich allgemein wie folgt darstellen:

$$Minimum\ F(x) = min\ \{F(x)|x \in M\} \tag{17}$$

F = Zielfunktion

x = Variable

M = zulässiger Wertebereich

In der Optimierungstheorie werden in der Regel Minimierungsprobleme behandelt. Für die Maximierung einer Zielfunktion gilt, dass diese der Minimierung der negierten Zielfunktion entspricht:

$$max\{F(x)\} = min\{-F(x)\} \tag{18}$$

Optimierungsprobleme können auf unterschiedliche Arten klassifiziert werden. Zur Eingrenzung des vorliegenden Problems soll die Klassifizierung von Nocedal und Wright genutzt werden, welche folgende Unterteilungen verwendet:

- *deterministisch vs. stochastisch*
- *kontinuierlich vs. diskret*
- *restringiert vs. nicht restringiert*
- *global vs. lokal*

Darüber hinaus kann zwischen linearer und nichtlinearer Optimierung differenziert werden.[274]

Das vorliegende Optimierungsproblem ist deterministisch und kontinuierlich. Die zugrundeliegende nichtlineare Zielfunktion ist die Regressionsgleichung, welche die Zugfestigkeit in Abhängigkeit der Grenzflächengeometrie (Schichthöhe und Schrägenwinkel) sowie der Prozessparameter (Extrusionstemperatur, Extrusionsrate und Ablageorientierung) beschreibt. Der Wertebereich der genannten Variablen wird durch die Grenzen des Versuchsplans beschränkt. Entsprechend werden die Optima der Funktion in diesem Bereich gesucht.

Die Optimierung wird für unterschiedliche Gestalten der Grenzfläche durchgeführt. Durch die Kombination der im Versuchsplan vorgesehenen Faktorstufen von Schichthöhe und Schrägenwinkel werden neun Fälle definiert, für welche die Prozessparameter optimiert werden. Somit werden der Schrägenwinkel und die Schichthöhe als konstante Eingangsgrößen in die Zielfunktion aufgenommen. Die Prozessparameter Extrusionstemperatur, Extrusionsrate und Ablageorientierung stellen die Variablen dar, für welche diejenige Kombination gesucht wird, die zur Maximierung der Zielgröße führt.

$$F_i = F(\alpha_i = const., h_i = const., T, E, \Phi) \tag{19}$$

Da das Regressionsmodell mit standardisierten Eingangswerten trainiert wird, müssen die Variablen in der Optimierung nach der gleichen Vorschrift skaliert werden. Da eine analytische Lösung von Optimierungsproblemen häufig nicht möglich oder mit einem hohen Rechenaufwand verbunden ist, werden iterative Verfahren eingesetzt, um sich der Lösung anzunähern.

Für unterschiedliche Arten von Optimierungsproblemen existiert eine Vielzahl von Lösungsansätzen. Zur Lösung von nichtlinearen Optimierungsproblemen sind

---

274 Vgl. Nocedal, J./Wright, S. J. (2006) *Numerical optimization*, S. 5–7.

gradientenbasierte Verfahren wie die Quasi-Newton-Verfahren ein gängiger Ansatz. Im Rahmen der Berechnungen können jedoch mit Gradientenverfahren keine reproduzierbaren Ergebnisse erzielt werden, was sich in lokalen Optima äußert. Heuristische Verfahren wie die Differential Evolution (DE) sind im Allgemeinen besser dafür geeignet, globale Optima zu finden.[275] Die DE ist ein stochastisches, metaheuristisches Verfahren zur Lösung kontinuierlicher Optimierungsprobleme, das von STORN und PRICE entwickelt wurde.[276] Die Optimierung der Zielfunktion wird daher mithilfe der DE durchgeführt, welche zu stabilen Ergebnissen führt (vgl. Anhang A5).

In Abbildung 5-4 ist das Prinzip der DE schematisch dargestellt. Zunächst wird eine zufällige Startpopulation erzeugt, die aus einer Menge an Lösungsvektoren besteht, die als Individuen bezeichnet werden. Für die Individuen wird jeweils ein Fitnesswert berechnet, der sich aus der Zielfunktion ergibt.

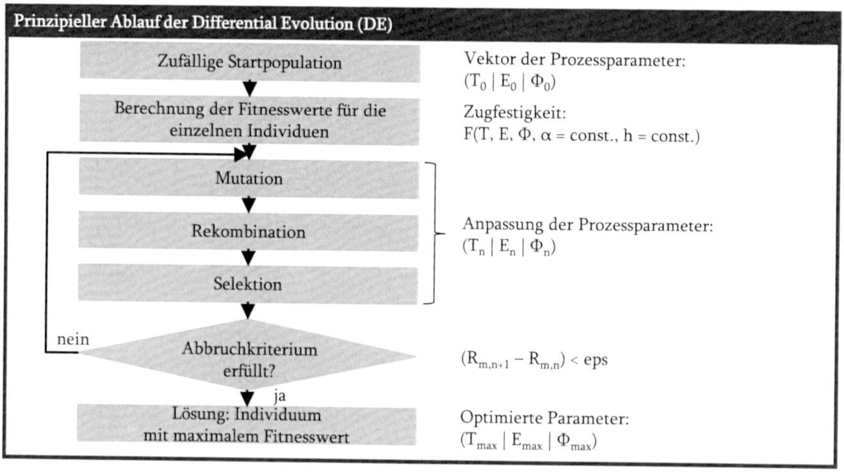

Abbildung 5-4: Prinzipieller Ablauf der DE in Anlehnung an KAUR[277]

Bei der Mutation wird eine neue Lösung durch Änderung einer bestehenden Lösung der vorherigen Generation erzeugt. Die Rekombination beschreibt die Vereinigung zweier Lösungen zu einer neuen Lösung. Bei der Selektion werden die Lösungen für die neue Generation von Individuen ermittelt. Ein Abbruchkriterium entscheidet

[275] Vgl. Rao, S. S. (2009) *Engineering optimization*, S. 1–3.

[276] Vgl. Storn, R./Price, K. (1997) *Differential Evolution*, S. 341–45.

[277] Vgl. Kaur, H./Kumari, V. (2020) *Predictive modelling and analytics for diabetes using a machine learning approach*, S. 2.

darüber, ob der beschriebene Vorgang wiederholt wird und eine neue Generation durch Mutation und Rekombination erzeugt wird. Sofern das Abbruchkriterium erfüllt ist, stellt der Lösungsvektor, welcher den höchsten Fitnesswert aufweist, die Lösung des Optimierungsproblems dar. Die DE ist in der auf der Programmiersprache Python basierenden Open-Source Softwareumgebung Scipy implementiert und kann direkt angewendet werden.

5.2.2 Ergebnisse und Diskussion

Die Ergebnisse der Optimierung sind in Tabelle 5-2 dargestellt. Für die neun Fälle sind jeweils die optimierten Parameter sowie die vorhergesagte Zugfestigkeit aufgelistet. Die vorhergesagte Zugfestigkeit liegt zwischen 20,3 und 27,6 N/mm². Aus dem Versuchsplan zum Training des Modells liegen nur drei von 53 gemessenen Zugfestigkeiten in diesem Bereich, alle Weiteren sind geringer. Entsprechend werden die ermittelten Parametersätze als globale Optima des jeweiligen Falls betrachtet, und die Optimierung wird im Rahmen der Modellgenauigkeit als erfolgreich bewertet.

Tabelle 5-2: Ergebnisse der Modelloptimierung

Nr.	Eingangsgrößen		Optimierte Parameter			Vorhersage
	Schrägen-winkel	Schicht-dicke	Extrusions-temperatur	Extrusions-rate	Ablage-orientierung	Zug-festigkeit
	[°]	[mm]	[°C]	[%]	[°]	[N/mm²]
1	15	0,1	230,0	160,0	50,9	20,3
2	15	0,2	230,0	160,0	51,4	21,6
3	15	0,3	230,0	160,0	52,0	24,0
4	30	0,1	230,0	160,0	48,5	21,3
5	30	0,2	230,0	160,0	49,0	22,8
6	30	0,3	230,0	160,0	49,5	25,5
7	45	0,1	230,0	160,0	46,1	23,1
8	45	0,2	230,0	160,0	46,6	24,8
9	45	0,3	230,0	160,0	47,1	27,6

Auffällig im Hinblick auf die optimierten Parameter ist, dass Extrusionstemperatur und Extrusionsrate an der oberen Grenze des jeweils zulässigen Wertebereichs liegen. Eine hohe Extrusionsrate ist aus physikalischer Sicht nachvollziehbar, da die Vertiefungen auf der Grenzfläche gefüllt werden und insgesamt eine größere Kontaktfläche sowie eine bessere Benetzung im Hinblick auf die Diffusion erreicht wird. Eine hohe

Temperatur ist ebenfalls nachvollziehbar, da diese maßgeblich die Diffusionsaktivität beeinflusst.

Darüber hinaus wirkt sich eine hohe Temperatur positiv auf die Fließfähigkeit des Materials aus, was wiederum die Füllung der Vertiefungen sowie die Benetzung begünstigt. Die ermittelten Werte der Ablageorientierung liegen zwischen 46 und 52 Grad und streuen damit über einen kleinen Bereich in der Mitte des zulässigen Wertebereichs. Die Lage der Werte in der Mitte des Bereichs ist zumindest so weit nachvollziehbar, dass für sehr kleine oder sehr große Werte der Ablageorientierung schlechtere Bedingungen für die Strangablage zu erwarten sind. Die Wahl der optimalen Prozessparameter ist damit für die betrachteten Fälle weitgehend unabhängig von der Geometrie der Grenzfläche. Dies lässt sich durch das vergleichsweise hohe Gewicht der Regressionskoeffizienten von Extrusionsrate, Extrusionstemperatur und Ablageorientierung gegenüber denen von Schrägenwinkel und Schichthöhe erklären. Die resultierenden Zugfestigkeiten unterliegen dennoch einer relativen Standardabweichung von 9,2 %, welche entsprechend auf den Einfluss von Schrägenwinkel und Schichthöhe zurückzuführen ist.

5.2.3 Kollisionsvermeidung

In diesem Kapitel wird eine Lösung für das Problem der Kollision innerhalb einer automatisierten 5-Achsen-Kinematik in der Materialextrusion geebnet und überprüft. Basierend auf dem Markov-Entscheidungsprozess wird eine intelligente Kollisionsvermeidung für die Steuerung entwickelt. Die optimale Strategie für ein intelligentes Kontrollsystem wird durch den Vanilla Policy Gradient (VPG) im Deep Reinforcement Learning Controller bestimmt, der den Ausgang des Hauptcontrollers des Druckers modifiziert. Die Belohnungsfunktion ist speziell auf die Annäherung der Düse an den Zielbereich ausgelegt, um Kollisionen zu vermeiden und die Trajektorie des Hauptcontrollers zu imitieren. Schließlich wird die Leistung des vorgeschlagenen Deep Reinforcement Learning (DRL)-Algorithmus durch Simulationsexperimente überprüft.

Die Belohnungsfunktion, die den Prozess des Trainings des optimalen DRL-Reglers in diesem System leitet, besteht aus vier verschiedenen Komponenten, die jeweils ein bestimmtes erwünschtes Verhalten kodiert:

Zielerreichung (r_g): Eine große positive Belohnung wird erhalten, wenn die Extruderdüse in der Lage ist, die Zielregion zu erreichen.

Kollisionsstrafe (r_c): Eine große negative Belohnung (Strafe) wird erhalten, wenn ein Gegenstand des Druckers Kontakt mit einem starren Körper außerhalb der Zielregion hat (außer Kontakt zwischen der Plattform und dem zu bedruckenden Teil).

Nachahmung (r_m): Eine Belohnung, die darauf basiert, wie sehr die beobachtete Düsenbewegung der idealen Trajektorie entspricht. Dieser Term soll den DRL-Agenten dazu anregen, die ideale Trajektorie so wenig wie möglich zu verändern. Ausgehend von den idealen und beobachteten momentanen Einheitsgeschwindigkeiten ($\hat{v}_I$ und $\hat{v}_O$) der Extruderdüse und der maximal möglichen Nachahmungs-Belohnung r_m^{max} wird die Nachahmungs-Belohnung wie folgt berechnet:

$$r_m = r_{MAX}^{m}(\hat{v}_I \cdot \hat{v}_O) \tag{20}$$

Zu beachten ist, dass die Belohnung negativ ist, wenn die beiden Geschwindigkeiten zweier beweglicher Komponenten einen stumpfen Winkel bilden.

Abstand (r_d): Eine kleine positive Belohnung, die auf der Verringerung des Abstands zwischen der Extruderdüse und dem Zielbereich beruht.

Außerdem ist es wichtig zu erkennen, dass die Zielerreichungs- und Kollisionsstrafen spärlich sind, da sie nur beobachtet werden, wenn diese kategorischen Ereignisse eintreten. Wenn diese beiden die einzigen Komponenten in dieser Belohnungsfunktion wären, würde der DRL-Agent keine Informationen für Handlungen erhalten, was nicht unmittelbar dazu führt, dass die Düse ihre Zielposition nicht erreicht oder eine Kollision verursacht. Daher haben die Komponenten Nachahmung und Entfernung eine zusätzliche nützliche Eigenschaft, da sie dem DRL-Agenten (relativ mehr) kontinuierliche Informationen liefern.

Für eine erste Überprüfung des Systems sind drei Testszenarien entwickelt worden. Diese Szenarien entsprechen den folgenden Kollisionstypen:

- ***Szenario A:*** *Kollision des Extruders oder anderer Komponenten mit einem Hindernis, das sich zwischen der Ausgangsposition des Extruders und dem Zielort befindet.*
- ***Szenario B:*** *Kollision des Extruders oder anderer Komponenten des Druckers mit dem zu druckenden Bauteil.*
- ***Szenario C:*** *Kollision des Extruders oder anderer Komponenten des Druckers mit der Plattform.*

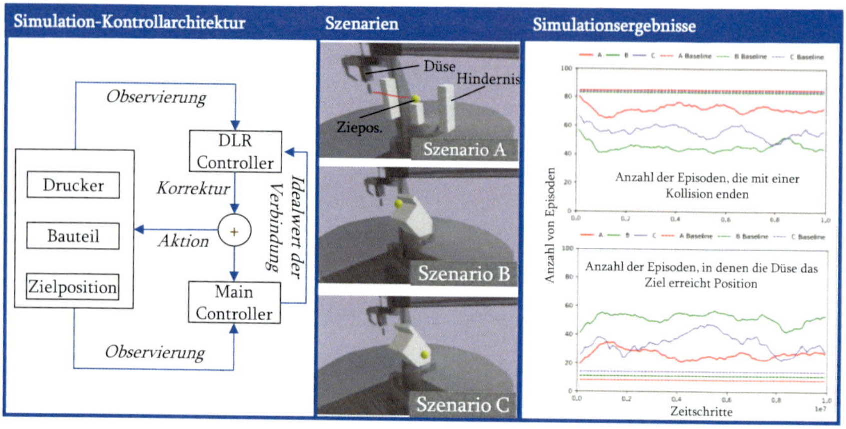

Abbildung 5-5: Simulation-Kontrollarchitektur; Testszenarien (A, B und C) und Simulationsergebnisse

Um die relativen Vorteile der Einführung eines DRL-basierten Korrekturmechanismus in die Anlagensteuerung dieses Druckers zu demonstrieren, wird die durchschnittliche Leistung der standardmäßigen geradlinigen Bahnsteuerung über 100 Episoden (ein fester Satz von zufällig generierten Düsenstartpositionen und Plattformausrichtungen) für jedes der in Abbildung 5-5 dargestellten Szenarien aufgezeichnet. Im Einzelnen wird die Leistung anhand von drei verschiedenen Metriken gemessen:

- *durchschnittliche Belohnung*
- *Häufigkeit der Kollisionen*
- *Häufigkeit des Erreichens des Ziels*

Wie in Abbildung 5-5 zu sehen ist, erreichen alle drei Strategien relativ früh im Verlauf eine bessere Leistung als die Grundlinie. Zum Beispiel ist bei 1 Mio. Schritte eine gleichzeitige Erhöhung der Zielerreichungshäufigkeit und Verringerung der Kollisionshäufigkeit um bis zu 48 % bzw. 42 % für Szenario B zu beobachten. Während deutlich wird, dass die Strategien für die Szenarien B und C die mittleren Belohnungen der Grundlinie in 10 Mio. Zeitschritten nicht übertreffen, ist zu erkennen, dass dieses Defizit in der Leistung zum Teil künstlich übertrieben wird, da es durch eine vergleichsweise hohe Gewichtung des Belohnungsterms für ein „nachahmendes" Verhalten resultiert. Das heißt, wenn die Simulationsumgebung nur mit dem Hauptcontroller betrieben wird, sind die Belohnungen für die Nachahmung für das perfekte Verfolgen der idealen Bahn oft die durch Kollisionen verursachten Nachteile. Trotz der Tatsache, dass für die Szenarien B und C der Schwellwert für die Belohnung nicht erreicht wird, verbessern diese beiden Strategien letztlich die Häufigkeit der erfolgreichen Neupositionierung der Düse auf eine Zielregion in der Nähe des gedruckten Bauteils.

5.3 Zwischenfazit

Das Ziel dieses Kapitels bestand darin, ein empirisches Modell zur Vorhersage des mechanischen Verhaltens von multidirektional gedruckten Bauteilen zu entwickeln und anschließend die Prozessparameter zu optimieren. Vor diesem Hintergrund wurde die folgende Forschungsfrage formuliert:

UFF3: Welche Genauigkeit lässt sich bei der Vorhersage der Zugfestigkeit in Abhängigkeit der Prozessparameter mithilfe eines empirischen Modells erzielen und können maximale Festigkeiten durch eine Optimierung des Modells erreicht werden?

Das mechanische Verhalten, insbesondere die Zugfestigkeit, wird durch ein nicht-lineares Regressionsmodell beschrieben, das Interaktionen berücksichtigt. Dabei steht die Zielgröße in Abhängigkeit von der Geometrie der Grenzfläche (bestimmt durch Schichthöhe und Schrägenwinkel) sowie den Prozessparametern (Extrusionstemperatur, Extrusionsrate und Ablageorientierung). Die Vorhersagegenauigkeit des Modells, das mithilfe einer Ridge-Regression erstellt wurde, beträgt R^2=0,878, und die mittlere quadratische Abweichung beträgt RMSE= 1,930 N/mm^2. Die für die Modellbildung benötigten Daten stammen aus Experimenten, die anhand eines FCCCD-Versuchsplans durchgeführt wurden.

Die Analyse der ermittelten Regressionskoeffizienten zeigt, dass die Extrusionsrate den größten Einfluss auf die Zugfestigkeit hat, gefolgt von der Temperatur und der Ablageorientierung. Im Vergleich dazu ist der Einfluss der Grenzflächengestalt vergleichsweise gering. Die ermittelte Regressionsfunktion dient als Zielfunktion für die Optimierung der Prozessparameter, die mithilfe des evolutionären Algorithmus DE durchgeführt wird. Die Optimierung führt zu Parametersätzen, die eine prognostizierte Steigerung der Zugfestigkeit im Vergleich zu den Parametern aus dem FCCCD-Versuchsplan ermöglichen. Die vorhergesagte maximale Zugfestigkeit liegt je nach Grenzflächengestalt zwischen 20 und 27 N/mm^2.

Aufgrund des geringen Einflusses von Schichthöhe und Schrägenwinkel auf die Zugfestigkeit ergeben sich bei der Optimierung annähernd gleiche Prozessparameter für verschiedene Grenzflächenfälle. Extrusionstemperatur und Extrusionsrate liegen dabei an der oberen Grenze des zulässigen Wertebereichs. Die hohe Extrusionsrate ermöglicht eine bessere Füllung der Vertiefungen auf der Grenzfläche, während eine höhere Extrusionstemperatur eine verbesserte Diffusion und Fließfähigkeit des Materials bewirkt. Die optimierte Ablageorientierung liegt je nach Grenzflächengestalt im Bereich von 46° bis 52° und erklärt sich physikalisch durch die ungünstigen Bedingungen für die Füllung von Vertiefungen und die Anhaftung von abgelegten Strängen bei extremen Orientierungen von 0° und 90° Grad.

6 Anwendung und kritische Reflexion

In diesem Kapitel wird zunächst das Verhaltensmodell durch die Validierung der optimierten Prozessparameter überprüft. Zudem wird ein Ausblick auf die mögliche Anwendung dieser Methode in weiteren industriellen Anwendungen gegeben. Abschließend erfolgt eine Bewertung des Vorgehens und der Ergebnisse, die in den Gesamtkontext eingeordnet wird.

6.1 Überprüfung der Festigkeitsvorschrift

Im Rahmen der Untersuchung der Forschungshypothese lässt sich Folgendes feststellen. Im Vergleich zur unidirektionalen Methode erfordert die multidirektionale Fertigungsplanung die Berücksichtigung von Drucksegmenten. Um die geometrische Komplexität von Bauteilen in der Fertigung präzise darzustellen und den Einsatz additiver Fertigungsverfahren für industrielle Anwendungen zu optimieren, erweist sich eine Erweiterung der Achsanzahl auf mehr als drei lineare Achsen für den segmentorientierten Aufbau als vorteilhaft. Die Übergänge zwischen den Segmenten weisen unterschiedliche Oberflächeneigenschaften auf, was zu Minderungen der Bauteilfestigkeiten an den Grenzflächen führen kann. Durch Anpassungen der Prozessparameter lässt sich eine Optimierung der Festigkeit erreichen. Die Optimierung der Prozessparameter wird durch die Herstellung von multidirektionalen Zugproben unter Verwendung der optimierten Parameter ermöglicht, und die Zugfestigkeit wird anschließend ermittelt. Auf dieser Grundlage erfolgt eine Bewertung der Leistungsfähigkeit des Modells hinsichtlich seiner Fähigkeit, genaue Vorhersagen für die gegebenen Eingangsdaten zu treffen.

6.1.1 Überprüfung der Vorhersagegenauigkeit

Zusammenfassend lässt sich das Vorgehen der statistischen Versuchsplanung und -durchführung wie folgt benennen:

1. *Screening-Methode zur Vorauswahl relevanter Prozessparameter (lineare Regression mit FCCD (engl. Face centered central composite design))*
2. *Verhaltensanalyse der Auswirkungen der relevanten Prozessparameter (nicht-lineare Regression)*
3. *Leistungsbewertung möglicher Modellsysteme mit Kreuzvalidierung (LOOCV) → Auswahl der Ridge-Regression*
4. *Aufstellung der Zielfunktion mit der Darstellung der Regressionskoeffizienten (RMSE: 1,930)*
5. *Optimierung des Modells zur Feststellung des Maximums der Zielgröße und Ableitung der Größen der Prozessparameter*
6. *Durchführung von Validierungsversuchen mit Trainingsdaten zur Feststellung der Gültigkeit*

Es wurden insgesamt 124 Proben hergestellt, wobei jeder Probentyp in fünffacher Ausführung identisch produziert wurde.

Zur Vorauswahl bzw. zum Screening von Parametern wurde eine Versuchsreihe durchgeführt. Diese diente dazu, anhand einer Literaturanalyse relevante Parameter zu identifizieren. Mithilfe einer linearen Regression sollten anschließend die Wechselwirkungen ermittelt und die fünf relevantesten Parameter für weitere Untersuchungen ausgewählt werden. Nach der Datenvorbereitung wurde eine Analyse zwischen der Zielgröße (Festigkeit) und den zuvor identifizierten Parametern durchgeführt. Die Untersuchung des linearen oder nicht-linearen Verhaltens ermöglichte die Auswahl der geeigneten Modellierungsmethode durch Leistungsbewertung und Modellanpassung.

Aufgrund einer geringen Irrtumswahrscheinlichkeit und Fehlerstreuung erwies sich die Ridge-Regression als geeignete Methode zur Plausibilisierung der physikalischen Ereignisse. Das endgültige Modell erzielt eine Erklärung der Streuung von 87,8 %, was es aus statistischer Sicht validiert. Die Herstellung der Zugproben und die Ermittlung der Zugfestigkeit erfolgten nach einem etablierten Verfahren. Die Ergebnisse der Validierungsversuche sind in Tabelle 6-1 dargestellt, wobei die vorhergesagten und optimierten Versuchspunkte des Modells mit den gemessenen Zugfestigkeiten verglichen werden. Zur Bewertung der Vorhersagequalität des Modells wurden, analog zum Vorgehen in Kapitel 5.1.2, die mittlere quadratische Abweichung (RMSE) und das Bestimmtheitsmaß $R^2_{Prediction}$ ermittelt. Letzteres stellt ein Maß zur Anpassung des trainierten Modells an Eingangsdaten dar und wurde bei den Validierungsversuchen untersucht, da die optimierten Parametersätze nicht im Versuchsplan für das Training des Modells enthalten waren. Die Gleichung für $R^2_{Prediction}$ wurde gebildet, wobei die Residuenquadratsumme aus den Validierungsdatenpunkten PRESS *(engl. predicted residual error sum of squares)* genutzt wurde. Sie wurde auf den Mittelwert ($\bar{y}$) der für das Training des Modells verwendeten Datenpunkte bezogen.[278]

Tabelle 6-1: Ergebnisse der Validierungsversuche

Nr.	Schrägen-winkel	Schicht-dicke	Extrusions-temperatur	Extrusions-rate	Ablage-orientierung	Zugfestigkeit		
						Vorhersage	*Messung*	*Fehler*
-	[°]	[mm]	[°C]	[%]	[°]	[N/mm²]	[N/mm²]	[N/mm²]
1	15	0,1	230,0	160,0	50,9	20,3	17,6	2,7
2	15	0,2	230,0	160,0	51,4	21,6	21,9	0,2
3	15	0,3	230,0	160,0	52,0	24,0	18,1	5,9
4	30	0,1	230,0	160,0	48,5	21,3	23,7	2,4
5	30	0,2	230,0	160,0	49,0	22,8	30,1	7,2
6	30	0,3	230,0	160,0	49,5	25,5	22,5	3,0
7	45	0,1	230,0	160,0	46,1	23,1	22,1	1,0
8	45	0,2	230,0	160,0	46,6	24,8	24,9	0,1
9	45	0,3	230,0	160,0	47,1	27,6	22,6	5,0

$$R^2_{Prediction} = 1 - \frac{PRESS}{SS_T} = 1 - \frac{\sum_{i=1}^{n}(y_{val,i} - \hat{y}_{val,i})^2}{\sum_{i=1}^{n}(y_i - \bar{y})^2} \tag{21}$$

Der Vergleich zwischen Messwerten und Vorhersagewerten für das Training und die Validierung sowie die genannten Metriken sind in Abbildung 6-1 dargestellt. Die Verteilung der gemessenen Zugfestigkeit auf der x-Achse zeigt, dass die Zugfestigkeiten der Validierung im Vergleich zu den Zugfestigkeiten der Trainingsversuche auf einem hohen Niveau liegen. Das bekräftigt einerseits die Annahme, dass bei der Optimierung die globalen Optima gefunden werden und andererseits, dass das mechanische Verhalten durch das Modell hinreichend gut beschrieben wird, um eine Optimierung der Parameter überhaupt durchführen zu können.

[278] Vgl. Montgomer et al. (2012) *Introduction to Linear Regression Analysis*, S. 393.

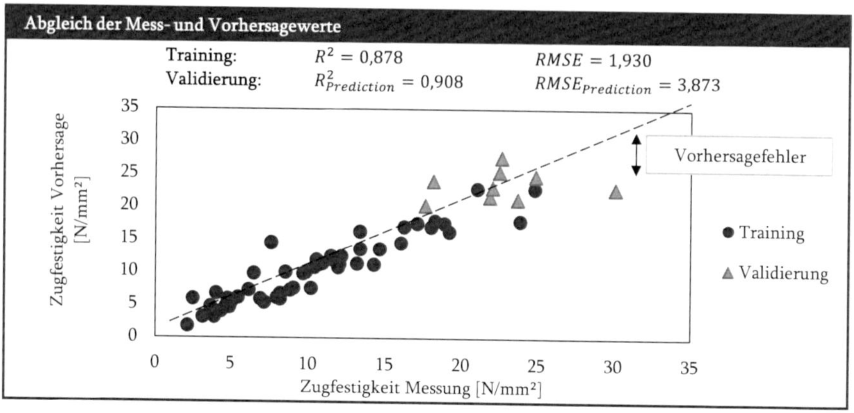

Abbildung 6-1: Vergleich zwischen Messung und Vorhersage (Gesamt)

Der ermittelte Wert von $R^2_{Prediction}$ liegt bei 0,908 und ist damit größer als das Bestimmtheitsmaß des Trainings. Es ist jedoch zu beachten, dass aufgrund der gewählten Vorgehensweise, die auf optimierten Parametern basiert, eine optimistische Abschätzung für $R^2_{Prediction}$ vorliegt. Bei dieser Bestimmung wird die Residuenquadratsumme der Validierungsdaten auf die Abweichung dieser vom Mittelwert der Trainingsdaten bezogen. Aufgrund der vergleichsweise hohen Zugfestigkeiten der Validierungsversuche ergibt sich ein großer Wert im Nenner des Bruchs in der Gleichung (21), was zu einem insgesamt verfälschten Wert für $R^2_{Prediction}$ führt – dieser ist somit größer als bei einer Validierung mit zufällig verteilten Datenpunkten.

Der für die Validierung ermittelte RMSE ist absolut betrachtet um den Faktor 2 schlechter im Vergleich zu dem für das Training ermittelten Wert. Wenn jedoch der RMSE auf den Mittelwert der jeweils betrachteten Daten bezogen wird, ergibt sich für den RMSE der Validierungsdaten, bezogen auf deren Mittelwert von 22,6 N/mm², ein relativer Fehler von 17,1 %. Für den RMSE der Trainingsdaten, bezogen auf deren Mittelwert von 10,5 N/mm², ergibt sich ein relativer Fehler von 18,4 %. Damit unterscheiden sich die Fehler von Training und Validierung um 1,3 Prozentpunkte, was im Rahmen der Modellgenauigkeit auf eine gute Vorhersagequalität für unbekannte Eingangsdaten hindeutet.

Im Hinblick auf das Verzerrung-Varianz-Dilemma lässt sich also festhalten, dass das zugrundeliegende quadratische Beschreibungsmodell eine angemessene Modellkomplexität aufweist.

Das mechanische Verhalten in Form der Zugfestigkeit wird durch eine quadratische Regression unter Berücksichtigung von Interaktionen zwischen den Parametern beschrieben. Die Zielgröße wird dabei in Abhängigkeit von der Geometrie der Grenzfläche, die durch Schichtdicke und Schrägenwinkel definiert wird, sowie den Prozessparametern Extrusionstemperatur, Extrusionsrate und Ablageorientierung beschrieben. Die Vorhersagegenauigkeit bei der Modellierung mithilfe einer Ridge-Regression kann durch ein Bestimmtheitsmaß von R^2=0,878 sowie eine mittlere quadratische Abweichung von RMSE = 1,930 N/mm² beschrieben werden.

Die für die Modellbildung erforderliche Datengrundlage wird durch Experimente anhand eines FCCCD-Versuchsplans geschaffen. Die ermittelte Regressionsfunktion stellt die Zielfunktion für die Optimierung der Prozessparameter dar, welche mithilfe des evolutionären Algorithmus DE durchgeführt wird. Die Optimierung liefert Parametersätze, die zu einer prognostizierten Steigerung der Zugfestigkeit im Vergleich zu den Parametern aus dem FCCCD-Versuchsplan führen. Die vorhergesagte maximale Zugfestigkeit liegt dabei je nach Grenzflächengestalt zwischen 20 und 27 N/mm².

Obwohl die Vorhersage der unbekannten Eingangsdaten im Rahmen der Modellgenauigkeit als zuverlässig bewertet wird, ist zu klären, wie der RMSE zur Erreichung einer präziseren Vorhersage verkleinert werden kann. Eine Ursache für den Fehler wird in der Streuung der Eingangsdaten vermutet, bei welchen die Standardabweichung zwischen den beiden durchgeführten Durchläufen des Versuchsplans im Durchschnitt 1,35 N/mm² beträgt. Dies entspricht einer relativen Abweichung von 12,9 % in Relation zum Mittelwert von 10,5 N/mm². Ein möglicher Ansatz zur Reduzierung des Fehlers ist somit die Minimierung der Streuung durch einen stabileren Prozess.

6.1.2 Einflussanalyse des Prozesses

Hinsichtlich der Vorhersagegenauigkeit werden die Abweichungen zwischen den vorhergesagten und tatsächlichen mechanischen Eigenschaften durch zwei Hauptaspekte beeinflusst, dem Modell und der Datenbasis.

In Bezug auf das Modell ist die Vorhersagegenauigkeit durch das beschriebene Verzerrung-Varianz-Dilemma begrenzt. Für eine maximale Genauigkeit muss ein ausgewogener Kompromiss zwischen Verzerrung und Varianz gefunden werden, der durch die Einstellung des Modellkomplexitätsgrades beeinflusst werden kann. Nichtsdestotrotz wird, basierend auf den erzielten Ergebnissen, die Streuung in der Datenbasis als entscheidender Faktor für die Vorhersagegenauigkeit betrachtet. Bei den durchgeführten

Untersuchungen ist eine Varianz in den ermittelten Zugfestigkeitswerten erkennbar. Diese Unregelmäßigkeiten sind auf eine eingeschränkte Reproduzierbarkeit des verwendeten Systems und Prozesses zurückzuführen. Zur Identifikation von Einflussgrößen und Fehlerursachen wird in Abbildung 6-2 ein Ishikawa-Diagramm verwendet.

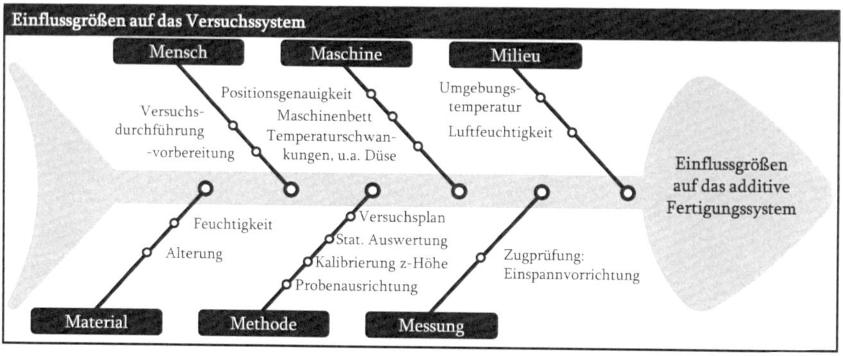

Abbildung 6-2: 6M – Mögliche Ursachen für eine begrenzte Wiederholgenauigkeit

Eine potenzielle Ursache für die Prozessstreuung oder geringe Wiederholbarkeit liegt im Versuchsaufbau für die Herstellung der multidirektionalen Proben in einem dreiaxialen Analogieprozess. Hierbei muss der Probenfuß so positioniert werden, dass die Grenzfläche parallel zur Druckbettebene verläuft. Zusätzlich erfordert die manuelle Kalibrierung der Position der Düse relativ zur Probe sowohl in der Druckbettebene als auch in der Aufbaurichtung höchste Präzision. Der Abstand zwischen Düse und Grenzfläche spielt eine entscheidende Rolle für die Wiederholbarkeit, da das Querschnittsprofil des extrudierten Strangs maßgeblich von diesem Abstand beeinflusst wird. Die Schritte zur Ausrichtung der Probe und zur Kalibrierung des Prozesses müssen für jedes Bauteil wiederholt werden, wobei die subjektive Beurteilung der Versuchsdurchführenden eine potenzielle Fehlerquelle darstellt. Der Einsatz von Vorrichtungen zur definierten Klemmung und Ausrichtung der Probe oder von Sensorik zur Kalibrierung der Düsenposition relativ zum Bauteil könnte hier Abhilfe schaffen.

Ebenso unterliegt die Ausrichtung der Probe im Zugversuch dem „Faktor Mensch". Hierbei muss die Grenzfläche orthogonal zur Belastungsrichtung liegen, da eine schräge Einspannung die Messung der Zugfestigkeit verfälschen kann, indem Scheranteile an der Grenzfläche entstehen. In Bezug auf die Maschine könnten die Positionier- und Wiederholgenauigkeit der Maschinenachsen Gründe für Prozessstreuung sein. Beim Aufheizen der Düse zu Beginn wird ein Überschwingen der

Extrusionstemperatur um etwa +/- 4 °C beobachtet, bedingt durch die Temperaturregelung. Eine Wartezeit bis zur Einstellung eines stabilen Temperaturniveaus vor dem Start des Zugprobenkopfdrucks könnte diese Temperaturschwankung während des Drucks der Grenzfläche reduzieren. Sowohl die Umgebung als auch das Material können zusätzliche Einflüsse auf die Streuung der Ergebnisse haben. Obwohl die Umgebungstemperatur durch eine temperaturgeregelte Umhausung kontrolliert wird, können geringfügige Schwankungen von 1 °C bis 2 °C nicht vollständig vermieden werden und beeinflussen die Festigkeit erheblich.

Der gewählte Versuchsplan ermöglicht die Abbildung quadratischer Effekte, von denen im vorliegenden Fall aufgrund von Voruntersuchungen ausgegangen wird. Eine Erweiterung der Versuchspunkte könnte die Genauigkeit steigern, ist jedoch mit einem erhöhten Versuchsumfang verbunden. Zudem könnte eine größere Datengrundlage zu höherer statistischer Sicherheit führen, was eine zuverlässigere Erkennung von Ausreißern ermöglicht. Im Sinne der Steigerung des Reifegrads der multidirektionalen Materialextrusion könnte die Implementierung von Sensorik zur Kalibrierung der Position und Orientierung der Düse relativ zum Bauteil eine vielversprechende Möglichkeit zur Verbesserung der Wiederholgenauigkeit darstellen.

6.1.3 Bewertung des Betrachtungsrahmens

Der Fokus dieser Arbeit liegt auf der multidirektionalen Materialextrusion mit dem Werkstoff PLA, wobei das mechanische Verhalten durch eine statische Zugbelastung analysiert wird. Um eine umfassende Untersuchung der Festigkeit an Grenzflächen im Prozess zu gewährleisten, sollten die in Abbildung 6-3 skizzierten Dimensionen erweitert werden.

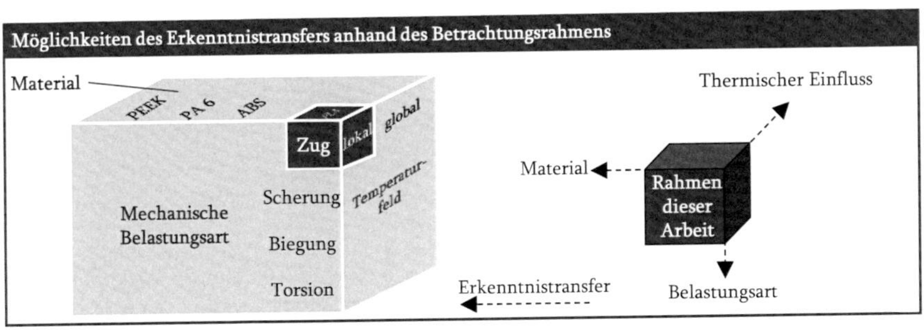

Abbildung 6-3: Betrachtungsrahmen und Möglichkeiten des Erkenntnistransfers der Untersuchung

Bei der Verarbeitung von anderen Werkstoffen bedarf es einer erneuten Bewertung der Strangablage. Obwohl erwartet werden kann, dass die Effekte von Extrusionstemperatur und -rate bei verschiedenen Werkstoffen ähnliche Tendenzen aufweisen, ist eine individuelle Quantifizierung erforderlich. Die Festigkeit an der Grenzfläche wird durch Diffusion und mechanische Kontaktierung bestimmt. Besonders bei Belastung in Form von Scherung oder Torsion ist der Effekt der mechanischen Adhäsion stärker ausgeprägt. Aus diesem Grund wird die Zugbelastung als kritische Belastungsart für die Grenzfläche im multidirektionalen Aufbau betrachtet. Dennoch sollten auch andere Belastungsarten für eine umfassende Analyse untersucht werden. Zusätzlich zur statischen Belastbarkeit ist auch die dynamische Belastbarkeit von Bauteilen und Grenzflächen zu berücksichtigen.

Der Gültigkeitsbereich des Modells, in dem die Vorhersage der Zugfestigkeit unter Beachtung der Modellgenauigkeit erfolgt, ist durch die Grenzen des Versuchsplans festgelegt. Eine Erweiterung des Modells oder des Parameterbereichs ist prinzipiell möglich, indem zusätzliche Versuchspunkte hinzugefügt und die Regression mit dem entwickelten Programmcode erneut durchgeführt werden. Es ist jedoch zu beachten, dass die Aussagen bezüglich der Validierung und Genauigkeit des Modells in diesem Fall ihre Gültigkeit verlieren.

Generell ist die Integration von In-Prozess-Daten in die Modellierung wünschenswert. Hierbei sollen Daten aus der Fertigung realer Bauteile für die Modellbildung verwendet werden, was eine kontinuierliche Weiterentwicklung des Modells ermöglicht. Allerdings stellt die zerstörende Prüfung genormter Prüflinge im Rahmen der Modellierung der mechanischen Eigenschaften ein Hindernis dar. Für andere Zielgrößen, wie beispielsweise Oberflächenqualität oder Maßhaltigkeit, bei denen keine zerstörende Prüfung erforderlich ist, ist die Nutzung von In-Prozess-Daten hingegen möglich.

6.2 Anwendbarkeitsüberprüfung

Um die vorliegende Arbeit einzuordnen, wird die Datenvorbereitung für die multidirektionale Materialextrusion betrachtet. In diesem Kontext müssen Slicing-Software-Programme den folgenden Anforderungen gerecht werden:

- ***Dekomposition**: Zerlegung des Bauteils in Drucksegmente mit individueller Aufbaurichtung mit dem Ziel, die Notwendigkeit von Stützstrukturen zu minimieren*
- ***Slicing**: Prozessparameter und Bahnplanung (lokal) für die einzelnen Drucksegmente*

- *Sequenzierung: Bestimmung der Druckreihenfolge der einzelnen Drucksegmente und Bahnplanung (global) vor dem Hintergrund der Kollisionsvermeidung*
- *Schnittstellen: Anpassung der Prozessparameter für Übergangsflächen zwischen Drucksegmenten*

Die vorliegende Arbeit leistet einen wesentlichen Beitrag im Bereich der Schnittstellen, indem die Prozessparameter für kritische Übergangsflächen optimiert werden, sodass eine Steigerung der Festigkeit erreicht wird.

6.2.1 Beispielbauteil

Um die Datenvorbereitung für den multidirektionalen Prozess zu verdeutlichen, dient ein Beispielbauteil als Illustration, das im Kontext von DING eingeführt wird (vgl. Tabelle 6-2).[279]

Tabelle 6-2: Anwendung der Parameteroptimierung (Bauteil in Anlehnung an DING)

Anwendbarkeitsanalyse am Beispielbauteil					
	Input		*Output*		
Übergang	Schrägenwinkel	Schichthöhe	Extrusionstemperatur	Extrusionsrate	Ablageorientierung
1-2	$\alpha_{1-2} = 18°$		$T_2 = 230°C$	$E_2 = 160\ \%$	$\Phi_2 = 51{,}0°$
2-3	$\alpha_{2-3} = 22°$		$T_3 = 230°C$	$E_3 = 160\ \%$	$\Phi_3 = 50{,}3°$
2-4	$\alpha_{2-4} = 44°$	h = 0,2mm	$T_4 = 230°C$	$E_4 = 160\ \%$	$\Phi_4 = 46{,}7°$
4-5	$\alpha_{4-5} = 30°$		$T_5 = 230°C$	$E_5 = 160\ \%$	$\Phi_5 = 49{,}0°$
5-6	$\alpha_{5-6} = 34°$		$T_6 = 230°C$	$E_6 = 160\ \%$	$\Phi_6 = 48{,}4°$

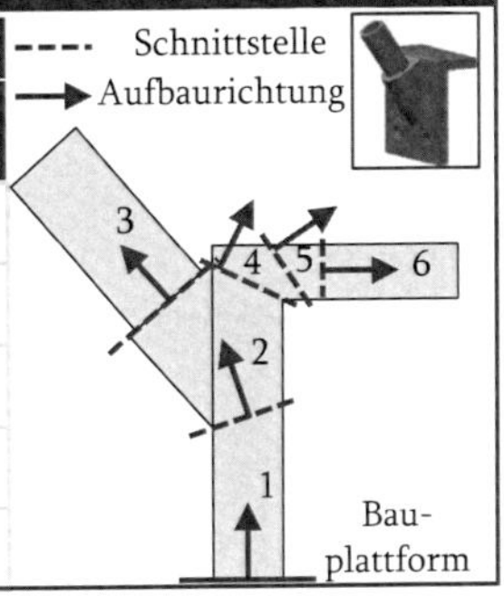

Das Bauteil wird zur Vermeidung von Stützstrukturen beispielhaft in sechs Segmente unterteilt, was zu fünf Schnittstellen führt. Die Winkel zwischen den Trennebenen der Dekomposition liegen innerhalb des zulässigen Wertebereichs des Parameters Schrägenwinkel für das Modell. Somit kann das Modell für die Optimierung der Prozessparameter an den Grenzflächen genutzt werden. Für jede Schnittstelle zwischen zwei Drucksegmenten ist der Schrägenwinkel angegeben, auf dem die folgenden Drucksegmente n+1 aufgebaut sind. Mittels des entwickelten Programmcodes wird die

[279] Vgl. Ding, D. et al. (2016) *Automatic multi-direction slicing algorithms for wire based additive manufacturing*, S.140.

Ermittlung der Prozessparameter für jede Grenzfläche anhand des Schrägenwinkels und der Schichthöhe der Drucksegmente durchgeführt. Die Ergebnisse der Optimierung für das Beispielbauteil sind in Tabelle 6-2 dargestellt, wobei exemplarisch eine Schichthöhe von 0,2 mm für das gesamte Bauteil vorgesehen ist.

Die Dekomposition des Bauteils wird durchgeführt, um Stützstrukturen zu minimieren. Nach dem Slicing der Drucksegmente erfolgt die Sequenzierung, die in diesem Fall durch Kollisionsfreiheit charakterisiert ist. Abbildung 6-4 zeigt schematisch die Struktur der Segmente nach der Sequenzierung des oben eingeführten Beispielbauteils. Die Segmente sind über die Schnittstellen miteinander verbunden, wobei ein Drucksegment generell beliebig viele Schnittstellen zu anderen Segmenten aufweisen kann.

Ein wesentlicher Aspekt bei der Datenvorbereitung ist die Auswahl der Schichthöhe, die bei 0,2 mm festgelegt ist. Diese Schichthöhe beeinflusst direkt die resultierende Oberflächenqualität und mechanische Festigkeit der gedruckten Bauteile. Daher ist es entscheidend, die optimale Schichthöhe unter Berücksichtigung der Anforderungen an das Bauteil und die gewünschten mechanischen Eigenschaften zu bestimmen.

Modellierungs- und Schnittstellsystem

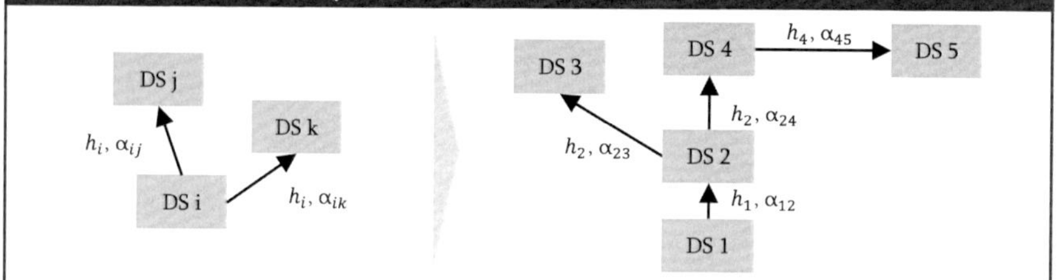

DS: Drucksegemente, h_i: Schichtdicke der DS i, α_{ij}: Winkel zwischen Grundflächen der Subkomponenten i / j & i / k

Abbildung 6-4: Informationsaustausch zwischen Drucksegment (DS) bei der Datenvorbereitung

6.2.2 Übertragbarkeit in die industrielle Fertigung

Die Modellbildung und Optimierung erfolgten unter den Versuchsbedingungen des dreiachsigen Analogieprozesses und wurden validiert. Um die Übertragbarkeit der Ergebnisse auf eine mehrachsige Anlage zu prüfen, müssen die optimierten Parameter in einem solchen nächsten Schritt validiert werden. Die generelle Übertragbarkeit kann aus den Perspektiven der Anlage, des Prozesses und des Bauteils beurteilt werden.

Anlagensicht: Die Genauigkeit der Maschine und die Kalibrierung der Achsen sind aus Anlagensicht entscheidend für die Übertragbarkeit der Ergebnisse. Beim multidirektionalen Prozess erhöht sich die Anzahl der Freiheitsgrade des kinematischen Systems durch zusätzliche Achsen wie Drehachsen. Die Genauigkeit einer Achse wird durch deren Positions- und Wiederholgenauigkeit bestimmt. Durch weitere Achsen steigt der potenzielle Gesamtfehler durch die Superposition der Einzelfehler. Daher ist eine präzise Kalibrierung der Achsen zueinander erforderlich. Besonders relevant für die Übertragbarkeit ist die Kalibrierung des Abstands zwischen Düse und Grenzfläche, da dies beeinflusst, wie stark der extrudierte Strang auf die Grenzfläche gepresst wird.

Prozesssicht: Veränderte Bedingungen bezüglich des Temperaturniveaus im Bauteil müssen aus Prozesssicht berücksichtigt werden, um die Übertragbarkeit zu bewerten. Während die Grenzflächentemperatur vor dem Druck in den durchgeführten Versuchen bei Raumtemperatur lag, ist in einem realen Prozess zu erwarten, dass aufgrund der Prozesswärme durch vorherige Drucksegmente ein höheres Temperaturniveau an der Grenzfläche vorliegt. Ebenso kann eine Beheizung der Bauplattform das Temperaturniveau erhöhen. Ein höheres Temperaturniveau hat jedoch keinen negativen Einfluss auf die Übertragbarkeit der Ergebnisse, da die Mechanik der Strangablage davon nicht beeinflusst wird. Stattdessen führt ein höheres Temperaturniveau tendenziell zu einer höheren Festigkeit aufgrund von Diffusion.

Bauteilsicht: Bei der Bewertung der Übertragbarkeit aus Bauteilsicht werden sowohl das Profil der Grenzfläche als auch die Form und Größe der Fläche berücksichtigt. Die vorliegende Arbeit nutzt die Grenzfläche einer rechteckigen Zugprobe als Grundlage. Bei realen Bauteilen kann die Fläche unterschiedliche Formen und Größen annehmen.

Auf der Strangseite werden die Ergebnisse als grundsätzlich übertragbar betrachtet, da das stufige Profil der Grenzfläche, definiert durch Schichthöhe und Schrägenwinkel, mit den Parametern Extrusionstemperatur, Extrusionsrate und Ablageorientierung in Wechselwirkung steht. Auf der Schichtebene wird das Verhältnis zwischen Füllstruktur und Konturlinien als Indikator für die Übertragbarkeit betrachtet. Die experimentellen Untersuchungen zeigen, dass dieses Verhältnis einen signifikanten Einfluss auf die Festigkeit hat. Innerhalb der durchgeführten Untersuchungen macht die Füllstruktur etwa 90 % der Grenzfläche aus, weshalb der Einfluss der Strangablage im Bereich der Füllstruktur als maßgeblich für die Festigkeit betrachtet wird.

Für die Übertragbarkeit auf andere Bauteile wird angenommen, dass die Ergebnisse für „flächige“ Bauteile anwendbar sind, bei denen die Füllstruktur einen Anteil von mehr als 90 % an der Grenzfläche hat. Bei einem geringeren Anteil an Füllstruktur nimmt der Einfluss des Parameters Ablageorientierung ab, während der Einfluss der Konturlinien auf die Festigkeit wächst. Die Ablagerichtung der Konturlinien ist von der Form der Grenzfläche abhängig, weshalb eine allgemeingültige Aussage zur Übertragbarkeit der Ergebnisse für unterschiedlich geformte Grenzflächen nicht möglich ist. Die Anzahl der Konturlinien, die beim Slicing definiert wird, beeinflusst das Verhältnis zwischen Füllstruktur und Konturlinien und kann zur Beeinflussung des Strangablageverhaltens genutzt werden. Bei kleinen Grenzflächen sollte in Erwägung gezogen werden, auf Konturlinien zu verzichten, um eine definierte Orientierung der abgelegten Stränge zu erreichen.

7 Zusammenfassung und Ausblick

Die Branche der additiven Fertigung steht nun schon seit geraumer Zeit vor der Herausforderung, sich zu einem wesentlichen Bestandteil industrieller Produktionstechnik zu entwickeln. Bedingt durch eine stetig wachsende Anzahl von additiven Verfahren mit System- und Materialmodifikationen wird ein Vergleich zu typischen Leistungsspezifikationen von Kunststoffbauteilen erschwert. Gleichzeitig wächst die Notwendigkeit der Prozessexpertise des Anwenders und die Investition in Zeit, Kosten und Personal, das zur Ernüchterung gegenüber additiver Fertigung führt. Systementwickler, Zulieferer und Anwender sind daher dazu angehalten, Strukturen, Aktivitäten und Verhalten im Umgang mit additiven Fertigungssystemen ökonomisch und ökologisch zu entwickeln.

Das Hauptziel dieser Arbeit besteht in der wissenschaftlichen Untersuchung und Einordnung der multidirektionalen additiven Fertigung von Kunststoffen. Der methodische Ansatz zur Erstellung eines Verhaltensmodells beginnt mit einer theoretischen Analyse, gefolgt von experimentellen Versuchsreihen, Modellbildung und der abschließenden Anwendung des multidirektionalen Aufbaus in der additiven Fertigung. In der vorliegenden Arbeit werden zunächst die Prozesscharakteristika der additiven Fertigung hinsichtlich der organisatorischen Einflüsse im Kontext nachhaltiger Produktion und der technologischen Eigenschaften auf produzierende Unternehmen herausgestellt. Die Darstellung der Grundlagen des Betrachtungsbereichs legt die Notwendigkeit einer nachhaltigen Prozessgestaltung und Sicherstellung mechanischer Festigkeit des Produktes dar.

Der Gestaltungsraum ist zunächst durch die Konzeptionierung des Verhaltensmodells der Materialextrusion entwickelt und eingegrenzt worden. Hierbei sind produktorientierte Fertigungsstrategien, geometrische Eigenschaften von Produkten, das werkstoffspezifische Verhalten und Kategorien von Maschinengestellen als relevante Stellgrößen der Prozessgestaltung identifiziert worden. Anschließend erfolgt die experimentelle Untersuchung, indem Segmentübergänge in Form von Zugproben physisch nachgebildet und Festigkeitswerte bei variierenden Prozessparametern mittels eines multifaktoriellen Versuchsplans ermittelt werden. Hierzu werden unterschiedliche

Versuchsanalysen durchgeführt, die Aufschluss über die Wirksamkeit von Prozessparametern an Grenzflächen geben. Ermittelte Festigkeitswerte ermöglichen die Modellierung der Auswirkungen von Prozessparametern auf Produktfestigkeiten. Abschließend können durch die Funktionsbeschreibung optimierte Einstellgrößen des Druckprozesses abhängig von den Gegebenheiten der Segmentoberfläche zur Maximierung der Produktfestigkeiten festgelegt werden.

Das Ergebnis manifestiert sich in einer quadratischen Zielfunktion, die die physikalische Abhängigkeit der Zugfestigkeit des Segmentübergangs von relevanten Prozessparametern für den Werkstoff PLA verdeutlicht. Die Vorhersagegenauigkeit bei der Modellierung mithilfe einer Ridge-Regression kann durch ein Bestimmtheitsmaß von R^2=0,878 sowie einer mittleren quadratischen Abweichung von RMSE = 1,930 N/mm² beschrieben werden. Die für die Modellbildung erforderliche Datengrundlage wird durch Experimente anhand eines FCCCD-Versuchsplans geschaffen. Es wird festgestellt, dass das Modell und damit die Vorhersagegenauigkeit durch das beschriebene Verzerrung-Varianz-Dilemma limitiert ist. Für eine möglichst hohe Genauigkeit muss ein Kompromiss zwischen Verzerrung und Varianz gefunden werden.

Die ermittelte Regressionsfunktion stellt die Zielfunktion für die Optimierung der Prozessparameter dar, welche mithilfe des evolutionären Algorithmus Differential Evolution (DE) durchgeführt wird. Die Optimierung liefert Parametersätze, die zu einer prognostizierten Steigerung der Zugfestigkeit im Vergleich zu den Parametern aus dem FCCCD-Versuchsplan führen. Die vorhergesagte maximale Zugfestigkeit liegt dabei je nach Grenzflächengestalt zwischen 20 und 27 N/mm².

Der wissenschaftliche Beitrag dieser Arbeit liegt darin, dass Kunststoffbauteile durch die Modellierung ressourcenschonender und mit ausreichender Festigkeit mittels additiver Fertigung hergestellt werden können. Kosteneffizienz und ökologische Nachhaltigkeit sind daher bei den Analysen bestehender Ansätze untersucht und in Einklang gebracht worden. Das Ziel lautet, die additive Fertigung durch ein stärkeres Leistungsportfolio in Produktionsumgebungen zu etablieren, sodass ein großer Anstieg von additiv hergestellten Komponenten in der Automobilindustrie bis zur Medizintechnik in Aussicht gestellt werden soll. Das Vorgehen und die erzielten Ergebnisse dieser Untersuchung adressieren produzierende Unternehmen und versprechen ein stärkeres Leistungsportfolio der additiven Fertigung durch die bauteilgerechtere Herstellung und eine Reduktion von Nacharbeit. Digitale Prozessvorbereitungen spielen eine entscheidende Rolle, um von konventionellen Herstellungsmethoden, wie der 5-Achs-Bahnplanung, ausgehend Wissen zu übertragen und auf die additive Fertigung anzuwenden. Machbarkeitsstudien zu einer Vielzahl von Bauteilen aus unterschiedlichen Branchen, insbesondere mit großvolumigen und mehrdimensionalen Ausprägungen, sind durchzuführen, um Alleinstellungsmerkmale bei der Nutzung von mehrachsigen Produktionssystemen herauszustellen und Unternehmen Methoden zur Einschätzung von Potenzialen ihres Produktportfolios zur Verfügung zu stellen.

Es sind Erweiterungen in der Hardware in den Mittelpunkt zu stellen, um fünfachsige Produktionsmaschinen mit Robotern für u. a. Bauteilhandling von einer bisherigen Inselfertigung in ein automatisiertes Produktionssystem zu überführen. In Anbetracht einer geringen Anzahl und Verfügbarkeit von Fachkräften, die in additiven Fertigungssystemen geschult sind, müssen dem Markt digitale und automatisierte Lösungen zur Verfügung gestellt werden, um der additiven Fertigung weiter Einzug zu gewähren.

Kurzfristig ist daher die Digitalisierung der Prozessvorbereitung im multidirektionalen Aufbau zu priorisieren, um einer Vielzahl von konventionell hergestellten Produkten das Potenzial mit einer materialeffizienten Herstellung aufzuzeigen. Die Beschreibung der technischen Umsetzbarkeit durch additive Fertigung wird z. B. durch das Bauteildesign, -volumen, - begrenzungsrahmen oder -material ermittelt, wobei die technischen Bewertungsgrößen nicht alleine zur Bewertung herangezogen werden sollten. Schon zu Beginn sind wirtschaftliche Faktoren miteinzubeziehen, wie z. B. die Herstellkosten für das Bauteil, die prognostizierte notwendige Stückzahl oder die Abschreibungen der bisherigen Werkzeugkosten für die konventionelle Herstellung, um eine aggregierte Kennzahl zu ermitteln und Bauteile untereinander zu vergleichen.

Mittelfristig ist eine Kombination aus Fertigungstechnologien für eine qualitativ hochwertige Herstellung zu erforschen. Sowohl die konventionelle Herstellung von Halbzeugen u. a. mit Spritzguss und anschließender additiver Fertigungsoperation zum Materialauftrag für Funktions- oder Veredelungsoberflächen oder Individualisierung als auch die additive Fertigung mit anschließender Zerspanung sind in Betracht zu ziehen. Es ist jedoch zu beachten, dass der Aufwand für beide Prozessketten wirtschaftlicher und ökologischer sein sollte als der rein konventionelle Weg. Obwohl bereits heute eine Reduzierung des Ressourceneinsatzes durch additive Fertigung möglich ist, werden aufgrund von Verfügbarkeit und Verlässlichkeit konventionelle Fertigungsketten oft bevorzugt.

Langfristig ist ein wesentlicher Erfolgsfaktor des multidirektionalen Aufbaus die integrierte technische Entwicklung der Produktionsanlage und der Softwareumgebung. Fertigungsungenauigkeiten müssen durch digitale Lösungen in der Prozessvorbereitung und durch bessere Anlagentechnik, u. a. der Extrusion, ausgeglichen werden, um die kunststoffbasierte additive Fertigung bei produzierenden Unternehmen zu integrieren.

Weiterer Forschungsbedarf besteht in der wissenschaftlichen Modellierung von neuartigen Produktionssystemen für die additive Fertigung. Modellierungen von Produktionsverfahren sollen Aufschluss über das Prozessverhalten und die Relevanz von Prozessparametern geben, um die weitere Forschung und Entwicklung einer integrierten Anlagen- und Softwareentwicklung hinsichtlich Effizienz und Produktivität zu intensivieren. Die Fertigungsvorbereitung durch eine Slicing-Software zum multidirektionalen Aufbau mit dem Bewegungsmodell von 3+2-Achsen oder 5-Achs simultan zu gestalten, verspricht großes Potenzial zur effizienten Herstellung von Kunststoffbauteilen. Neben der Betrachtung der Produktionstechnologie wird auch die Produktentwicklung für das fertigungsgerechte Design der additiven Fertigung Vorbereitungen treffen müssen. Generatives Design von neuartigen Produkten und die Überarbeitung von bestehenden Produkten mit Berücksichtigung von Topologieoptimierungen und Materialeffizienz durch additive Fertigung stellen attraktive Ansätze dar. Am Beispiel der Umbauten von Flugzeugkabinen innerhalb der Instandsetzung oder für Nachrüstungen lässt sich feststellen, dass Reparatur- bzw. Ersatzbauteile, wie z. B. Verkleidungen der Armlehne auf der Basis der konventionellen Struktur hinsichtlich Steifigkeit, überarbeitet werden. Eine bereits frühzeitige Verknüpfung von Verhaltensmodellen für die Produktentwicklung und Produktion kann die Anzahl der Iterationszyklen zwischen der Konstruktion und der Herstellung reduzieren.

Aktuelle Forschungsinitiativen von namhaften Forschungsinstituten und Unternehmen zeigen, dass die additive Fertigung im Mittelpunkt für die Produktion von nachhaltigen Produkten steht. Am Beispiel von Mobilitätsinterieur zeigen sich Bestrebungen, mobilitätsübergreifend, u. a. Luftfahrt, Automotive, Schienenfahrzeuge und Schiffe, zusammenzuarbeiten. Es sollen Prinzipien untersucht werden, wie gemeinsam nachhaltig Produktarchitekturen und Produktionssysteme entwickelt und genutzt werden können. Ähnlich eines Baukastensystems werden standardisierte Produkt- und Produktionssysteme untersucht, die in dezentralen Produktionsfabriken dekarbonisiert gefertigt werden sollen.

Insgesamt verdeutlicht diese Dissertation nicht nur die multidirektionale additive Fertigung von Kunststoffen als wegweisende Technologie, sondern liefert auch einen bedeutenden Beitrag zur Integration dieser innovativen Herangehensweise in produzierende Unternehmen, wobei sie zugleich die Weichen für eine nachhaltige, effiziente und qualitätsorientierte Zukunft der additiven Fertigungsbranche stellt.

8 Literaturverzeichnis

Abdulhameed, O., Al-Ahmari, A., Ameen, W. und Mian, S. H. (2019)
Additive manufacturing: Challenges, trends, and applications., 2019 *Advances in Mechanical Engineering* 11, Nr. 2.

Ahn, D. K., Kim, H. C. und Lee, S. H. (2005)
Determination of fabrication direction to minimize post-machining in FDM by prediction of non-linear roughness characteristics., 2005 *Journal of Mechanical Science and Technology* 19, Nr. 1.

Ahn, S.-H., Montero, M., Odell, D., Roundy, S. und Wright, P. K. (2002)
Anisotropic material properties of fused deposition modeling ABS., 2002 *Rapid Prototyping Journal* 8, Nr. 4.

Allen, S. und Dutta, D. (1994)
On The Computation Of Part Orientation Using Support Structures In Layered Manufacturing.

Alpar, P., Alt, R., Bensberg, F. und Weimann, P. (2019)
Phasenmodelle in der Softwareentwicklung.

Ampower (2021)
Report - Metal Additive Manufacturing. Hamburg, 2021.

——— (2021)
Report - Polymer Additive Manufacturing. Hamburg, 2021. https://additive-manufacturing-report.com/additive-manufacturing-market-2021/.

Attaran, M. (2017)
The rise of 3-D printing: The advantages of additive manufacturing over traditional manufacturing., 2017 *Business Horizons* 60, Nr. 5.

Azimi, P., Zhao, D., Pouzet, C., Crain, N. E. und Stephens, B. (2016)
Emissions of Ultrafine Particles and Volatile Organic Compounds from Commercially Available Desktop Three-Dimensional Printers with Multiple Filaments., 2016 *Environmental science & technology* 50, Nr. 3.

Balzert, H. (1996)
Software-Entwicklung Lehrbuch der Software Technik. Berlin: Spektrum Akademischer Verlag.

Beerbaum, H. (2000)
Ermittlung strukturbezogener bruchmechanischer Werkstoffkenngrößen an Polyethylen-Werkstoffen. Berlin: Mensch-und-Buch-Verl.

Bellehumeur, C., Li, L., Sun, Q. und Gu, P. (2004)
Modeling of Bond Formation Between Polymer Filaments in the Fused Deposition Modeling Process., 2004 *Journal of Manufacturing Processes* 6, Nr. 2.

Berman, B. (2012)
3-D printing: The new industrial revolution., 2012 *Business Horizons* 55, Nr. 2.

Bertoldi, M., Yardimci, M., Pistor, C. M., Guceri, S. I. und Sala, G. (1998)
Mechanical Characterization of Parts Processed via Fused Deposition. The University of Texas at Austin.

Bin Ishak, I., Fleming, D. und Larochelle, P. (2019)
Multiplane fused deposition modeling: a study of tensile strength., 2019 *Mechanics Based Design of Structures and Machines* 47, Nr. 5.

Bletsch, S. (1995)
Untersuchung zum Haftverhlaten vpn Kunstoffen an beheizten Oberflächen im Hinblick auf die Entwicklung eines Sortierverfahrens für Kunststoffgemische., 1995.

Bocken, N. M. P., Pauw, I. de, Bakker, C. und van der Grinten, B. (2016)
Product design and business model strategies for a circular economy., 2016 *Journal of Industrial and Production Engineering* 33, Nr. 5.

Boehm, B. W., (1979)
Software Engineering Economics

Bonnard, R., Hascoët, J.-Y. und Mognol, P. (2019)
Data model for additive manufacturing digital thread: state of the art and perspectives., 2019 *International Journal of Computer Integrated Manufacturing* 32, Nr. 12.

Bonnet, M. (2009)
Verstehen und zuverlässig auswählen. 1. Aufl. Studium *Kunststoffe in der Ingenieuranwendung.* Wiesbaden: Vieweg + Teubner, 2009.

Bonten, C. (2016)
Kunststofftechnik. Hanser eLibrary. München: Hanser, 2016.

Bryła, J. und Martowicz, A. (2021)
Study on the Importance of a Slicer Selection for the 3D Printing Process Parameters via the Investigation of G-Code Readings., 2021 *Machines*, Nr. 8.

Campana, G. und Mele, M. (2020)
An application to Stereolithography of a feature recognition algorithm for manufacturability evaluation., 2020 *Journal of Intelligent Manufacturing* 31, Nr. 1.

Campbell, T. (2011)
Technologies, Potential, and Implications of Additive Manufacturing Could 3D Printing Change the World?, 2011.

Campbell, T., Williams, C., Ivanova, O. und Garrett, B. (2011)
Could 3D Printing Change the World? Technologies, Potential, and Implications of Additive Manufacturing., 2011.

Caviezel, C., Grünwald, R., Ehrenberg-Silies, S., Kind, S., Jetzke, T. und Bovenschulte, M. (2017)
Additive Fertigungsverfahren. Innovationsanalyse. Büro für Technikfolgen-Abschätzung beim Deutschen Bundestag (TAB), 2017.

Chan, F. L., Hon, C.-Y., Tarlo, S. M., Rajaram, N. und House, R. (2020)
Emissions and health risks from the use of 3D printers in an occupational setting., 2020 *Journal of toxicology and environmental health. Part A* 83, Nr. 7.

Chohan, J. S. und Singh, R. (2017)
Pre and post processing techniques to improve surface characteristics of FDM parts: a state of art review and future applications., 2017 *Rapid Prototyping Journal* 23, Nr. 3.

Cocca, M., Di Lorenzo, M. L., Malinconico, M. und Frezza, V. (2011)
Influence of crystal polymorphism on mechanical and barrier properties of poly(l-lactic acid)., 2011 *European Polymer Journal* 47, Nr. 5.

Coogan, T. J. und Kazmer, D. O. (2017)
Bond and part strength in fused deposition modeling., 2017 *Rapid Prototyping Journal* 23, Nr. 2.

Crimmann, P. (2003)
Grenzflächenmodifizierung und –analyse im Polypropylen-Kupfer-Verbund. Halle (Saale), 2003; Dissertation.
https://www.google.com/url?sa=t&rct=j&q=&esrc=s&source=web&cd=&ved=2a-hUKEwjjt6yApYv-AhWD-qQKHa79CvUQFnoECBEQAQ&url=https%3A%2F%2Fopendata.uni-

halle.de%2Fbitstream%2F1981185920%2F10006%2F1%2Fprom.pdf&usg=AOvVaw3JD6X6nkYRpQ5qsWywQ6TN.

Croccolo, D., Agostinis, M. de und Olmi, G. (2013)
Experimental characterization and analytical modelling of the mechanical behaviour of fused deposition processed parts made of ABS-M30., 2013 *Computational Materials Science* 79.

Cuiffo, M. A., Snyder, J., Elliott, A. M., Romero, N., Kannan, S. und Halada, G. P. (2017)
Impact of the Fused Deposition (FDM) Printing Process on Polylactic Acid (PLA) Chemistry and Structure., 2017 *Applied Sciences* 7, Nr. 6.

Dai, C., Wang, C. C. L., Wu, C., Lefebvre, S., Fang, G. und Liu, Y.-J. (2018)
Support-free volume printing by multi-axis motion., 2018 *ACM Transactions on Graphics* 37, Nr. 4.

Das, A., McIlroy, C. und Bortner, M. J. (2021)
Advances in modeling transport phenomena in material-extrusion additive manufacturing: Coupling momentum, heat, and mass transfer., 2021 *Progress in Additive Manufacturing* 6, Nr. 1.

Das weiße Haus von Amerika (2022)
Calls on Congress to Pass Bipartisan Innovation Act Biden Administration Celebrates Launch of AM Forward. Washington, 2022 *The White House* 2022. Zuletzt geprüft am 27.05.2022. https://www.whitehouse.gov/briefing-room/statements-releases/2022/05/06/fact-sheet-biden-administration-celebrates-launch-of-am-forward-and-calls-on-congress-to-pass-bipartisan-innovation-act/.

Davis, C. S., Hillgartner, K. E., Han, S. H. und Seppala, J. E. (2017)
Mechanical strength of welding zones produced by material extrusion additive manufacturing., 2017 *Additive Manufacturing* 16.

DePalma, K., Walluk, M. R., Murtaugh, A., Hilton, J., McConky, S. und Hilton, B. (2020)
Assessment of 3D printing using fused deposition modeling and selective laser sintering for a circular economy., 2020 *Journal of Cleaner Production* 264.

Deswal, S., Narang, R. und Chhabra, D. (2019)
Modeling and parametric optimization of FDM 3D printing process using hybrid techniques for enhancing dimensional preciseness., 2019 *International Journal on Interactive Design and Manufacturing (IJIDeM)* 13, Nr. 3.

Deutsches Institut für Normung (1983)
DIN 66025-1:1983-01, Programmaufbau für numerisch gesteuerte Arbeitsmaschinen; Allgemeines. Berlin: Beuth Verlag GmbH., 1983.
——— (2019)
2019-12 Kunststoffe_ - Bestimmung der Zugeigenschaften_ - Teil_1: Allgemeine Grundsätze (ISO_527-1:2019); Deutsche Fassung EN_ISO_527-1:2019 DIN EN ISO 527-1. Berlin: Beuth Verlag GmbH, 2019.
——— (2020)
= Manufacturing processes - terms and definitions, division. Entwurf. Deutsche Norm *DIN 8580, Fertigungsverfahren - Begriffe, Einteilung.* Berlin: Beuth Verlag GmbH., 2020.
——— (2021)
Teil 1: Ausgangsmaterialien (ISO/ASTM 52903-1:2020); Deutsche Fassung EN_ISO/ASTM 52903-1:2021 DIN EN ISO/ASTM 52903-1:2021-06, Additive Fertigung - Materialextrusion von Kunststoffen. Berlin: Beuth Verlag GmbH, 2021.
Dey, A. und Yodo, N. (2019)
A Systematic Survey of FDM Process Parameter Optimization and Their Influence on Part Characteristics., 2019 *Journal of Manufacturing and Materials Processing* 3, Nr. 3.
Ding, D., Pan, Z., Cuiuri, D., Li, H., Larkin, N. und van Duin, S. (2016)
Automatic multi-direction slicing algorithms for wire based additive manufacturing., 2016 *Robotics and Computer-Integrated Manufacturing* 37.
Duran, C., Subbian, V., Giovanetti, M. T., Simkins, J. R. und Beyette Jr, F. R. (2015)
Experimental desktop 3D printing using dual extrusion and water-soluble polyvinyl alcohol., 2015 *Rapid Prototyping Journal* 21, Nr. 5.
Ehrenstein, G., Engel, L. und al., H. K. e. (2011)
Rasterelektronenmikroskopie von Kunststoffschäden. 1. Aufl. *Scanning Electron Microscopy of Plastics Failure.* s.l.: Carl Hanser Fachbuchverlag, 2011. http://www.hanser-elibrary.com/isbn/9783446422421.
Ehrenstein, G. W. (2020)
Struktur und Eigenschaften von Kunststoffen, Oberflächenspannung, Spannungsrisse. Erlanger Kunststoff-Schadensanalyse *Strukturverhalten.* München: Hanserr, 2020.
Ehrenstein G., Engel L., Klingele H. und Schaper H. (2011)
REM von Kunststoffschäden. Carl Hanser Verlag, 2011.

Elkington, J. (1998)
Partnerships from cannibals with forks: The triple bottom line of 21st-century business., 1998 *Environmental Quality Management* 8, Nr. 1.

Eversheim, W. und Schuh, G. (2005)
Integrierte Produkt- und Produktionsprozessgestaltung Prüfmitteleinsatzplanung., 2005.

Fernandez-Vicente, M., Calle, W., Ferrandiz, S. und Conejero, A. (2016)
Effect of Infill Parameters on Tensile Mechanical Behavior in Desktop 3D Printing., 2016 *3D Printing and Additive Manufacturing* 3, Nr. 3.

Ford, S. und Despeisse, M. (2016)
Additive manufacturing and sustainability: an exploratory study of the advantages and challenges., 2016 *Journal of Cleaner Production* 137.

Freund, R., Watschke, H., Heubach, J. und Vietor, T. (2019)
Determination of Influencing Factors on Interface Strength of Additively Manufactured Multi-Material Parts by Material Extrusion., 2019 *Applied Sciences* 9, Nr. 9.

Fry, N. R., Richardson, R. C. und Boyle, J. H. (2020)
Robotic additive manufacturing system for dynamic build orientations., 2020 *Rapid Prototyping Journal* 26, Nr. 4.

Gao, W., Zhang, Y., Ramanujan, D., Ramani, K., Chen, Y., Williams, C. B., Wang, C. C., Shin, Y. C., Zhang, S. und Zavattieri, P. D. (2015)
The status, challenges, and future of additive manufacturing in engineering., 2015 *Computer-Aided Design* 69. Zuletzt geprüft am 23.07.2018.

Gao, Y., Wu, L., Yan, D.-M. und Nan, L. (2019)
Near support-free multi-directional 3D printing via global-optimal decomposition., 2019 *Graphical Models* 104.

Gebhardt, A. (2016)
Additive Manufacturing und 3D-Drucken für Prototyping - Tooling - Produktion. 5., neu bearbeitete und erweiterte Auflage *Additive Fertigungsverfahren.* München: Hanser, 2016. http://www.hanser-fachbuch.de/9783446444010.

Gebler, M., Schoot Uiterkamp, A. J. und Visser, C. (2014)
A global sustainability perspective on 3D printing technologies., 2014 *Energy Policy* 74.

Ghobadian, A., Talavera, I., Bhattacharya, A., Kumar, V., Garza-Reyes, J. A. und O'Regan, N. (2020)

Examining legitimatisation of additive manufacturing in the interplay between innovation, lean manufacturing and sustainability., 2020 *International Journal of Production Economics* 219.

Gibson, I., Rosen, D. und Stucker, B. (2016)
3D Printing, Rapid Prototyping, and Direct Digital Manufacturing. 2., Softcover reprint of the original 2nd ed. 2015 *Additive Manufacturing Technologies.* New York, NY: Springer New York; Springer., 2016.

Gibson, I., Rosen, D., Stucker, B. und Khorasani, M. (2021)
Additive manufacturing technologies. Third edition. Springer eBook Collection. Cham, Switzerland: Springer, 2021.

Gleich, H. (2004)
Zusammenhang zwischen Oberflächenenergie und Adhäsionsvermögen von Polymerwerkstoffen am Beispiel von PP und PBT und deren Beeinflussung durch die. Duisburg-Essen, 2004; Dissertation. https://www.worldcat.org/de/title/723058349.

Goh, G. D., Yap, Y. L., Tan, H. K. J., Sing, S. L., Goh, G. L. und Yeong, W. Y. (2020)
Process–Structure–Properties in Polymer Additive Manufacturing via Material Extrusion: A Review., 2020 *Critical Reviews in Solid State and Materials Sciences* 45, Nr. 2.

Guan, Y., Gao, Y., Wu, L., Cui, K., Guo, J. und Liu, Z. (2019)
Multi-directional 3D Printing with Strength Retention. Beijing., 2019.

Hastie, T., Tibshirani, R. und Friedman, J. H. (2009)
Data mining, inference, and prediction. Second edition. Springer series in statistics *The elements of statistical learning.* New York: Springer, 2009.

Hedderich, J. und Sachs, L. (2018)
Angewandte Statistik. Methodensammlung mit R. 16. Aufl. 2018. Berlin, Heidelberg: Springer Berlin Heidelberg, 2018. http://nbn-resolving.org/urn:nbn:de:bsz:31-epflicht-1566808.

Hohenstein, S., Bergweiler, G., Lukas, G., Krömer, V. und Otten, T. (2021)
Decision basis for multi-directional path planning for post-processing reduction in material extrusion., 2021 *Production Engineering* 15, 3-4.

Hopmann, C. und Michaeli, W. (2017)
Einführung in die Kunststoffverarbeitung. 8., aktualisierte Auflage. München: Hanser, 2017. http://dx.doi.org/10.3139/9783446453562.

Horn, T. J. und Harrysson, O. L. A. (2012)
Overview of current additive manufacturing technologies and selected applications., 2012 *Science progress* 95, Pt 3.

Huang, X., Ye, C., Wu, S., Guo, K. und Mo, J. (2009)
Sloping wall structure support generation for fused deposition modeling., 2009 *The International Journal of Advanced Manufacturing Technology* 42, 11-12.

Igo3D (2023)
Maertz PLA Filament., 2023. Zuletzt geprüft am 29.12.2021. https://www.igo3d.com/maertz-pla-filament.

Ihlenfeldt, S., Drossel, W.-G., Kausch, M., Friedrich, C., Wiese, T. und Jankowsky, L. (2022)
SEAMHex - Fast 6D Additive Manufacturing using an innovative Screw Extruder applied on a Hexapod Parallel Kinematic., 2022 *Technologies for Lightweight Structures (TLS)* 5, Nr. 1.

Islam, M. S. und Prabhakar, P. (2017)
Interlaminar strengthening of multidirectional laminates using polymer additive manufacturing., 2017 *Materials & Design* 133.

James, G., Witten, D., Hastie, T. und Tibshirani, R. (2021)
With Applications in R. 2nd ed. 2021. Springer eBook Collection *An Introduction to Statistical Learning.* New York, NY: Springer US; Imprint Springer, 2021.

Jiang, J., Newman, S. T. und Zhong, R. Y. (2021)
A review of multiple degrees of freedom for additive manufacturing machines., 2021 *International Journal of Computer Integrated Manufacturing* 34, Nr. 2.

Jørgensen, S. und Pedersen, L. J. T. (2018)
RESTART Sustainable Business Model Innovation. Cham: Springer International Publishing, 2018.

Kaill, N., Campbell, R. und Pradel, P. (2021)
Porosity in multi-axis material extrusion of short-fibre composites., 2021 *Rapid Prototyping Journal* 27, Nr. 2.

Kambour, R. P. (1967)
Die Rolle des „Crazing" beim Bruchmechanismus von glasartigen Polymeren., 1967 *Materials and corrosion* 18, Nr. 5.

Kampker, A., Ayvaz, P., Lukas, G., Hohenstein, S. und Kromer, V. (2019)
Activity-based Cost Model for Material Extrusion Processes Along the Additive Manufacturing Process Chain. 19318283. Aufl. Macao, 2019.

https://ieeexplore.ieee.org/abstract/document/8978507?casa_token=0LQ4MGxXd-0AAAAA:tYUQbH4qIGbIkbykHP1l9NRmUWcS3yTqO1a0MDDz-sAX2Z-wX3sVroymCqL_v-XPqlRTzk1z.

Kampker, A., Burggräf, P., Wesch-Potente, C., Petersohn, G. und Krunke, M. (2013)
Life cycle oriented evaluation of flexibility in investment decisions for automated assembly systems., 2013 *CIRP Journal of Manufacturing Science and Technology* 6, Nr. 4.

Kampker, A., Triebs, J., Kawollek, S., Ayvaz, P. und Hohenstein, S. (2019)
Review on Machine Designs of Material Extrusion based Additive Manufacturing (AM) Systems - Status-Quo and Potential Analysis for Future AM Systems., 2019 *Procedia CIRP* 81.

Karasik, E., Fattal, R. und Werman, M. (2019)
Object Partitioning for Support-Free 3D-Printing., 2019 *Computer Graphics Forum* 38, Nr. 2.

Kaur, H. und Kumari, V. (2020)
Predictive modelling and analytics for diabetes using a machine learning approach., 2020 *Applied Computing and Informatics* ahead-of-print, ahead-of-print.

Kellens, K., Baumers, M., Gutowski, T. G., Flanagan, W., Lifset, R. und Duflou, J. R. (2017)
Environmental Dimensions of Additive Manufacturing: Mapping Application Domains and Their Environmental Implications., 2017 *Journal of Industrial Ecology* 21, S1.

Khajavi, S. H., Partanen, J. und Holmström, J. (2014)
Additive manufacturing in the spare parts supply chain., 2014 *Computers in Industry* 65, Nr. 1.

Klahn, C. und Meboldt, M. (2021)
Grundlagen und Methoden für den Einsatz in industriellen Endkundenprodukten. 2. Auflage *Entwicklung und Konstruktion für die Additive Fertigung.* Würzburg: Vogel Communications Group, 2021.

Klaus, G. (1985)
Philosophisches Wörterbuch. 13. Aufl. als fotomechan. Nachdr. d. 12. durchges. Aufl. Westberlin: Verl. Das Europ. Buch, 1985.

Kleppmann, W. (2016)
Produkte und Prozesse optimieren. 9., überarbeitete Auflage. Hanser eLibrary *Versuchsplanung.* München: Hanser, 2016.

Knippers, J., Cremers, J., Gabler, M. und Lienhard, J. (2010)
Werkstoffe und Halbzeuge, Formfindung und Konstruktion. 1. Aufl. Edition Detail *Atlas Kunststoffe + Membranen.* München: Inst. f. Internat. Architektur-Dokumentation, 2010.

Kornmeier, M. (2007)
Eine Einführung für Wirtschaftswissenschaftler; mit 3 Tabellen. [Online-ausg.]. BA kompakt *Wissenschaftstheorie und wissenschaftliches Arbeiten.* Heidelberg: Physica-Verl., 2007.

Krause, W. (2018)
Elektronik - Elektrotechnik - Feinwerktechnik - Mechatronik. 10., aktualisierte Auflage *Grundlagen der Konstruktion.* München: Carl Hanser Verlag GmbH & Co. KG, 2018.

Kreiger, M. und Pearce, J. M. (2013)
Environmental Life Cycle Analysis of Distributed Three-Dimensional Printing and Conventional Manufacturing of Polymer Products., 2013 *ACS Sustainable Chemistry & Engineering* 1, Nr. 12.

Kubicek, H. (1976)
Heuristische Bezugsrahmen und heuristisch angelegte Forschungsdesign als Elemente einer Konstruktionsstrategie empirischer Forschung. Arbeitspapier / Institut für Unternehmungsführung im Fachbereich Wirtschaftswissenschaft der Freien Universität Berlin. Berlin: Inst. für Unternehmungsführung im Fachbereich Wirtschaftswiss. d. Freien Univ, 1976 Nr. 16.

Kunovjanek, M., Knofius, N. und Reiner, G. (2022)
Additive manufacturing and supply chains – a systematic review., 2022 *Production Planning & Control* 33, Nr. 13.

Kuznetsov, V. E., Solonin, A. N., Tavitov, A., Urzhumtsev, O. und Vakulik, A. (2020)
Increasing strength of FFF three-dimensional printed parts by influencing on temperature-related parameters of the process., 2020 *Rapid Prototyping Journal* 26, Nr. 1.

Lake, M. (2017)
Vorbehandeln, Beschichten, Bedrucken, Funktionalisieren, Prüfen. 2. Auflage *Oberflächentechnik in der Kunststoffverarbeitung.* München: Carl Hanser Verlag GmbH & Co. KG, 2017.

Lanzotti, A., Grasso, M., Staiano, G. und Martorelli, M. (2015)
The impact of process parameters on mechanical properties of parts fabricated in PLA with an open-source 3-D printer., 2015 21, Nr. 5. Zuletzt geprüft am 2015.

Lee, C. S., Kim, S. G., Kim, H. J. und Ahn, S. H. (2007)
Measurement of anisotropic compressive strength of rapid prototyping parts., 2007 *Journal of Materials Processing Technology* 187-188.

Ligon, S. C., Liska, R., Stampfl, J., Gurr, M. und Mülhaupt, R. (2017)
Polymers for 3D Printing and Customized Additive Manufacturing., 2017 117, Nr. 15.

Liu, H., Liu, L., Li, D., Huang, R. und Dai, N. (2020)
An approach to partition workpiece CAD model towards 5-axis support-free 3D printing., 2020 *The International Journal of Advanced Manufacturing Technology* 106, 1-2.

Lüdeke-Freund, F., Gold, S. und Bocken, N. M. P. (2019)
A Review and Typology of Circular Economy Business Model Patterns., 2019 *Journal of Industrial Ecology* 23, Nr. 1.

Mani, K., Kulkarni, P. und Dutta, D. (1999)
Region-based adaptive slicing., 1999 *Computer-Aided Design* 31, Nr. 5.

Martin, O. und Avérous, L. (2001)
Poly(lactic acid): plasticization and properties of biodegradable multiphase systems., 2001 *Polymer* 42, Nr. 14.

Mazur, S. und Plazek, D. J. (1994)
Viscoelastic effects in the coalescence of polymer particles., 1994 *Progress in Organic Coatings* 24, 1-4.

McAlister, C. und Wood, J. (2014)
The potential of 3D printing to reduce the environmental impacts of production., 2014. https://www.eceee.org/library/conference_proceedings/eceee_Industrial_Summer_Study/2014/2-sustainable-production-design-and-supply-chain-initiatives/the-potential-of-3d-printing-to-reduce-the-environmental-impacts-of-production/.

Miele (2017)
3D4U Know-How meets 3D printing., 2017; Miele uses 3D printing as a domestic appliance manufacturer. https://www.miele.com/en/com/3d4u-3d-printing-instructions-6343.htm.

Mohamed, O. A., Masood, S. H. und Bhowmik, J. L. (2015)
Optimization of fused deposition modeling process parameters: a review of current research and future prospects., 2015 *Advances in Manufacturing* 3, Nr. 1.

Montgomery, D. C., Peck, E. A. und Vining, G. G. (2012)
Introduction to linear regression analysis. 5. ed. Wiley series in probability and statistics. Hoboken, NJ: Wiley, 2012.

——— (2021)
Introduction to linear regression analysis. Sixth edition. Wiley series in probability and statistics Hoboken, New Jersey: Wiley, 2021. http://swbplus.bsz-bw.de/bsz1726804151cov.htm.

Murtezaoglu, Y., Plakhotnik, D., Stautner, M., Vaneker, T. und van Houten, F. J. (2018)
Geometry-Based Process Planning for Multi-Axis Support-Free Additive Manufacturing., 2018 *Procedia CIRP* 78.

Nikolova, D. (1978)
Charakterisierung und Modifizierung der Grenzflächen im Polymer-Metall-Verbund., 1978.

Nocedal, J. und Wright, S. J. (2006)
Numerical optimization. Second edition. Springer series in operations research and financial engineering. New York, NY: Springer, 2006. https://ebookcentral.proquest.com/lib/kxp/detail.action?docID=6315051.

Ojogba Spencer, O. (2018)
Additive Manufacturing Technology Development: A Trajectory Towards Industrial Revolution., 2018 *American Journal of Mechanical and Industrial Engineering* 3, Nr. 5.

Panda, S. K., Padhee, S., Sood, A. K. und Mahapatra, S. S. (2009)
Optimization of Fused Deposition Modelling (FDM) Process Parameters Using Bacterial Foraging Technique., 2009 *Intelligent Information Management* 01, Nr. 02.

Pandey, P. M., Venkata Reddy, N. und Dhande, S. G. (2003)
Improvement of surface finish by staircase machining in fused deposition modeling., 2003 *Journal of Materials Processing Technology* 132, 1-3.

Petschow, U. (2014)
Trajektorien und Potenziale innovativer Wertschöpfungsmuster zwischen Maker-Bewegung und Industrie 4.0. [Neue Ausg.]. Schriftenreihe des IÖW

Dezentrale Produktion, 3D-Druck und Nachhaltigkeit. Berlin: Institut für ökologische Wirtschaftsforschung, 2014 206.

Petschow, U. und Peuckert, J. (2016)
Kollaborative Ökonomie – Potenziale für nachhaltiges Wirtschaften., 2016 *Ökologisches Wirtschaften - Fachzeitschrift* 31, Nr. 3.

Piller, F. und Tseng, M. (2009)
Introduction: Mass Customization Thinking: Moving from Pilot Stage to an Established Business Strategy., 2009.

Pour, M. A., Zanardini, M., Bacchetti, A. und Zanoni, S. (2016)
Additive Manufacturing Impacts on Productions and Logistics Systems., 2016 *IFAC-PapersOnLine* 49, Nr. 12.

Rao, S. S. (2009)
Theory and practice. Fourth edition *Engineering optimization.* Hoboken, NJ: John Wiley & Sons, 2009. https://onlinelibrary.wiley.com/doi/book/10.1002/9780470549124.

Raschka, S. (2018)
Model Evaluation, Model Selection, and Algorithm Selection in Machine Learning., 2018. https://arxiv.org/pdf/1811.12808.

Raschka, S. und Mirjalili, V. (2021)
Das umfassende Praxis-Handbuch für data science, deep learning und predictive analytics. 3., aktualisierte und erweiterte Auflage *Machine learning mit Python und Keras, TensorFlow 2 und Scikit-learn.* Frechen: mitp, 2021. https://www.mitp.de/IT-WEB/KI-Data-Science/Machine-Learning-mit-Python.html.

Ravi, A. K., Deshpande, A. und Hsu, K. H. (2016)
An in-process laser localized pre-deposition heating approach to inter-layer bond strengthening in extrusion based polymer additive manufacturing., 2016 *Journal of Manufacturing Processes* 24.

Roland Berger (2020)
Polymer additive manufacturing – Market today and in the future., 2020. Zuletzt geprüft am 12.06.2022. https://www.rolandberger.com/en/Insights/Publications/Polymer-additive-manufacturing-Market-today-and-in-the-future.html.

Saeidlou, S., Huneault, M. A., Li, H. und Park, C. B. (2012)
Poly(lactic acid) crystallization., 2012 *Progress in Polymer Science* 37, Nr. 12.

Schröder, D. und Buss, M. (2017)
Intelligente Verfahren. Berlin, Heidelberg: Springer Berlin Heidelberg, 2017.

Schuh, G. (2021)
Internet of Production – Turning Data into Sustainability. Aachen: Fraunhofer-Gesellschaft, 2021; AWK'21.

Schuh, G., Bergweiler, G., Fiedler, F. und Holtgen, C. (2022)
Assessment for CO2-reduced Production by using Additively Manufactured Lightweight Robot Grippers., 2022.

Schuh, G., Bergweiler, G., Lukas, G., Hohenstein, S. und Schenk, J. (2020)
Feature-based Print Method for Multi-Axis Material Extrusion in Additive Manufacturing., 2020 *Procedia CIRP* 93.

Schütz, M. und Röbken, H. (2016)
Dissertationen (wissenschaftliche Arbeiten) verfassen. Wiesbaden: Springer Fachmedien Wiesbaden, 2016.

Scikit-learn: Machine Learning in Python (2011)
Pedregosa, Fabian; Varoquaux, Gael; Gramfort, Alexandre; Michel, Vincent; Thirion, Bertrand. JMLR, 2011 *Journal of Machine Learning Research*, Nr. 12. https://www.jmlr.org/papers/volume12/pedregosa11a/pedregosa11a.pdf.

Shirmohammadi, M., Goushchi, S. J. und Keshtiban, P. M. (2021)
Optimization of 3D printing process parameters to minimize surface roughness with hybrid artificial neural network model and particle swarm algorithm., 2021 *Progress in Additive Manufacturing* 6, Nr. 2.

Siebertz, K., van Bebber, D. und Hochkirchen, T. (2010)
Statistische Versuchsplanung. Berlin, Heidelberg: Springer Berlin Heidelberg, 2010.

Singh, K. (2018)
Experimental study to prevent the warping of 3D models in fused deposition modeling., 2018 *International Journal of Plastics Technology* 22, Nr. 1.

Sonar, H., Khanzode, V., Akarte, M. (2022)
Additive Manufacturing Enabled Supply Chain Management: A Review and Research Directions, 2022, *The Journal of Business Perspective Volume 26, Issue 2*

Sood, A. K., Ohdar, R. K. und Mahapatra, S. S. (2012)
Experimental investigation and empirical modelling of FDM process for compressive strength improvement., 2012 *Journal of Advanced Research* 3, Nr. 1.

Stachowiak, H. (1973)
Allgemeine Modelltheorie. Vienna: Springer Vienna, 1973.

Storn, R. und Price, K. (1997)
A Simple and Efficient Heuristic for global Optimization over Continuous Spaces Differential Evolution., 1997 *Journal of Global Optimization* 11, Nr. 4.

Tomczak, T. und Dyllick, T. (2007)
Erkenntnistheoretische Basis der Marketingwissenschaft., 2007.

Tontowi, A. E., L, R., R.V, E. und D.K, B. (2017)
Optimization of 3D-Printer Process Parameters for Improving Quality of Polylactic Acid Printed Part., 2017 *International Journal of Engineering and Technology* 9, Nr. 2.

Töpfer, A. (2012)
Erfolgreich Forschen. Berlin, Heidelberg: Springer Berlin Heidelberg, 2012.

Ulrich, P. und Hill, W. (1976)
Wissenschaftstheoretische Grundlagen der Betriebswirtschaftslehre. 5 (7+8), 1976.

Vanek, J., Galicia, J. A. G. und Benes, B. (2014)
Clever Support: Efficient Support Structure Generation for Digital Fabrication., 2014 *Computer Graphics Forum* 33, Nr. 5.

Verein Deutscher Ingenieure (2019)
Ergänzungen zu ISO/ASTM DIS 52903-1: Materialextrusion von Kunststoffbauteilen - Charakterisierung des Filaments. Entwurf. VDI-Richtlinien *VDI 3405 Blatt 4.1, Additive Fertigungsverfahren.* Berlin: Beuth Verlag GmbH, 2019.

——— (2021)
= Additive manufacturing proccesses - amendment to ISO/ASTM 52903-1: material extrusion of polymer parts - filament characterisation. Ausg. deutsch/englisch. VDI-Richtlinien *VDI 3405 Blatt 4.1, Additive Fertigungsverfahren - Ergänzungen zu ISO/ASTM 52903-1: Materialextrusion von Kunststoffbauteilen - Charakterisierung des Filaments.* Berlin: Beuth Verlag GmbH, 2021.

Verein Deutscher Maschinen- und Anlagenbau (2021)
Arbeitsgruppe Additive Fertigung VDMA AM Roadmap zur Smart Factory. Frankfurt am Main, 2021. Zuletzt geprüft am 07.12.2021. https://am.vdma.org/viewer/-/v2article/render/27025768.

Wang, X., Chen, L., Lau, T.-Y. und Tang, K. (2020)
A skeleton-based process planning framework for support-free 3+2-axis printing

of multi-branch freeform parts., 2020 *The International Journal of Advanced Manufacturing Technology.*

Waschbusch, L. M. (2019)
Was bedeutet dezentrale Produktion? - Definition und Bedeutung., 2019 *Industry of Things.* Zuletzt geprüft am 12.06.2022. https://www.industry-of-things.de/was-bedeutet-dezentrale-produktion--definition-und-bedeutung-a-807179/.

Watschke, H. (2019)
Methodisches Konstruieren für Multi-Material-Bauweisen hergestellt mittels Materialextrusion., 2019.

Weck, M. und Staimer, D. (2002)
Parallel Kinematic Machine Tools – Current State and Future Potentials., 2002 *CIRP Annals* 51, Nr. 2.

Wei, X., Qiu, S., Zhu, L., Feng, R., Tian, Y., Xi, J. und Zheng, Y. (2018)
Toward Support-free 3D Printing: A Skeletal Approach for Partitioning Models., 2018 *IEEE transactions on visualization and computer graphics* 24, Nr. 10.

Wiartalla, J., Schmitz, M., Mierzwa, M., Corves, B., Hüsing, M., (2023)
Multidirektionale Additive Fertigung: Herausforderungen bei der Umsetzung eines restriktionsfreien Prozesses. Neunte IFToMM D-A-CH Konferenz 2023.

Wohlers, T., Campbell, R. I., Diegel, O., Kowen, J. und Mostow, N. (2021)
3D printing and additive manufacturing : global state of the industry Wohlers report 2021. Fort Collins, Colorado: Wohlers Associates, 2021.

Wu, C., Dai, C., Fang, G., Liu, Y.-J. und Wang, C. C. (2017)
RoboFDM: A robotic system for support-free fabrication using FDM., 2017.

Wulle, F., Coupek, D., Schäffner, F., Verl, A., Oberhofer, F. und Maier, T. (2017)
Workpiece and Machine Design in Additive Manufacturing for Multi-Axis Fused Deposition Modeling., 2017 *Procedia CIRP* 60.

Wüthrich, M., Elspass, W. J., Bos, P. und Holdener, S. (2021)
Novel 4-Axis 3D Printing Process to Print Overhangs Without Support Material., 2021.

Xu, K., Chen, L. und Tang, K. (2019)
Support-Free Layered Process Planning Toward 3 + 2-Axis Additive Manufacturing., 2019 *IEEE Transactions on Automation Science and Engineering* 16, Nr. 2.

Yin, J., Lu, C., Fu, J., Huang, Y. und Zheng, Y. (2018)
Interfacial bonding during multi-material fused deposition modeling (FDM) process due to inter-molecular diffusion., 2018 *Materials & Design* 150.

Zeyn, H. (2017)
Digitalisierte Prozesskette - von der Entwicklung bis zum einsetzbaren Artikel. 1. Auflage *Industrialisierung der Additiven Fertigung.* Berlin: Beuth Verlag GmbH, 2017.

Zhao, D. und Guo, W. (2020)
Mixed-layer adaptive slicing for robotic Additive Manufacturing (AM) based on decomposing and regrouping., 2020 *Journal of Intelligent Manufacturing* 31, Nr. 4.

——— (2020)
Shape and Performance Controlled Advanced Design for Additive Manufacturing: A Review of Slicing and Path Planning. 010801 Bde., 2020 *Journal of Manufacturing Science and Engineering* 142, Nr. 1.

Zhao, H., He, Y., Fu, J. und Qiu, J. (2018)
Inclined layer printing for fused deposition modeling without assisted supporting structure., 2018 *Robotics and Computer-Integrated Manufacturing* 51.

Zhao, Z. und Luc, Z. (2000)
Adaptive direct slicing of the solid model for rapid prototyping., 2000 *International Journal of Production Research* 38, Nr. 1.

Ziemian, C., Sharma, M. und Ziemi, S. (2012)
Anisotropic Mechanical Properties of ABS Parts Fabricated by Fused Deposition Modelling., 2012.

Zindani, D., Kumar, K. (2020)
Integrated Manufacturing System for Complex Geometries: Towards Zero Waste in Additive Manufacturing

Anhang

A1 Druckparameter

Tabelle A-1 zeigt die zur Herstellung der Probenfüße genutzten Prozessparameter.

Tabelle A-1: Prozessparameter Probenfuß

Parameter	Wert
Schichtdicke (ab der zweiten Schicht)	0,3 mm
Anzahl Wandlinien	2
Anzahl massive Schichten Decke	4
Anzahl massive Schichten Boden	3
Fülldichte	100%
Füllmuster	Geradlinig
Bottom Fill Pattern	Montonisch
Infill/Kontur Überlappung	25%
Druckgeschwindigkeit der ersten Schicht	20 mm/s
Beschleunigung der ersten Schicht	1000 mm/s²
Extrusionsbreite erste Schicht	0,42 mm
Elefantenfußkompensation	0 mm
Druckbetttemperatur	Raumtemperatur
Kühlung erste Schicht	deaktiviert

Tabelle A-2 zeigt die zur Herstellung der Probenköpfe genutzten Prozessparameter.

Tabelle A-2: Prozessparameter Probenkopf

Parameter	Wert
Schichtdicke (abh. von Versuchspunkt)	0,1 / 0,2 / 0,3 mm
Anzahl Wandlinien	3
Fülldichte	100%
Füllmuster	Linien
Infill/Kontur Überlappung	0%
Druckgeschwindigkeit	30 mm/s
Extrusionstemperatur	200°C
Plattformtemperatur	60°C
Linienbreite	0,4 mm

A2 Versuchsergebnisse

Tabelle A-3 zeigt die vollständige Darstellung der Versuchsergebnisse

Tabelle A-3: Vorversuche (isoliert)

Untersuchung	Schichthöhe [mm]	Schrägenwinkel [°]	Ablageorientierung [°]	Druckgeschwindigkeit [mm/s]	Extr.-rate [%]	Extrusionstemperatur [°C]	Shell-Infill-Verhältnis [%]	Umgebungstemperatur [°C]	Zugfestigkeit [N/mm^2]
Umgebungstemperatur	0,3	15	45	40	100	210	0	20	22,0
	0,3	15	45	40	100	210	0	30	25,0
	0,3	15	45	40	100	210	0	40	27,5
Schrägenwinkel / Schichtdicke	0,1	15	45	40	100	210	0	20	8,1
	0,1	30	45	40	100	210	0	20	11,1
	0,1	45	45	40	100	210	0	20	3,6
	0,3	15	45	40	100	210	0	20	15,6
	0,3	30	45	40	100	210	0	20	18,3
	0,3	45	45	40	100	210	0	20	10,5
Extrusionsrate	0,3	15	45	40	80	210	0	20	15,2
	0,3	15	45	40	100	210	0	20	16,8
	0,3	15	45	40	120	210	0	20	18,5
	0,3	15	45	40	200	210	0	20	18,1
	0,3	45	45	40	80	210	0	20	20,2
	0,3	45	45	40	100	210	0	20	19,9
	0,3	45	45	40	120	210	0	20	20,3
	0,3	45	45	40	140	210	0	20	21,9
	0,3	45	45	40	200	210	0	20	22,6
Extr.-Geschwindigkeit	0,3	15	45	20	100	210	0	20	16,3
	0,3	15	45	40	100	210	0	20	18,9
	0,3	15	45	40	100	210	0	20	21,4
	0,3	15	45	60	100	210	0	20	16,2
	0,3	45	45	20	100	210	0	20	11,6
	0,3	45	45	40	100	210	0	20	9,2
	0,3	45	45	40	100	210	0	20	8,7
	0,3	45	45	60	100	210	0	20	9,9
Extrusionstemperatur	0,3	15	45	40	100	190	0	20	12,1
	0,3	15	45	40	100	210	0	20	18,9
	0,3	15	45	40	100	210	0	20	21,4
	0,3	15	45	40	100	230	0	20	48,4
	0,3	45	45	40	100	190	0	20	4,5
	0,3	45	45	40	100	210	0	20	9,2
	0,3	45	45	40	100	210	0	20	8,7
	0,3	45	45	40	100	230	0	20	8,7
Ablageorientierung	0,3	5	0	40	100	210	0	20	12,0
	0,3	5	45	40	100	210	0	20	18,0
	0,3	5	90	40	100	210	0	20	16,5
	0,3	15	0	40	100	210	0	20	10,5
	0,3	15	45	40	100	210	0	20	12,0
	0,3	15	90	40	100	210	0	20	15,0
	0,3	45	0	40	100	210	0	20	12,0
	0,3	45	45	40	100	210	0	20	15,0
	0,3	45	90	40	100	210	0	20	18,0
Shell-Infill-Verhältnis	0,3	5	45	40	100	210	0	20	18,0
	0,3	5	45	40	100	210	50	20	13,5
	0,3	15	45	40	100	210	0	20	12,0
	0,3	15	45	40	100	210	50	20	15,0
	0,3	45	45	40	100	210	0	20	15,0
	0,3	45	45	40	100	210	50	20	18,0

Tabelle A-4 zeigt die vollständige Darstellung der Versuchsergebnisse

Tabelle A-4: Versuchsergebnisse

Nr.	Schicht-höhe [mm]	Schrägen-winkel [°]	Extrusions-temperatur [°C]	Extrusions-rate [%]	Ablage-orientierung [°]	ZF 1 N/mm²	ZF 2 N/mm²	s N/mm²
1	0,1	15	190	100	90	-	2,14	-
2	0,3	15	190	100	0	4,90	4,76	0,07
3	0,1	45	190	100	0	3,14	3,90	0,38
4	0,3	45	190	100	90	4,35	3,65	0,35
5	0,1	15	230	100	0	7,15	5,02	1,07
6	0,3	15	230	100	90	6,14	8,82	1,34
7	0,1	45	230	100	90	4,78	8,17	1,70
8	0,3	45	230	100	0	10,90	13,17	1,13
9	0,1	15	190	160	0	3,65	4,66	0,51
10	0,3	15	190	160	90	10,52	11,57	0,52
11	0,1	45	190	160	90	4,03	8,16	2,07
12	0,3	45	190	160	0	10,58	10,51	0,04
13	0,1	15	230	160	90	13,34	19,21	2,93
14	0,3	15	230	160	0	16,22	18,01	0,89
15	0,1	45	230	160	0	17,09	18,88	0,90
16	0,3	45	230	160	90	21,04	24,84	1,90
17	0,1	30	210	130	45	8,52	9,83	0,65
18	0,3	30	210	130	45	14,63	13,36	0,63
19	0,2	15	210	130	45	10,39	11,93	0,77
20	0,2	45	210	130	45	12,13	11,45	0,34
21	0,2	30	190	130	45	10,17	9,04	0,57
22	0,2	30	230	130	45	16,02	7,58	4,22
23	0,2	30	210	100	45	6,47	9,67	1,60
24	0,2	30	210	160	45	23,86	18,25	2,80
25	0,2	30	210	130	0	6,89	2,48	2,21
26	0,2	30	210	130	90	5,44	7,97	1,26
27	0,2	30	210	130	45	9,45	13,50	2,02
28	0,2	30	210	130	45	8,20	14,54	3,17
29	0,2	30	210	130	45	18,35	14,71	1,82

A3 Berechnung der Extrusionsrate

Die folgende Abbildung zeigt die theoretische Porenfläche für die Grenzfläche bei der multi-direktionalen Zugprobe im Rahmen des experimentellen Vorgehens. Die Porenfläche ist in Abhängigkeit vom Schrägenwinkel sowie von der Schichtdicke aufgetragen.

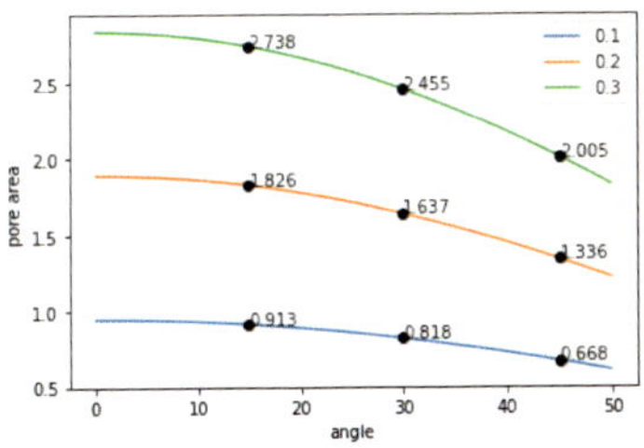

Abbildung A-1: Porenfläche pro Strang bei einer Zugprobe

Die folgende Tabelle A-5 zeigt die Berechnung der Extrusionsrate, welche für die Erzeugung einer Schicht sowie zur Füllung der Vertiefungen auf der Grenzfläche erforderlich ist. Die rechte Spalte gibt die Extrusionsrate an, welche sich aus dem Strangvolumen zur Erzeugung der Schicht und dem Porenvolumen zur Füllung der Vertiefungen bezogen auf das Strangvolumen zur Erzeugung einer Schicht (im konventionellen MEX-Prozess) berechnet.

Tabelle A-5: Berechnung der erforderlichen Extrusionsrate

Schicht-dicke [mm]	**Schrägen-winkel [°]**	**Poren-fläche [mm²]**	**Poren-anzahl [-]**	**Poren-fläche gesamt [mm²]**	**Poren-vol. [mm³]**	**Strang-quer-schnitt [mm²]**	**Strang-vol. [mm³]**	**Extru-sions-vol. [mm³]**	**(Strangvol.+ Porenvol.) / Strangvol. [-]**
0,1	15	0,019	49	0,913	0,411	0,043	0,810	1,221	150,7%
0,1	30	0,009	95	0,818	0,368	0,043	0,810	1,178	145,5%
0,1	45	0,005	134	0,668	0,301	0,043	0,810	1,111	**137,1%**
0,2	15	0,075	24	1,826	0,822	0,081	1,539	2,360	153,4%
0,2	30	0,035	47	1,637	0,737	0,081	1,539	2,275	147,9%
0,2	45	0,020	67	1,336	0,601	0,081	1,539	2,140	139,1%
0,3	15	0,168	16	2,738	1,232	0,116	2,186	3,419	**156,4%**
0,3	30	0,078	32	2,455	1,105	0,116	2,186	3,291	150,5%
0,3	45	0,045	45	2,005	0,902	0,116	2,186	3,089	141,3%

A4 Programmcode: Ermittlung der Modellparameter

Im Folgenden sind Ausschnitte des Programmcodes dargestellt, welcher zur Ermittlung der Modellparameter sowie für die Leistungsabschätzung in Kapitel 6.1.2 verwendet wurde.

```
# ----- Import ------
import numpy as np

import pandas as pd
from sklearn.model_selection import GridSearchCV from sklearn.model_selection im-
port train_test_split from sklearn.model_selection import KFold
from sklearn.model_selection import cross_val_score from sklearn.preprocessing im-
port StandardScaler from sklearn.preprocessing import PolynomialFeatures from
sklearn.metrics import mean_squared_error
from sklearn.metrics import r2_score
from sklearn.linear_model import LinearRegression from sklearn.linear_model import
Ridge
from sklearn.linear_model import RidgeCV from sklearn.linear_model import Lasso
from sklearn.linear_model import LassoCV
from sklearn.neural_network import MLPRegressor

# ----- Methoden ------ def loocv(pred, X):
kf = KFold(shuffle=False,n_splits=X.shape[0]) #shuffle fuer k = n egal y_preds =[]
y_tests = []
for train, test in kf.split(X):
X_train = X[train] X_test = X[test] y_train = y[train] y_test = y[test]
pred.fit(X_train, y_train) y_tests += list(y_test)
y_preds += list(pred.predict(X_test))
r2 = r2_score(y_true=y_tests, y_pred=y_preds)
mse = mean_squared_error(y_true=y_tests, y_pred=y_preds, squared=True) rmse =
mean_squared_error(y_true=y_tests, y_pred=y_preds, squared=False print('Leave-
One-Out Cross-Validation')
print('R-squared: {:.3f} | MSE: {:.3f} | RMSE: {:.3f}'.format(r2, mse, rmse)) # ----- Lineare
Regression ------
df = pd.read_csv('Versuchsdaten_FCCCD.csv', sep = ';', encoding='iso-8859-1')
```

```
X = df[['Schraegenwinkel', 'Schichtdicke', 'Temperatur', 'Extrusionsrate', 'Ablagerich-
tung']] y = df['Zugfestigkeit']
#Quadratische Effekte und Interaktionen hinzufügen
poly = PolynomialFeatures(degree=2, interaction_only=False, include_bias=True) col-
umns = X.columns.values
poly.fit(X)
X = poly.transform(X) # Daten skalieren
scaler = StandardScaler(with_mean=True, with_std=True) scaler.fit(X)
X = scaler.transform(X) # Performance ermitteln
regr = LinearRegression() regr.fit(X, y)
loocv(regr, X)

# ----- Ridge Regression ------
df = pd.read_csv('Versuchsdaten_FCCCD.csv', sep = ';', encoding='iso-8859-1')
X = df[['Schraegenwinkel', 'Schichtdicke', 'Temperatur', 'Extrusionsrate', 'Ablagerich-
tung']]


y = df['Zugfestigkeit']
#Quadratische Effekte und Interaktionen hinzufügen
poly = PolynomialFeatures(degree=2, interaction_only=False, include_bias=False) col-
umns = X.columns.values
poly.fit(X)
X = poly.transform(X) # Daten skalieren
scaler = StandardScaler(with_mean=True, with_std=True) scaler.fit(X)
X = scaler.transform(X)
# Hyperparameter abstimmen
alphas = np.linspace(0.001, 10, 1000) # (low, high, num)
ridge_cv = RidgeCV(alphas, cv=None, scoring='neg_mean_squared_error') # cv=None
-> LOOCV ridge_cv.fit(X, y)
print('alpha: %.3f' % (ridge_cv.alpha_))
print('Score (neg_mean_squared_error): %.3f' % (ridge_cv.best_score_)) # Perfor-
mance ermitteln
ridge_reg = Ridge(alpha=ridge_cv.alpha_) ridge_reg.fit(X, y)
loocv(ridge_reg, X)
```

```
# ----- LASSO-Regression ------
df = pd.read_csv('Versuchsdaten_FCCCD.csv', sep = ';', encoding='iso-8859-1')
X = df[['Schraegenwinkel', 'Schichtdicke', 'Temperatur', 'Extrusionsrate', 'Ablagerich-
tung']] y = df['Zugfestigkeit']
#Quadratische Effekte und Interaktionen hinzufügen
poly = PolynomialFeatures(degree=2, interaction_only=False, include_bias=True)
poly.fit(X)
X = poly.transform(X) # Daten skalieren
scaler = StandardScaler(with_mean=True, with_std=True) scaler.fit(X)
X = scaler.transform(X)
# Hyperparameter abstimmen
alphas = np.linspace(0.0001, 10, 1000) #(low, high, num)
lasso_cv = LassoCV(alphas=alphas, max_iter=10000, cv=X.shape[0]) lasso_cv.fit(X, y)
print('Alpha: %.3f' % (lasso_cv.alpha_)) # Performance ermitteln
lasso_reg = Lasso(alpha=lasso_cv.alpha_, max_iter=10000) lasso_reg.fit(X, y)
loocv(lasso_reg, X)

#          KNN
df = pd.read_csv('Versuchsdaten_FCCCD.csv', sep = ';', encoding='iso-8859-1')
X = df[['Schraegenwinkel', 'Schichtdicke', 'Temperatur', 'Extrusionsrate', 'Ablagerich-
tung']] y = df['Zugfestigkeit']
# Daten skalieren
scaler = StandardScaler(with_mean=True, with_std=True) scaler.fit(X)
X = scaler.transform(X)
# Hyperparameter abstimmen: # Eingrenzung erfolgte Schrittweise, zur besseren Über-
sichtt sind alle Kombination dargestellt
param_grid = {
'hidden_layer_sizes': [(6,), (8,), (10,), (12,), (14,), (6,6),
(8,8), (10,10), (11,11), (12,12), (13,13),


(14,14), (15,15)],
'solver': ['sgd', 'lbfgs'], 'learning_rate_init': [0.001, 0.003, 0.001], 'activation': ['tanh'],
'alpha': [0.0001, 0.0003, 0.001, 0.003, 0.01, 0.03, 0.1, 0.3,
1, 3, 10, 4, 5, 6, 7, 8, 3.9, 4.1]
```

```
}
model = MLPRegressor(max_iter=10000, random_state=5)
grid      =           GridSearchCV(model,          param_grid,          verbose=4,
          cv=X.shape[0], scoring='neg_mean_squared_error')
grid.fit(X, y)
print('best_params:     {}'.format(grid.best_params_))      print('best_score:      {}'.for-
mat(grid.best_score_))
# Performance ermitteln
ann_reg = MLPRegressor(hidden_layer_sizes=(12, 12), solver='sgd',
learning_rate_init=0.001, activation='tanh', alpha=4, max_iter=10000)
ann_reg.fit(X, y) loocv(ann_reg, X)
```

A5 Vergleich der Optimierungsalgorithmen

Die folgende Abbildung zeigt für die verschiedenen Fälle der Optimierung das Ergebnis der in jeweils 100 Durchläufen wiederholten Ermittlung der optimalen Prozessparameter. Für jeden Durchlauf der Optimierung wird der Startpunkt, also der Anfangswert der drei Variablen, zufällig festgelegt. Dabei fällt auf, dass der L-BFGS-B-Algorithmus in einigen Fällen nicht zum erwarteten globalen Maximum der Zielfunktion führt. Die DE liefert dagegen für jeden Durchlauf das gleiche Ergebnis. Entsprechend lässt sich festhalten, dass die DE zuverlässiger zum globalen Optimum führt.

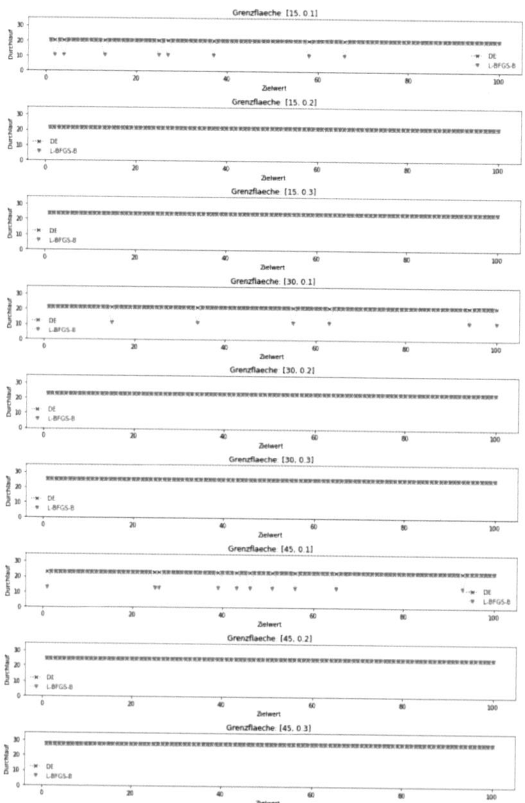

In der Reihe **Ergebnisse aus der Produktionstechnik** zuletzt erschienen:

Hohenstein, Steffen:
Multidirektionaler Aufbau in der additiven Fertigung von Kunststoffen
ISBN: 978-3-98555-203-0
Erscheinungsdatum: 05.03.2024

Schukat, Esben:
Kapazitätsorientierte Auftragsfreigabe in matrixstrukturierten Montagesystemen
ISBN: 978-3-98555-189-9
Erscheinungsdatum: 20.02.2024

Ochel, Janis:
Datengetriebene Strukturierung von NC-Zerspanprozessen
ISBN: 978-3-98555-204-7
Erscheinungsdatum: 14.02.2024

Metzmacher, Amelie Isabel:
Beschäftigungsfähigkeit im produzierenden Sektor – Entwicklung des Predictive Model of Industrial Employability
ISBN: 978-3-98555-201-6
Erscheinungsdatum: 13.02.2024

Schulz, Malena:
Digital Twin Methodology for the Automated Fiber Placement with In-situ Consolidation of Thermoplastic Tape
ISBN: 978-3-98555-195-8
Erscheinungsdatum: 30.01.2024

Olivier, Marcel:
Abtragmechanismen beim drahtfunkenerosiven Bearbeiten elektrisch leitfähiger Keramiken im kohlenwasserstoffbasierten Dielektrikum
ISBN: 978-3-98555-200-9
Erscheinungsdatum: 30.01.2024

Schweins, Julian:
Datengestützte Gestaltung des nachhaltigen Werkzeuglebenszyklus
ISBN: 978-3-98555-197-2
Erscheinungsdatum: 22.01.2024

Landwehr, Markus:
Modellierung und Vorhersage des eigenspannungsbedingten Bauteilverzugs bei der Fräsbearbeitung
ISBN: 978-3-98555-194-1
Erscheinungsdatum: 09.01.2024

Ecker, Christian:
Flexible Inbetriebnahme roboterbasierter Montagesysteme durch Prozessdemonstration
ISBN: 978-3-98555-189-7
Erscheinungsdatum: 11.12.2023

Goergen, Fabian:
Analogieversuch zur Erzeugung von Zahnflankenbrüchen an Stirnrädern
ISBN: 978-3-98555-191-0
Erscheinungsdatum: 11.12.2023

Edition Wissenschaft
Apprimus

Padberg, Melanie:
Ansätze der inhärent sicheren Konstruktion modifizierbarer, cyberphysischer Produktionssysteme
ISBN: 978-3-98555-184-2
Erscheinungsdatum: 07.12.2023

Wlecke, Shari:
Industrialisierung hochiterativ entwickelter Produkte
ISBN: 978-3-98555-171-2
Erscheinungsdatum: 13.11.2023

Müller, Clemens:
Elektrische Widerstandserwärmung von Blechwerkstoffen zur Steigerung der Umformbarkeit
ISBN: 978-3-98555-175-0
Erscheinungsdatum: 16.10.2023

Scheuer, Thomas:
Fähigkeitsbündel zur Steigerung der Arbeitsproduktivität für intelligente produzierende Unternehmen
ISBN: 978-3-98555-173-6
Erscheinungsdatum: 25.09.2023

Heutmann, Timo:
Proactive Production Control for a Synchronized Tool Production
ISBN: 978-3-98555-164-4
Erscheinungsdatum: 03.08.2023

Schroers, Marius:
Gehörbezogene Auslegung zweistufiger Getriebe unter Berücksichtigung dynamischer Anregungseffekte
ISBN: 978-3-98555-165-1
Erscheinungsdatum: 01.08.2023

Studerus, Bastian:
Gestaltung von Kooperationen zwischen Technologiekonzernen und Start-ups
ISBN: 978-3-98555-186-6
Erscheinungsdatum: 04.12.2023

Riedel, Jörn:
Scannendes Verfahren zur flexiblen Messung asphärischer Optiken
ISBN: 978-3-98555-177-4
Erscheinungsdatum: 31.10.2023

Buckhorst, Armin Friedrich:
Planung und Steuerung von Abläufen in linienlosen mobilen Montagesystemen
ISBN: 978-3-98555-174-3
Erscheinungsdatum: 26.09.2023

Schwarberg, Annika:
Identifizierung von Innovationspotenzialen durch die Analyse von Produktnutzungsinformationen
ISBN: 978-3-98555-169-9
Erscheinungsdatum: 17.08.2023

Müller, Ulrich:
Material Removal and Grinding Wheel Wear Mechanisms during Grinding of Polycrystalline Cubic Boron Nitride
ISBN: 978-3-98555-163-7
Erscheinungsdatum: 01.08.2023

Vogel, Paul-Alexander:
Entwicklung eines Prozessmodells für die nicht-isotherme vakuumunterstützte Dünnglasumformung
ISBN: 978-3-98555-140-8
Erscheinungsdatum: 21.06.2023

Edition Wissenschaft
Apprimus

FSC
www.fsc.org
MIX
Papier | Fördert gute Waldnutzung
FSC® C083411

Zeitfracht Medien GmbH
Ferdinand-Jühlke-Straße 7
99095 Erfurt, Deutschland
produktsicherheit@kolibri360.de